石油高等院校特色教材

井下作业工具与修井技术

主　编　王福平　张国芳　王国库
副主编　刘　鑫

U0285211

哈尔滨工程大学出版社
Harbin Engineering University Press

内容简介

本教材在参考相关文献、结合修井作业实践经验的基础上,全面、详细地阐述了油田上常用的生产工具、控制类工具和打捞工具的用途、结构、工作原理及技术参数等;详细地阐述了各类作业管柱的作用、结构和施工步骤等,以及修井作业和打捞作业的工艺技术、施工步骤及注意事项等内容。

本书可供具有油气田开发基础知识和生产实际经验的石油科技工作者参考,也可作为石油院校石油工程专业的教材及采油工程师的培训教材。

图书在版编目(CIP)数据

井下作业工具与修井技术 / 王福平,张国芳,王国库主编.—哈尔滨:哈尔滨工程大学出版社,2018.8
ISBN 978 – 7 – 5661 – 2071 – 7

Ⅰ.①井⋯　Ⅱ.①王⋯ ②张⋯ ③王⋯　Ⅲ.①井下作业 –工具 – 教材 ②修井作业 – 教材　Ⅳ.①TE358

中国版本图书馆 CIP 数据核字(2018)第 167248 号

选题策划　包国印
责任编辑　雷　霞
封面设计　李海波

出版发行　哈尔滨工程大学出版社
社　　址　哈尔滨市南岗区南通大街 145 号
邮政编码　150001
发行电话　0451 – 82519328
传　　真　0451 – 82519699
经　　销　新华书店
印　　刷　哈尔滨圣铂印刷有限公司
开　　本　787 mm×1092 mm　1/16
印　　张　15.5
字　　数　406 千字
版　　次　2018 年 8 月第 1 版
印　　次　2018 年 8 月第 1 次印刷
定　　价　41.00 元
http://www.hrbeupress.com
E-mail:heupress@ hrbeu.edu.cn

前　言

随着油田开发时间的不断延长,油水井在自喷、抽油或注水注气过程中随时会发生故障,造成油井的减产或停产。此时,应正确选择施工设备与工具,通过修井作业来排除故障,更换井下损坏设备,调整油井参数,才能恢复油井的正常生产。

本教材在参考相关文献、结合修井作业实践经验的基础上,全面、详细地阐述了油田上常用的生产工具、控制类工具和打捞工具的用途、结构、工作原理及技术参数等;详细地阐述了各类作业管柱的作用、结构和施工步骤等,以及修井作业和打捞作业的工艺技术、施工步骤及注意事项等内容。

本教材由哈尔滨石油学院石油工程系的部分教师集体编写而成。第1章和第2章由王福平编写,第3章和第6章由张国芳编写,第4章和第5章由王国库和刘鑫编写,附录由赵昕编写。

本教材的章节是按石油类高等院校课程教学大纲要求及修井工艺技术发展顺序与施工步骤要求编写的,对设备工具、工艺技术与施工要求进行了归类和分析。本教材的编写吸取了许多专家的意见和中肯的建议,在此一并表示感谢。

本教材的编写力求实用、规范、完整,但由于编者水平和客观条件的限制,定有不妥之处,恳请读者批评指正。

编　者

2018 年 6 月

目　录

第1章 封 隔 器

我国大多数油田是多油层油田,油层非均质性比较严重,开发过程中各油层的产量、压力和吸水能力往往差异很大,给油田的开采带来了不少困难。如何合理开发多层油田、提高采收率、确保长期稳产高产是一个很重要的问题。

开采多油层油田最简单的方法是单井合采合注,但这样做,各层间会产生干扰和串流;另一种方法就是每层各打一套井网或在同一口井中自下而上逐层开采,但这种方法要增加钻井费用和降低采油速度。

大庆油田的广大职工为开发好多油层非均质大油田,经过反复实践,创造出了以单管分层注水、采油为中心的"六分四清"的工艺技术,为提高我国油田开发水平做出了重要贡献。

单管分采的井下设备以封隔器为中心,主要由封隔器、配产器和用油管连接起来的管柱组成。

为了适应国内各类油气田的开发工艺要求,我国曾先后研制和使用了从机械式到水力式,从压差式到自封式的各种类型的封隔器及相应的配套工具。其中以水力压差式、卡瓦式及水力压缩式使用得最多。随着油气田类型的增多和深部油藏的开发,对封隔器及其管柱也随之提出了一些新的要求。为此,本章将介绍封隔器的类型,并对封隔器胶筒的密封条件进行分析。

1.1 油田开发方式

按照井下开发管柱组成的不同,油气田开发的方式有笼统开采和分层开采两种。在开发过程中,油田以获得最大累计产量和最大经济净现值为目标,并且由于封隔器的产生,目前最常用的方法是分层开采方式。

1.1.1 笼统开采

笼统开采是在生产油气过程中,生产管柱(油管)不做任何工艺处理的开采方式,如图1-1所示。

笼统开采方式的生产管柱有结构简单、使用寿命长、维修成本低等优点,但在开发过程中也存在着严重的缺点,即存在层间矛盾、层内矛盾和平面矛盾三大矛盾,导致最终采收率较低。所以对多油层油藏开发时,不建议使用笼统开发方式进行油气田的开发。

1. 层间矛盾

主要是由于储层与储层之间渗透率(K)非均质性和压差(P)所致,如图1-2所示。生产特点:各层油气流入油管的通道只有油管鞋处;上层油气要克服下层的压力才能到达油管鞋处,使上层油气产生压降;开采过程中不能实现各油层同时生产,降低最终采收量。

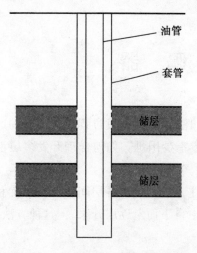

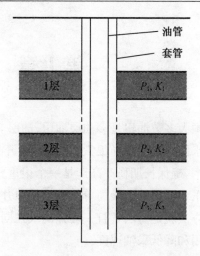

图1-1 笼统开采的井下结构示意图　　图1-2 笼统开采层间矛盾示意图

2. 层内矛盾

主要是由于储层内垂向渗透率非均质性所致,如图1-3所示。层内矛盾主要针对较厚油层而言,厚油层在形成过程中垂向上存在岩性差异,导致渗透率不同,流动阻力不同。图中 $K_2 > K_1$,地层流体易在下部的高渗区流动,上部低渗区流体不易流动,导致在笼统开采方式下,低渗区开发得不够理想。

3. 平面矛盾

主要是储层平面上渗透率非均质性所致,多油层开发时,影响程度不是很严重,如图1-4所示。

图1-4是同储层的水驱油开发方式。由于存在平面上的非均质性,假设 $K_1 > K_2 > K_3$,则注水井1的水驱油速度较快,当注水井1中的注入水到达生产井底时,注水井2和注水井3的水驱油前缘距生产井底仍有一定距离,即开发效果不理想,最终降低储层的开发程度。

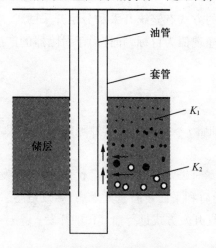

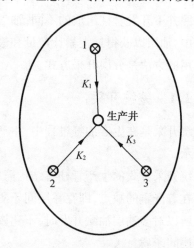

图1-3 笼统开采层内矛盾示意图　　图1-4 笼统开采平面矛盾示意图

1.1.2　分层开采

1. 定义

在生产油气过程中,通过下入其他井下工具(主要是封隔器和配产器)实现层与层之间相互独立且同时生产的开采方式称为分层开采。

2. 分类

(1)多管分采

在井内下入多套油管柱,用封隔器将各个油层分隔开来,通过每套管柱和井口油嘴单独实现一个油层的控制开采。图1-5为多管分层开采管柱示意图。

(2)单管分采

在井内只下入一套油管柱,用多级封隔器将各油层分隔开,同时在油管上与各油层对应的部位安装一配产器(配水器),利用安装在配产器(配水器)内的油嘴(水嘴)对各油层段进行控制开发。图1-6为单管分层开采管柱示意图。

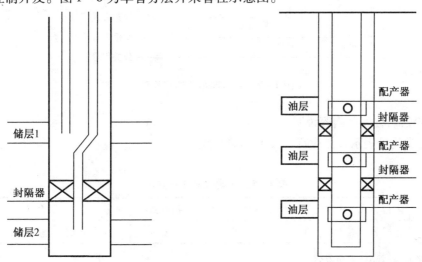

图1-5　多管分层开采管柱示意图　　　　图1-6　单管分层开采管柱示意图

分层开采方式的井下生产管柱组合非常复杂、多样化,不同的井下情况需要组合不同的生产管柱,才能达到合理开发的目的。虽然不同生产管柱间有不同程度的区别,但基本组成是一样的,即对于采油管柱,都会组装封隔器和配产器。为了实现分层开采,避免层间矛盾或层内矛盾,需要在两个产层之间放置封隔器;为了实现不同产层的同时生产,并且对每一层有控制地生产,需要对应每一个产层放置一个配产器。所以分层开采方式通过对生产管柱的优化组合,可以更好地达到生产要求,是目前主要的开采方式。

1.2 封隔器的性能及应用

封隔器就是用来封隔油、套管环形空间,从而将各油、气、水层分隔成互不干扰的独立系统。它是正确认识油田和合理开发油田最重要的井下工具。

我国各油田所使用的封隔器形式很多,为了工作方便,对封隔器进行了统一编号。

1.2.1 封隔器分类及型号编制方法

1. 封隔器名称编制方法(图1-7)

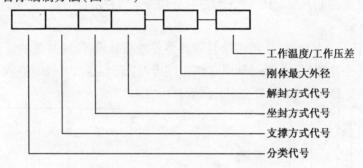

工作温度/工作压差

刚体最大外径

解封方式代号

坐封方式代号

支撑方式代号

分类代号

图1-7 封隔器名称编写规范

2. 封隔器名称编制内容说明

(1)分类代号表示方法应符合表1-1的规定。

表1-1 分类代号表示方法

分类名称	自封式	压缩式	楔入式	扩张式	组合式
分类代号	Z	Y	X	K	用各式的分类代号组合表示

注:根据封隔器的封隔件类型分类。

(2)支撑方式代号表示方法应符合表1-2的规定。

表1-2 支撑方式代号表示方法

支撑方式	尾管	单向卡瓦	无支撑	双向卡瓦	锚瓦
代号	1	2	3	4	5

(3)坐封方式代号表示方法应符合表1-3的规定。

表1-3 坐封方式代号表示方法

坐封方式	提放管柱	转管柱	自封	液压	下工具
代号	1	2	3	4	5

（4）解封方式代号表示方法应符合表1-4的规定。

表1-4 解封方式代号表示方法

解封方式	提放管柱	转管柱	钻铣	液压	下工具
代号	1	2	3	4	5

（5）刚体最大外径

刚体最大外径表示刚体最大外径尺寸,用阿拉伯数字表示,单位为mm。

（6）工作温度与压差

工作温度用阿拉伯数字表示,单位为℃;工作压差用阿拉伯数字表示,单位为MPa。

3.举例说明

Y344-114-120/15型封隔器表示该型号封隔器为压缩式,无支撑,液压坐封,液压解封,刚体最大外径为114 mm,工作温度为120 ℃,工作压差为15 MPa。

1.2.2 封隔器的性能及设计要求

1.封隔器的基本要求

封隔器和其他井下工具配合使用后,可实现分层试油、分层开采、分层堵水、分层注水、分层处理(酸化、压裂)等油(气)田开发工艺措施。每一种工艺措施对封隔器都有各自的特殊要求,然而,对封隔器的基本要求是相同的,即下得去、封得严、耐得久、起得出、能多级使用。

下得去:封隔器在下井时能顺利通过井口,在下井过程中能防止中途坐封。它不仅能在压井作业的情况下顺利下入井内,而且能尽量做到在不压井不放喷作业的情况下顺利下到预定深度。

封得严:封隔器坐封后能在井内封隔目的层,并能承受一定的层间压差或施工时的最高工作压差,使封隔器安全工作。

耐得久:封隔器坐封后能密封较长的时间,以保证工艺措施的实施,并能重复多次坐封。尤其对于用来进行分层开采、分层注水的封隔器,使用时间应越长越好。

起得出:需要起出生产管柱时,封隔器解封要可靠,并且在封隔器解封后能顺利起出生产管柱,不会因封隔器部件失灵或损坏而遇卡。

能多级使用:按工艺措施的要求,使用同一生产管柱,封隔器可以多级使用。

对任何一种封隔器,上述各性能要求应同时满足。但最后一条(即"能多级使用")可根据不同的井下工艺措施提出具体要求。

2.封隔器的设计要求

封隔器的设计主要是结构设计。设计中除了在结构上保证封隔器的性能满足上述基本要求外,应力求设计出的封隔器技术先进、结构简单、能满足工艺要求,适用现场使用条件,操作简便,加工容易,材料来源广。

在具体设计时必须考虑和解决以下几个问题:

（1）胶筒的使用寿命和胶筒经长时间使用后永久变形量的控制。

（2）胶筒与坐封机构、解封机构配合能完成坐封、解封所规定的坐封力、解封力,并考虑在压力方向改变后,胶筒能否保持密封。

（3）为确保封隔器能顺利下到井内,必须具备可靠的防止中途坐封的机构和方式;要正确设计使胶筒处于工作状态的坐封机构和方式及保持密封状态的锁紧机构和方式,并要有可靠的解封机构和方式。

（4）适应一定范围的套管内径变化。

1.2.3 封隔器胶筒分类及型号编制方法

封隔器胶筒是封隔器坐封后密封油套管环形空间的主要工作部件,其性能的好坏决定了分层开发的质量。封隔器胶筒命名的方法有两种,即新法命名和旧法命名,被推广使用的是新法命名,见图1-8。

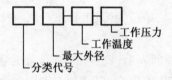

图1-8 封隔器胶筒新法命名

（1）分类代号:KZ表示扩张式,YS表示压缩式。

（2）最大外径:用阿拉伯数字表示,单位为mm。

（3）工作温度:用阿拉伯数字(A)表示,单位为℃,数值大小为$A \times 10$℃。

（4）工作压力:用阿拉伯数字表示,新法命名单位为MPa。

（5）举例说明:YS113-12-15型胶筒,表示为压缩式,最大外径为113 mm,工作温度为120℃,工作压力为15 MPa的封隔器。

1.2.4 油田常用封隔器

1. K344型封隔器

（1）用途

用于注水、酸化、压裂、找串和封串等。

（2）结构与工作原理

①结构

K344-114型封隔器结构如图1-9所示。

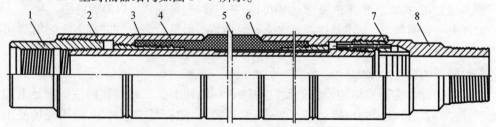

图1-9 K344-114型封隔器结构示意图

1—上接头;2—O形胶圈;3—胶筒座;4—硫化芯子;5—胶筒;6—中心管;7—滤网罩;8—下接头

②工作原理

坐封:从油管内加液压,当油管内外压差达到 0.5～0.7 MPa 时,液压经滤网罩、下接头的孔眼、中心管的水槽和硫化芯子均匀地作用于胶筒的内腔,使胶筒胀大,封隔油套管环形空间。

解封:放掉油管内的压力,当油管内外压差低于 0.5 MPa 时,胶筒收回解封。

(3)主要技术参数

K344 型封隔器主要技术参数见表 1－5。

表 1－5　K344 型封隔器主要技术参数

参数	规格型号		
	K344－110	K344－135	K344－95
刚体最小内径/mm	62	62	50
刚体长度/mm	930	920	870
油管内外压差/MPa	0.5～0.7	0.5～0.7	0.5～0.7
封隔器全长/mm	500	520	490
封隔器工作面长度/mm	240	280	240
工作压差/MPa	12	12	12
工作温度/℃	50	50	50
两端连接螺纹/in	$2\frac{7}{8}$TBG	$2\frac{7}{8}$TBG	$2\frac{7}{8}$TBG

2. K341 封隔器

(1)用途

用于分层找水、化学堵水、酸化和测试等。

(2)结构与工作原理

①结构

K341－140 封隔器结构如图 1－10 所示。

②工作原理

坐封:从油管内加液压,液压经下中心管的孔眼作用在凡尔上,克服弹簧的张力,凡尔被打开,液压经弹簧垫的中心孔作用在胶筒的内腔,使胶筒胀大,封隔油、套管环形空间。放掉油管压力,凡尔在胶筒内腔液压的作用下关闭,胶筒就始终处于胀开状态封隔油、套管环形空间。

解封:上提管柱,因在坐封时,液压作用在锁紧活塞上,剪钉已被剪断,锁紧活塞上行,并随卡簧在缸套的内台阶处,连接锁套已经失锁,而上接头、上中心管、特殊接头、下中心管和下接头等随管柱上行,但其余各件则依靠胶筒和套管壁的摩擦力相对不动。结果,连接锁套的上端锁爪被撑开,下中心管的泄压槽上端提过凡尔,使凡尔上下沟通,胶筒内腔液压被泄掉,胶筒收回解封。

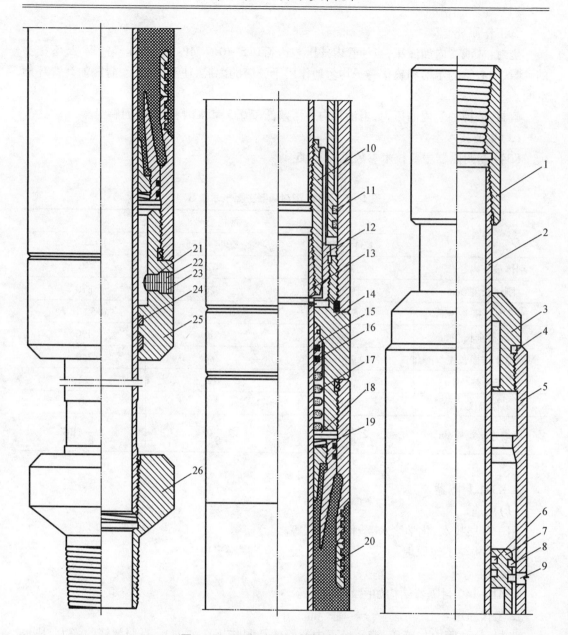

图 1 – 10   K341 – 140 封隔器结构示意图

1—上接头；2—上中心管；3—钢套压帽；4,6,11,16,19,21,23,24—O 形胶圈；5—缸套；
7—锁紧活塞；8—卡簧；9—剪钉；10—特殊接头；12—连接锁套；13—下中心管；14—凡尔座；
15—凡尔；17—弹簧；18—弹簧垫；20—胶筒；22—卸压销钉；25—卸压接头；26—下接头

（3）主要技术参数

K341 – 140 封隔器主要技术参数见表 1 – 6。

表 1 - 6　K341 - 140 封隔器主要技术参数

型号		K341 - 140
最大外径/mm		140
内通径/mm		62
总长/mm		2 800
坐封压力/MPa		10
工作压差/MPa	上压	100
	下压	150
解封载荷/kN		10 ~ 20
工作温度/℃		150

（4）存在问题

①有慢泄现象，故不能长期密封。

②封隔器承受上压能力低。

3. Y111 封隔器

（1）用途

Y111 封隔器常用于分层试油、采油、找水、堵水和酸化。不仅能单独使用，也可与卡瓦封隔器及配套工具组合使用，但最多使用一级。

（2）结构与工作原理

①结构

主要结构有调节环、隔环、胶筒、中心管、承压接头、坐封剪钉、键、压缩距垫环等，如图1 - 11 所示。

②工作原理

坐封：按所需坐封高度下放管柱。承压接头和下接头通过油管与尾管相接，当尾管与井底接触时，则以井底为支点。继续下放生产管柱时，坐封剪钉在生产管柱重力作用下被剪断。上接头、调节环、中心管和键一起下行，压缩胶筒，使胶筒的外径变大，封隔油、套管环形空间。

解封：上提管柱，在生产管柱拉力作用下，调节环与胶筒分离，胶筒在自身弹性力作用下，径向回缩解封。

（3）主要技术参数（系列）

主要技术参数（系列）见表1 - 7。

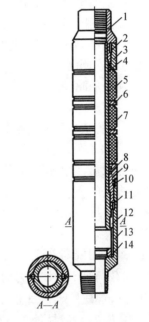

图 1 - 11　Y111 封隔器结构图

1—上接头；2—销钉；3—调节环；
4,8,10—O 形密封圈；5—胶筒；6—隔环；
7—中心管；9—承压接头；11—坐封剪钉；
12—键；13—下接头；14—压缩距垫环

表 1 - 7　Y111 封隔器（系列）主要技术参数

参数	规格型号			
	Y111 - 115	Y111 - 138	Y111 - 150	Y111 - 208
刚体最大外径/mm	115	138	150	208
最小通径/mm	62	62	62	62

表 1 - 7（续）

参数	规格型号			
	Y111 - 115	Y111 - 138	Y111 - 150	Y111 - 208
总长度/mm	777	816	919	1 014
工作压差/MPa	上 15 下 8	上 15 下 8	上 15 下 8	上 15 下 8
适应套管内径/mm	117.7 ~ 132	146.3 ~ 152.3	155.8 ~ 166.1	220.5 ~ 278.5
两端连接螺纹/in	$2\frac{7}{8}$TBG	$2\frac{7}{8}$TBG	$2\frac{7}{8}$TBG	$3\frac{1}{2}$TBG
坐封载荷/MPa	80 ~ 100	80 ~ 100	100 ~ 102	120 ~ 140
工作温度/℃	120	120	120	120

（4）技术要求

①封隔器（或下级封隔器）下端要接尾管,其尾管长度一般不能大于 50 m。

②最宜于浅井使用。

③封隔器坐封高度,决定于下入深度,坐封载荷和胶筒密封压缩距等因素。

④根据封隔器规格,坐封载荷一般以 80 ~ 120 MPa 为宜。

⑤封隔器坐封位置应避开套管接箍位置。

（5）存在问题

单独使用此种封隔器,一般不超过二级;若与其他类型封隔器配套使用,一般为一级,否则坐封困难。

（6）支撑式封隔器坐封高度的计算

为了加压一定管柱质量,以保证封隔器密封时所需要的坐封载荷,封隔器就必须有一定的坐封高度（油管挂距顶丝法兰的高度）,此高度取决于封隔器下入深度、坐封载荷、密封件压缩距及套管内径大小等因素,如图 1 - 12 所示。

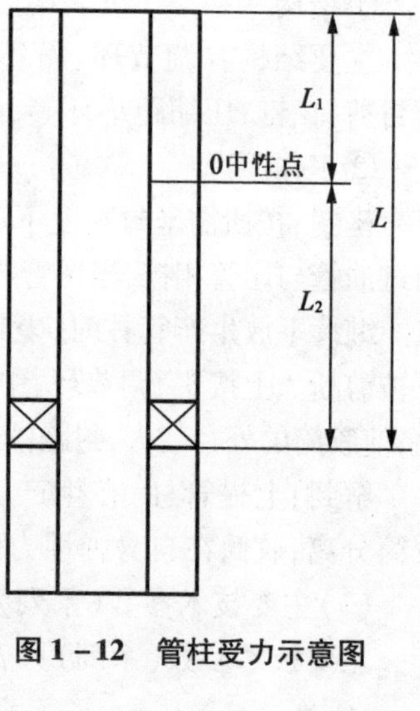

支撑式封隔器在坐封情况下,管柱受力分为两部分（当坐封载荷小于管柱重力时）:一部分受拉力（如图 1 - 10 中 L_1）,管柱处于自重伸长状态;另一部分受压力（如图 1 - 10 中 L_2）,管柱处于自重压缩状态。管柱受拉与受压之间,处于既不受拉也不受压的一点 0 叫中性点,所以坐封高度的近似计算公式为

$$H = \Delta L - \Delta L_1 + \Delta L_2 + S \qquad (1-1)$$

图 1 - 12 管柱受力示意图

式中 H——封隔器坐封高度,mm;

ΔL——坐封前封隔器以上油管柱为 L 时的自重伸长,mm;

ΔL_1——中性点以上油管自重伸长长度,mm;

ΔL_2——中性点以下油管自重压缩长度,mm;

S——密封件压缩距,mm。

①中性点

封隔器坐封时加的管柱质量就是封隔器的坐封载荷,由此得封隔器坐封载荷的近似计

算公式为

$$P = L_2 F(\rho - \rho_0)$$

或

$$P = L_2 q \qquad (1-2)$$

则中性点深度的近似计算公式为

$$L_2 = \frac{P}{(\rho - \rho_0)F} \text{ 或 } L_2 = \frac{P}{q} \qquad (1-3)$$

式中　P——封隔器的坐封载荷,kg;

　　　q——油管的线密度,kg/mm;

　　　F——油管环形截面积,mm^2;

　　　ρ——钢的密度,kg/mm^3;

　　　ρ_0——井内液体的密度,kg/mm^3。

②油管自重伸长或自重压缩

根据材料力学可得油管自重伸长或自重压缩长度的计算公式为

$$\Delta L = \frac{PL}{2EF} \text{ 或 } \Delta L \frac{(\rho - \rho_0)L^2}{2E} \qquad (1-4)$$

式中　ΔL——油管自重伸长长度或压缩长度,mm;

　　　L——油管未伸长或未压缩时的长度,mm;

　　　E——钢的弹性模量,一般为 2.1×10^3 kg/mm^2;

　　　其他符号意义同上。

③密封件压缩距

封隔器件压缩距是封隔器坐封前密封件的自由长度减封隔器坐封后密封件受压时的长度。

4. Y211 封隔器

(1)用途

用于分层试油、采油、找水、堵水、压裂、酸化、防砂等工艺,可单独使用,也可和 Y111 型封隔器配合使用。

(2)结构与工作原理

①结构

Y211 封隔器主要由密封、锚定、扶正换向三部分组成。密封部分:封隔件密封油套环形空间。锚定部分:用于在套管内壁建立支撑点以实现坐封。扶正换向部分:坐封时,使轨道销钉起换向作用。封隔器整体结构如图 1 - 13 所示。

②工作原理

坐封:按所需坐封高度上提管柱后下放管柱。由卡瓦、箍簧、卡瓦座、扶正块、弹簧、扶正器座、滑环套、滑环销钉组成的扶正器依靠弹簧张力造成了扶正块与套管壁间的摩擦力,使扶正器处于静止状态;其余构件随管柱运动,使滑环销钉沿轨迹中心管(展开如图 1 - 13 所示)的轨迹槽运动,滑环销钉就从短槽的上死点运动到坐封位置时的长槽上死点,锥体下行进入卡瓦内部,卡瓦从收拢状态变成撑开状态,并卡牢在套管内壁上,形成胶筒的下支撑点。同时,坐封剪钉在一定管柱重力的作用下被剪断,上接头、调节环和轨迹中心管一起下行,压缩胶筒,使胶筒的直径变大,从而封隔油、套管环形空间。

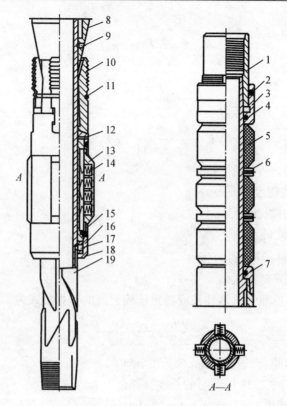

图 1 - 13　Y211 封隔器结构示意图

1—上接头;2—定位销钉;3—调节环;4—O 形胶圈;5—胶筒;6—隔环;7—限位套;8—锥体;9—坐封剪钉;10—卡瓦;
11—箍簧;12—卡瓦座;13—扶正块;14—弹簧;15—扶正器座;16—滑环;17—滑环销钉;18—滑环套;19—轨迹中心管

解封:上提管柱,上接头、调节环和轨迹中心管一起上行,滑环销钉运动到下死点,锥体退出卡瓦,卡瓦收回解卡;与此同时,胶筒也收回解封。

(3)主要技术参数

Y211 封隔器(系列)的主要技术参数见表 1 - 8。

表 1 - 8　Y211 封隔器(系列)主要技术参数

参数	规格型号			
	Y211 - 102	Y211 - 115	Y211 - 138	Y211 - 150
刚体最大外径/mm	102	115	138	150
最小通径/mm	42	48	61	61
摩擦块外径/mm	122(张开) 99(收缩)	134(张开) 122(收缩)	147(张开) 135(收缩)	170(张开) 147(收缩)
总长度/mm	1 873	2 068	2 050	2 066
工作压差/MPa	上 15 下 8	上 15 下 8	上 15 下 8	上 15 下 8
适应套管内径/mm	107 ~ 115.2	117.7 ~ 132	144 ~ 153	155.8 ~ 166.1
两端连接螺纹/in	$2\frac{7}{8}$TBG	$2\frac{7}{8}$TBG	$2\frac{7}{8}$TBG	$2\frac{7}{8}$TBG

表 1 – 8（续）

参数	规格型号			
	Y211 – 102	Y211 – 115	Y211 – 138	Y211 – 150
坐封载荷/MPa	80 ~ 120	80 ~ 120	80 ~ 120	80 ~ 120
工作温度/℃	120	120	120	120

（4）技术要求

①下管柱时，管柱上提高度必须小于防坐距，一般不得超过 0.5 m，否则会使封隔器中途坐封。如遇封隔器中途坐封，可上提管柱 1 m 左右，解封后继续下管柱。

②在井下条件允许时，封隔器下部应接 30 ~ 40 m 尾管。

③封隔器的坐封高度，取决于下入深度、坐封载荷和胶筒密封压缩距等因素。

④封隔器本身只能单级使用，可与支撑式封隔器配套使用。

⑤封隔器坐封位置必须避开套管接箍。

⑥坐封前井口须装指示表，观察坐封情况，以保证坐封成功。

（5）存在问题

①封隔器工作时，管柱中有部分油管受压处于弯曲状态。

②不宜多级使用，但可以和支撑式封隔器配套使用。

③当使用深度超过 3 000 m 时，换向和坐封不十分可靠。

5. Y141 封隔器

（1）用途

用于分层试油、分层采油、分层注水、分层堵水、气举找水，以及油井热油循环清蜡和机械采油井的分层采油。

（2）结构与工作原理

①结构

Y141 – 114 型封隔器结构如图 1 – 14 所示。

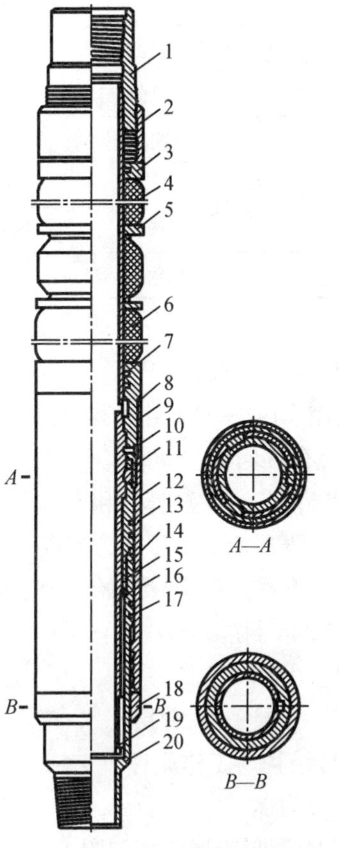

②工作原理

图 1 – 14　Y141 – 114 型封隔器结构示意图

1—上接头；2—调节环；3—挡环；4—胶筒；5—隔环；
6—中心管；7,8,13,14—O 形胶圈；9—活塞；10—剪钉；
11—卡块；12—悬挂体；15—活塞套；16—小卡簧；
17—大卡簧；18—保护环；19—键；20—下接头

坐封：从油管内加液压，液压经中心管的孔眼作用在活塞上，剪钉被剪断，活塞和活塞套上行压缩胶筒，使胶筒直径变大，封隔油、套管环形空间，放掉油管压力。由于活塞套被大卡簧卡住，胶筒就始终处于封隔油、套管环形空间状态。

解封：上提管柱，因坐封时活塞已上行，使卡块失去外支撑，在上提力作用下，卡块被挤出,使上接头、调节环、中心管、键与管柱一同向上运动,而其余各件则依靠胶筒与套管的摩擦力不动,导致胶筒垂向间存在间隙,结果胶筒就收回解封。

小卡簧的作用是在起封隔器遇阻时防止胶筒受压缩。此时小卡簧正好卡在中心管的下部小槽中。

(3)主要技术参数

Y141 – 114 封隔器主要技术参数见表 1 – 9。

表 1 – 9　Y141 – 114 封隔器主要技术参数

型号		Y141 – 114
总长/mm		880
最大外径/mm		114
内通径/mm		62
坐封载荷/MPa		13
胶筒型号		YS113 – 12 – 15
工作压力/MPa	上压	15
	下压	≤8
工作温度/℃		90

(4)技术要求

使用 Y141 – 114 封隔器时,必须用活动油管头和支撑卡瓦,将封隔器上下固定。

(5)存在问题

①必须与活动油管头和支撑卡瓦配套使用。

②封隔器承受下压能力要高,否则上抬管柱而影响密封。

③下支撑点以上管柱始终处于受压缩状态。

6. Y344 封隔器

(1)用途

用于分层采油、分层找水、堵水、分层试油和油井热油循环清蜡。

(2)结构与工作原理

①结构

Y344 型封隔器结构如图 1 – 15 所示。

②工作原理

坐封:从油管内加液压。一方面液压经中心管的孔眼作用在承压接头上,剪钉被剪断,推动活塞套、承压接头和承压套上行压缩胶筒,使胶筒直径变大,封隔油套环形空间;另一方面液压经中心管的孔眼又作用在活塞上,但坐封压力不能使解封拉钉被拉断,活塞固定不动。放掉油管压力,由于活塞套被卡簧卡住,活塞套、承压接头和承压套则在胶筒的弹力作用下不能退回。胶筒就始终处于封隔油套环形空间状态。

解封:油管加液压。一方面液压经中心管的孔眼作用在承压接头上,推动活塞套、承压接头和承压套上行,直到承压接头的内台阶与中心管的外台阶接触;另一方面液压经中心管的孔眼作用在活塞上,解封拉钉被拉断,但活塞的承压面大于承压接头的承压面,所以活塞就在液压和胶筒的弹力作用下带着活塞套、承压接头和承压套下行,胶筒就收回解封。

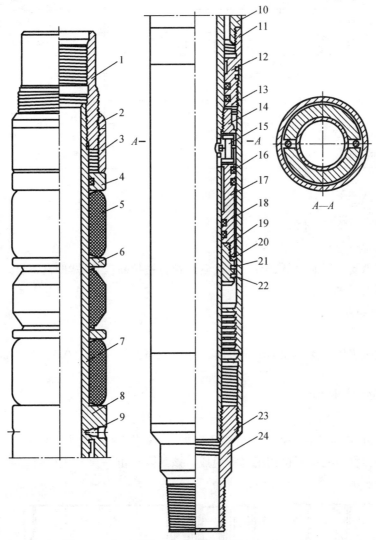

图 1 – 15 Y344 型封隔器结构示意图

1—上接头;2—上压帽;3—调节环;4—密封环;5—胶筒;6—隔环;7—中心管;8,12,16,18—O 形胶圈;
9—剪钉;10—承压套;11—承压接头;13—活塞套;14—拉钉挂;15—解封拉钉;17—活塞;19—卡簧压帽;
20—卡簧;21—衬簧;22—卡簧挂圈;23—下压帽;24—下接头

(3)主要技术参数

Y344 封隔器(系列)主要技术参数如表 1 – 10 所示。

表 1 –10　Y344 封隔器(系列)主要技术参数

型号		Y344 – 114	Y344 – 140
总长/mm		1 070	1 085
最大外径/mm		114	140
内通径/mm		52	62
胶筒型号		YS113 – 12 – 15	YS140 – 9 – 15
坐封载荷/MPa		12	12
工作压力/MPa	上压	≤80	≤80
	下压	150	150
工作温度/℃		90	90
解封压力/MPa		20	20

(4)技术要求

经地面试验合格后,才能下井。

(5)存在问题

①封隔器承受上压能力低,上压过高,解封拉钉被拉断,封隔器即被解封。

②解封不太可靠。

7. Y341 封隔器

(1)用途

可单级或多级用于深井 3 500 m 以内、井温低于 120 ℃(或 150 ℃)的不同井径水井的分层注水。

(2)结构及工作原理

①结构

Y341 型水井封隔器是一种靠油管憋压坐封、提放管柱解封的水力压缩式封隔器。主要由坐封机构、密封机构、锁紧机构三部分组成。该封隔器可一次打压坐封多级封隔器,其结构如图 1 –16 所示。

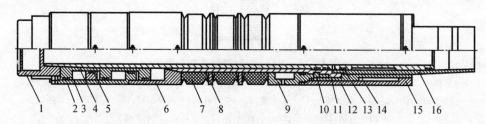

图 1 –16　Y341 –115 型封隔器结构示意图

1—上接头;2—活塞;3—上缸套;4—浮动活塞;5—中心管;6—下缸套;7—胶筒;8—隔环;9—上活塞;
10—锁块;11—剪钉;12—下活塞;13—缸套;14—锁环座;15—锁环套;16—下接头

②工作原理

封隔器坐封时,高压液体一边推动洗井活塞下行,密封内外中心管的洗井通道,一边推动坐封活塞上行,并由活塞带动锁套和胶筒上行压缩封隔件径向变形。与此同时,卡环进入锁套的锯齿扣内。锁紧径向变形的封隔件,使封隔器始终密封油套环形空间。

反洗井时,井口高压液体通过进水孔作用于洗井活塞上,推动洗井活塞上行,打开洗井通道。高压液体由内、外中心管间的通道进入密封封隔件以下的油套环形空间,经底部球阀从油管返出地面。

Y341 型水井封隔器采用下放管柱进行解封,安全可靠。多级使用时,封隔器之间的受力能起到平衡作用,便于封隔器密封。

(3)主要技术参数

Y341 封隔器的主要技术参数见表 1 – 11。

表 1 – 11 Y341 型封隔器的主要技术参数

参数	规格型号			
	Y341 – 115	Y341 – 115G	Y341 – 150	Y341 – 150G
总长度/mm	1 248	1 218	1 288	1 288
钢体最大外径/mm	115	115	150	150
最小通径/mm	59	59	62	62
适应套管内径/mm	117.7 ~ 127.7	117.7 ~ 127.7	153.8 ~ 166.1	153.8 ~ 166.1
坐封压差/MPa	16 ~ 20	18 ~ 20	16 ~ 20	16 ~ 20
工作压差/MPa	< 15	< 35	< 15	< 35
工作温度/℃	≤120(150)	≤120(150)	≤120(150)	≤120(150)
两端连接螺纹/in	$2\frac{7}{8}$TBG	$2\frac{7}{8}$TBG	$2\frac{7}{8}$TBG	$2\frac{7}{8}$TBG

(4)使用方法

①封隔器坐封:将封隔器按设计要求下至预定深度,从油管打压 16 ~ 20 MPa,稳压 5 ~ 10 min,即可实现封隔器坐封。

②反洗井:打开油管阀门,从油套环空注入洗井液即可实现反洗井。

③封隔器解封:上提油管,卸下油管挂,接 3 ~ 5 m 油管短节,下放管柱,即可实现封隔器的解封。

(5)注意事项

①Y341 型水井封隔器下井前必须通井、刮管,并应根据实际情况验窜,否则不得下井。

②Y341 型水井封隔器和 ZJK 空心配水器组成管柱时,配水器可直接携带所需水嘴下井。但和现场常规配水器(无通道)组配管柱时,配水器必须配装死芯子方可下井。

③Y341 型水井封隔器下井前应仔细检查底球或打压滑套的密封性,合格后方能下井。

④下井油管应内外干净,且用 ϕ59 mm 的通管规通管。

⑤封隔器下井应操作平稳,严禁猛提猛放。

⑥封隔器坐封位置必须避开套管接箍。

8. Y415 封隔器

(1)用途

主要用于封堵底水、代替水泥塞。

（2）结构与工作原理

①结构

Y415-114型封隔器结构如图1-17所示。

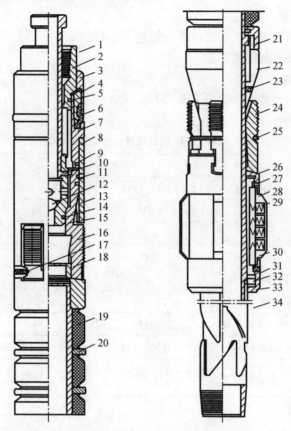

图1-17　Y415-114型封隔器结构示意图

1—丢手接头；2—连杆；3—护套；4—皮碗压环；5,9,14—O形胶圈；6—皮碗；7—二接头；8—卡瓦壳体；
10,17,27—限位销钉；11—丢手剪钉；12—钢球；13—上锥体；15—连杆接头；16—上卡瓦；18—卡瓦挡环；
19—胶筒；20—隔环；21—限位环；22—下锥体；23—坐封剪钉；24—下卡瓦；25—箍簧；26—卡瓦座；28—扶正块；
29—弹簧；30—扶正器座；31—滑环；32—滑环销钉；33—滑环套；34—轨迹中心管

②工作原理

坐封：按所需坐封高度上提管柱后下放管柱，由构件卡瓦座、限位销钉、扶正块组成的扶正器依靠弹簧的弹力造成扶正块与套管壁的摩擦力，扶正器则沿轨迹中心管轨迹槽运动，滑环销钉从原来的短槽上死点运动到坐封位置时的长槽上死点，下卡瓦也被下锥体撑开，并牢牢地卡在套管内壁上。同时，在一定管柱重力的作用下，坐封剪钉被剪断，丢手接头、连杆、护套、皮碗压环、O形胶圈、皮碗、上接头、卡瓦壳体、限位销钉、丢手剪钉、钢球、上锥体、连杆接头、上卡瓦、卡瓦挡环和轨迹中心管一起下行压缩胶筒，使胶筒的直径变大，从而封隔油、套管环形空间。

丢手：从油管内加液压，液压作用在上锥体上，丢手剪钉被剪断，连杆、连杆接头和上锥体一起下行撑开上卡瓦，并卡牢在套管壁上。然后，上提管柱，因丢手接头与管柱相接，连杆接头已下行，与丢手接头脱离接触，皮碗压环、上接头和卡瓦壳体被上卡瓦卡住不动。结果迫使丢手接头的下部锁爪内收，从而起出丢手接头、护套、连杆和连杆接头。因上锥体和卡瓦的配合角度为7°7′3″,在自锁角内,所以,当油管放压和丢手后,上锥体也不会自行退出,上卡瓦仍能卡牢在套管壁上,胶筒就始终处于封隔油、套管环形空间的状态。丢手后,皮碗自行张开,防止脏物等掉入而卡住卡瓦,影响解封打捞。

解封打捞:下入接有打捞矛的打捞管柱,打捞矛矛爪与封隔器上锥体的丝扣接触时,矛爪遇阻上行并在管柱重力的作用下被迫内收,进入上锥体的丝扣内;此时,打捞矛上接头与封隔器皮碗压环接触。上提管柱,打捞矛锥体上行,撑开矛爪,卡牢在封隔器上锥体的丝扣内,使封隔器上锥体也随管柱上行。结果,封隔器上卡瓦收回恢复原状;封隔器上锥体带着皮碗压环、上接头、卡瓦壳体、上卡瓦和轨迹中心管上行,胶筒收回解封。封隔器滑环销钉运动到轨迹中心管短槽下死点,下锥体退出下卡瓦,下卡瓦就收回解卡,从而起出封隔器。

(3)主要技术参数

Y415封隔器(系列)主要技术参数见表1-12。

表1-12　Y415封隔器(系列)主要技术参数

封隔器型号		Y415-104	Y415-111	Y415-142
总长/mm		1 910	1 970	2 200
最大外径/mm		104	111	142
最小通径/mm		40	51	65
扶正器外径/mm	张开	120	131(135)①	170
	压缩	105	116(120)	145
胶筒型号		YS100-12-15	YS113-12-25	YS110-12-25
工作压力/MPa		25.0	25.0	25.0
丢手压力/MPa		20.0~25.0	20.0~25.0	20.0~25.0
坐封载荷/kN		60~80	60~80	100~120
工作温度/℃		120	120	120
适应套管内径/mm		108~114	118~132	150~164
防坐距/mm		480	500	530

注:①括号内尺寸用于$5\frac{1}{2}$in套管,括号外尺寸用于$5\frac{3}{4}$in套管。

(4)技术要求

①将此封隔器用于代替水泥塞时,下部应接一根油管短接。

②下管柱时,管柱上提高度必须小于防坐距,否则封隔器会中途坐封;上提高度一般小于0.4 m。如遇中途坐封时,应上提管柱1 m左右,解封后再继续下管柱。

③封隔器的坐封高度,取决于下入深度、坐封载荷和胶筒密封压缩距等因素。

④打捞或丢手时,开始时均需慢提慢放。

⑤打捞时,管柱压重控制在10 kN左右。

9. Z331封隔器

(1)用途

Z331封隔器是一种靠皮碗与套管的过盈和井内压差密封环形空间的自封式封隔器,坐封时不需动管柱或打压,主要用于压裂作业,防止管柱串动。

（2）结构与工作原理

①结构

Z331 封隔器结构如图 1 – 18 所示。主要有以下特点:①随管柱下入就可封隔油、套环空,不需要动管柱或打压坐封;②皮碗可对装,也可同向(向上或向下)。

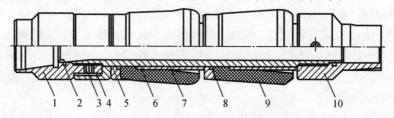

图 1 – 18 Z331 型封隔器结构示意图

1—上接头;2,8—密封圈;3—销钉;4—调节环;5—挡碗;6—中心管;7—衬管;9—皮碗;10—F 接头

②工作原理

坐封:自封式封隔器在下井后,依靠皮碗与套管内径的微小过盈,使皮碗适度贴紧在套管内壁上,将封隔器上下两端的环形空间隔开。当皮碗张开端压力大于另一端压力时,此压力差使皮碗进一步张开,更紧地贴在套管内壁上,从而使封隔器皮碗与套管内壁形成良好的密封,达到密封环空的目的。

解封:当封隔器两端存在与上述方向相反的压力差时,将迫使封隔器皮碗收缩,直接上提管柱即可提出封隔器,此时一般增加负荷 2 ~ 5 kN。此时,封隔器上下两端相互连通。当地层少量出砂或有其他机械杂质时,仍可加大提升负荷(50 ~ 80 kN)将皮碗拉坏,方便地提出井内管柱,避免了更复杂的井下作业,这是其他封隔器无法做到的。

③主要技术参数

Z331 封隔器的主要技术参数见表 1 – 13。

表 1 – 13 Z331 封隔器的主要技术参数

参数	规格型号		
	Z331 – 102	Z331 – 115	Z331 – 150
刚体最大外径/mm	102	115	150
最小通径/mm	50.3	62	76
总长度/mm	502	552	633
工作压差/MPa	30	30	30
适应套管内径/mm	108.4 ~ 114	118 ~ 127	154 ~ 166
两端连接螺纹/in	$2\frac{7}{8}$TBG	$2\frac{7}{8}$TBG	$2\frac{7}{8}$TBG

10. KY344 封隔器

(1)用途

用于中深井合层、任意一层或分层的压裂和酸化等。

(2)结构及工作原理

①结构

KY344 – 114 型结构如图 1 – 19 所示。当用该封隔器进行一次两层施工时,上封隔器装有滑套控制封隔器坐封,只有向油管投球并加液压剪断剪钉,滑套下移后,封隔器才能坐封。

②工作原理

坐封:从井口投一钢球,钢球坐在滑套上,在压力作用下,销钉被剪断,则钢球推动滑套下行,将中心管上的孔眼露出,液体在压力作用下进入孔眼,当扩张式胶筒内压大于环空压力时,胶筒膨胀,密封环空。同时,由于扩张式胶筒的膨胀,压缩上下压缩式胶筒膨胀密封环空。

解封:卸掉井口压力,当环空压力大于扩张式胶筒内压时,扩张式胶筒收回,再上提管柱,解封压缩式胶筒。

(3)主要技术参数

总长:1 160 mm。

最大外径:114 mm。

最小通径:30 mm。

起封压力:1.0 MPa。

剪断剪钉压力:8.0 ~ 10.0 MPa。

工作压力:100 MPa。

工作温度:90 ℃。

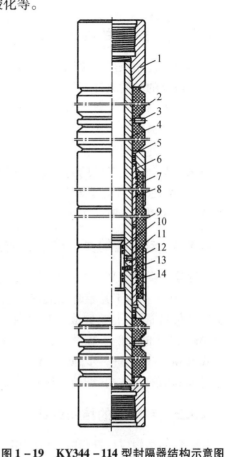

图 1 – 19 KY344 – 114 型封隔器结构示意图

1—接头;2,9—胶筒;3—隔环;4—中心管;
5,7,10—O 形胶圈;6—胶筒座;8—硫化芯管;
11—滤网;12—滤网帽;13—剪钉;14—滑套

(4)技术要求

①与节流器配套使用,节流器开启压力必须大于封隔器坐封压力。

②组装后,封隔器胶筒能在中心管上灵活滑动。

③受筒径限制,不能多级使用。

(5)存在问题

要想压缩上下压缩式胶筒,上下胶筒座就需要上行,当上行了,扩张式胶筒的上下薄胶筒处就露出,在压力作用下其将会被胀坏。

1.3 封隔器的设计及强度计算

1.3.1 封隔器的设计基础

封隔器的使用条件和使用时的工艺管柱是设计封隔器的基础。

1. 封隔器的使用条件

设计封隔器时首先要了解封隔器的使用条件,如完井方式(套管、裸眼)、套管或井眼规范、井下温度、最高工作压力和温度、工作时间、应用于何种工艺措施等。

2. 封隔器使用时的工艺管柱

适用于某一工艺措施的封隔器在使用时,还必须有其他井下工具如配产器、配水器、定压凡尔、平衡凡尔、水力锚等来配套,并连成井下管柱以实现其工艺措施。设计封隔器时,必须考虑使用封隔器时的工艺管柱。

1.3.2 封隔器的类型和坐封方式的确定

封隔器的类型和坐封方式要根据工艺措施的要求和工艺管柱来确定。例如,在酸化施工时,为了便于在施工开始时用酸液将油管内的液体替入油套管环形空间内,并施工开始前不能坐封封隔器,要求酸液顶替到目的层后才能坐封封隔器,并且施工必须连续进行。所以,酸化施工时一般不宜采用支撑式、卡瓦轨道式封隔器,最好使用水力式封隔器。对于水力式封隔器,还要进一步确定坐封方式(即用水力来扩张胶筒还是用水力来压缩胶筒)和确定封隔器的解封方式(即液力解封、转动管柱解封或上提管柱解封)。

1.3.3 封隔器的结构设计

封隔器的结构应根据封隔器的使用要求、类型和坐封、解封方式进行设计。

1. 总体结构设计

(1)选用胶筒

不同类型的封隔器有其相应的胶筒,如水力压差式封隔器采用扩张型胶筒,支撑式则采用压缩式胶筒。所以,应根据所确定的封隔器类型来选用胶筒。

(2)确定封隔器的最大外径、中心管外径

在选择封隔器胶筒和确定封隔器最大外径时,可按式(1-5)来确定:

$$1.10 \leqslant \frac{D}{D_p} \leqslant 1.16 \qquad (1-5)$$

式中　D——套管内径(或裸眼井井径),mm;

　　　D_p——封隔器最大外径(或胶筒外径),mm。

由此可以得出封隔器与套管壁间的径向间隙范围为

$$0.05D_p \leqslant \delta \leqslant 0.08D_p \qquad (1-6)$$

式中　D_p——封隔器的最大外径,mm;

　　　δ——封隔器与套管壁间的径向间隙,mm。

中心管外径是胶筒外径与胶筒厚度之差。

(3)确定封隔器的坐封、自锁、解封机构,确定的原则是使用安全、准确、可靠、地面操作简便。

(4)确定提高封隔器技术性能的其他辅助机构。

2.部件结构设计原则

在总体结构设计的基础上进行部件结构设计。设计时,应参照下述原则:

(1)在满足使用要求的情况下,尽量减小最大外径;

(2)在符合强度要求的情况下,尽可能增大通径;

(3)尽量缩短大直径部件;

(4)各部件既要安全、准确、可靠,又要简单、紧凑;

(5)加工、组装方便。

1.3.4 封隔器部件强度计算

1.接头及中心管的抗滑扣计算

接头及中心管的抗滑扣计算,与油管的抗滑扣相同,计算公式为:

平式油管:

$$P = \frac{\pi}{4}\left[(D - 2t)^2 - d^2 \right]\sigma_s \tag{1-7}$$

加厚油管:

$$P = \frac{\pi}{4}(D^2 - d^2)\sigma_s \tag{1-8}$$

式中 P——丝扣的抗滑扣载荷,N;

D——油管外径,mm;

d——油管内径,mm;

t——丝扣深度,mm;

σ_s——材料的屈服极限,MPa。

注意:封隔器的最大轴向拉伸载荷必须小于丝扣的抗滑扣载荷,即

$$P > P_{max} \tag{1-9}$$

式中,P_{max}为封隔器的最大轴向拉伸载荷,N。

2.中心管的壁厚计算

中心管的壁厚按油管抗内压公式来计算,即

$$\delta \geqslant \frac{P_1 D}{2[\sigma]} \tag{1-10}$$

式中 δ——中心管壁厚,mm;

P_1——中心管承受的最大内压,MPa;

D——中心管外径,mm;

$[\sigma]$——中心管材料的许用应力,MPa。

3.卡簧的计算

卡簧的结构如图 1-20 所示。卡簧承受剪切力,所以按剪切强度来计算,即卡簧的厚度为

$$H \geqslant \frac{Q}{\pi D[\tau]} \tag{1-11}$$

式中 H——卡簧的厚度,mm;

Q——卡簧所承受的剪切力,N;

D——卡簧承受剪切力的作用面直径,mm;

$[\tau]$——卡簧材料的许用剪切应力,MPa。

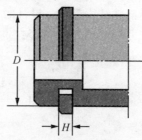

图 1-20　卡簧结构图

H—卡簧的厚度;D—卡簧所承受剪力的作用面直径

4. 活塞及活塞缸套的计算

(1)活塞面积的确定

活塞面积 S 根据活塞工作时的总作用力 Q 和推动活塞工作的液体压力 P 来确定:

$$S = \frac{Q}{P} \qquad (1-12)$$

式中　S——活塞作用面面积,mm^2;

　　　Q——活塞工作时的总作用力,N;

　　　P——推动活塞工作的液体压力,MPa。

活塞工作时的总作用力 Q 为活塞推动某一机构工作的作用力,如胶筒的坐封、解封力等。P 为相应的坐封、解封压力。

活塞面积确定以后,再根据活塞的结构来确定其几何尺寸。封隔器通常采用圆环形活塞。

(2)活塞缸套的计算

活塞缸套一般按抗内压条件来设计壁厚,或按丝扣抗滑扣强度来进行校核:

$$\delta \geqslant \frac{PD}{2[\sigma]} \qquad (1-13)$$

式中　δ——缸套的壁厚,mm;

　　　P——缸套的最大工作压力,MPa;

　　　D——缸套外径,mm;

　　　$[\sigma]$——缸套材料的许用应力,MPa。

$$P = \frac{\pi}{4}\left[(D-2t)^2 - d^2\right]\sigma_s \qquad (1-14)$$

式中　P——缸套丝扣的抗滑扣载荷,N;

　　　D——缸套外径,mm;

　　　d——缸套内径,mm;

　　　t——丝扣深度,mm;

　　　σ_s——缸套材料的屈服强度,MPa。

注意:缸套丝扣的抗滑扣载荷必须大于缸套的最大轴向载荷。

5. 剪断销钉的设计

剪断销钉按剪切强度条件来设计它的直径：

$$d \leqslant 2\sqrt{\frac{Q}{n\pi\tau_b}} \tag{1-15}$$

式中 d——剪断销钉的直径，mm；

Q——销钉被剪断的总剪切力，N；

n——销钉的个数；

τ_b——销钉材料的抗剪强度，MPa。

剪断销钉按剪切强度条件设计后，由于材料的不均质和加工条件的限制，必须对每一批销钉的剪切力通过试验来确定。

6. 卡瓦式封隔器的卡瓦受力分析

卡瓦式封隔器工作时，卡瓦与锥体的受力如图 1-21 所示。

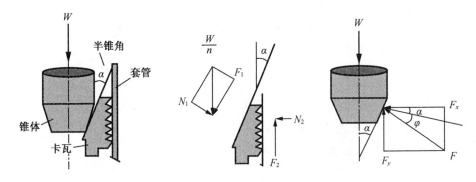

图 1-21 卡瓦与锥体受力分析图

图中 α 为锥体的半锥角，W 为锥体对卡瓦的轴向压力，N_1 为锥体与每块卡瓦之间的正压力；F_1 为锥体与每块卡瓦之间的摩擦力，N_2 为套管与每块卡瓦之间的正压力，F_2 为套管与每块卡瓦之间的摩擦力；F 为锥体与所有卡瓦之间的总作用力，F_x、F_y 分别为其水平分力和轴向分力。

设卡瓦的块数为 n，锥体与卡瓦之间的摩擦角为 φ，则锥体与卡瓦之间的摩擦系数 $f_1 = \tan\varphi$，f_2 为套管与卡瓦间的摩擦系数。

当卡瓦被锥体推开并挂在套管上时，锥体与卡瓦的运动速度为零，即处于静力平衡状态。此时套管与卡瓦之间的摩擦力应等于锥体作用于卡瓦内壁斜面上使卡瓦下滑的力的合力，即

$$f_2 N_2 = F_2 = F_1 \cos\alpha + N_1 \sin\alpha = N_1(f_1 \cos\alpha + \sin\alpha) \tag{1-16}$$

当锥体加给卡瓦的压力 W 不再增加时，卡瓦牙也就不会继续向套管壁内嵌入。此时

$$N_2 = N_1 \cos\alpha - F \sin\alpha = N_1(\cos\alpha - f_1 \sin\alpha) \tag{1-17}$$

将式(1-16)、式(1-17)相除，并将 $f_1 = \tan\varphi$ 代入得

$$f_2 = \frac{f_1 \cos\alpha + \sin\alpha}{\cos\alpha - f_1 \sin\alpha} = \frac{\tan\varphi + \tan\alpha}{1 - \tan\varphi - \tan\alpha} = \tan(\varphi + \alpha) \tag{1-18}$$

又因为

$$F_v = \frac{W}{n} \tag{1-19}$$

$$F_2 = f_2 N_2 = N_2 \tan(\varphi + \alpha) \tag{1-20}$$

所以

$$W = n N_2 \tan(\varphi + \alpha) \tag{1-21}$$

根据图 1-21 亦可导出式(1-21)。若已知封隔器坐封时卡瓦应加给套管壁的正压力 N_2，就可由式(1-21)求出坐封封隔器时管柱需要加给封隔器的压重 W。若已知封隔器坐封时管柱加给封隔器的压重 W，便可求出封隔器坐封时卡瓦加给套管壁的正压力 N_2：

$$N_2 = \frac{W}{n \tan(\varphi + \alpha)} \tag{1-22}$$

卡瓦牙与套管壁之间的接触应力

$$\sigma = \frac{N_2}{A} \tag{1-23}$$

式中 σ——卡瓦牙与套管壁之间的接触应力，MPa；

N_2——卡瓦牙与套管壁之间的正压力，N；

A——卡瓦牙与套管壁之间的接触面积，mm^2。

卡瓦与套管壁的接触面积为

$$A = \frac{m\pi d\alpha_1 h}{360} \tag{1-24}$$

式中 m——卡瓦的牙数；

d——卡瓦外圆弧面的圆弧直径，mm；

α_1——卡瓦外圆弧面的圆心角，(°)；

h——卡瓦牙嵌入套管壁面的厚度，mm。

所以

$$\sigma = \frac{360 N_2}{m\pi d\alpha_1 h} \tag{1-25}$$

锥体与卡瓦脱卡时的受力如图 1-22 所示。

锥体与卡瓦脱卡时的拉力为

$$W' = F'_y = F'_x \tan(\varphi - \alpha) = n N_2 \tan(\varphi - \alpha) \tag{1-26}$$

式中，W' 为锥体与卡瓦脱卡时的轴向拉力，N；其余符号同前。

式(1-26)表明，当卡瓦与套管壁间的正压力 N_2 一定时，锥体的半锥角 α 越大，脱卡力 W' 便越小；当 α 越接近于摩擦角 φ 时，锥体就越容易脱卡。

锥体与卡瓦的自锁条件是，摩擦角 φ 必须大于锥体的半锥角 α，即 $\varphi > \alpha$。

深井封隔器除了必须达到一般封隔器的要求外，还必须着重考虑和解决以下几个问题：

（1）深井压力高、温度高，深井封隔器必须有更高的耐温、耐压性能。

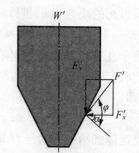

图 1-22　锥体脱卡时受力分析图

（2）深井起下作业不便，要求封隔器下井后能尽量利用同一套管柱来完成多种作业。如利用一套管柱能进行洗井、测试、压裂（或酸化）和进行正常生产等。

（3）深井使用的井下工具，安全可靠特别重要，深井封隔器各零部件必须有足够的强度。

1.4 封隔器胶筒密封条件的分析

胶筒是封隔器起密封作用的部件。要保证封隔器可靠而长期的封隔地层,并能顺利地进行起下作业,是一项非常复杂而艰巨的任务。因此必须着重胶筒的研究。

封隔器工作的可靠性,在很大程度上取决于下列条件:

(1)胶筒结构参数的合理选择;

(2)胶筒的物理机械性能;

(3)胶筒的工作条件。

1.4.1 胶筒工作条件

单级封隔器油套管分注时胶筒所受的各种力如图 1 – 23 所示。图中:L 为封隔器的下井深度;D 为套管内径;d_o 为油管外径;d_i 为油管内径;D_A 为封隔器胶筒的外径;h 为胶筒长度;h' 为胶筒工作时的长度;Δh 为胶筒工作时的压缩长度。

作用于胶筒上的力有:

(1)W——胶筒变形的轴向载荷(图上未标出),N;

(2)T_t——流体与油管内壁的摩擦力,N;

(3)T_a——流体与环形空间壁面的摩擦力,N;

(4)F_c——胶筒与套管的摩擦力,N;

(5)P_i'、P_0'——封隔器处的油管压力和套管压力,N。

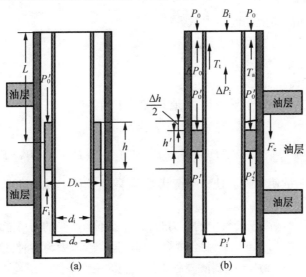

图 1 – 23 胶筒受力分析图

胶筒上端面所受的力为

$$F_0 = W + \frac{\pi}{4}(D^2 - d_o^2)P_0' - 0.5(T_t + T_a) \qquad (1 - 26)$$

胶筒下端面所受的力为

$$F_i = \frac{\pi}{4}(D^2 - d_o^2)P_i' \tag{1-27}$$

上两式中,封隔器处的套管压力和油管压力分别为:

$$P_0' = P_0 + L\rho_0 g - \Delta P_0 \tag{1-28}$$

$$P_i' = P_i + L\rho_i g - \Delta P_i \tag{1-29}$$

沿油管内壁的流体摩擦力为

$$T_t = \rho_i \frac{\lambda_i L}{2d_i} v_i^2 \frac{\pi d_i^2}{4} \tag{1-30}$$

沿环形空间壁面流体的摩擦力为

$$T_a = \rho_0 \frac{\lambda_0 L}{2(D - d_o)} v_0^2 \frac{\pi(D^2 - d_o^2)}{4} \tag{1-31}$$

由于流体的摩擦力是作用在整个管柱上的,而不是集中在一点上,所以式(1-26)中取总摩擦力的一半,即 $0.5(T_t + T_a)$。

以上各式中,

W——使胶筒变形的轴向载荷,它随使用条件不同而变化,对于水力压差式封隔器,$W = 0$;

P_0——井口处套管压力,Pa;

P_i——井口处油管压力,Pa;

ρ_0——环形空间内液体密度,kg/m^3;

ρ_i——油管内液体密度,kg/m^3;

ΔP_0——环形空间内水力损失,Pa;

ΔP_i——油管内水力损失,Pa;

λ_0——环形空间流体流动的阻力系数;

λ_i——油管流体流动的阻力系数;

v_0——环形空间流体流速,m/s;

v_i——油管流体流速,m/s。

要使封隔器在井筒内处于平衡状态,必须满足下列条件:

$$F_0 - F_i = F_c$$

即

$$W + \frac{\pi}{4}(D^2 - d_o^2)P_0' - 0.5(T_t - T_a) - \frac{\pi}{4}(D^2 - d_o^2)P_i' = F_c \tag{1-32}$$

式(1-32)表明,欲使封隔器处于平衡状态,封隔器胶筒上端面所受的力必须等于下端面所受的力。

当油管中的压力大大高于套管中的压力时,封隔器下面所受的力可能超过上面所受的力,封隔器就有可能发生移动,密封性能就会遭受破坏。当套管压力为零时,这种情况就最有可能发生。此时 $P_0 = 0, T_a = 0, \Delta P_0 = 0$,封隔器处于最不利的工作条件。于是式(1-32)变为

$$W - \frac{\pi}{4}(D^2 - d_o^2)L\rho_0 g + 0.5T_i - F_c = \frac{\pi}{4}(D^2 - d_o^2)P_i' \tag{1-33}$$

所以,封隔器处于平衡时的最大的压力:

$$P_i' = \frac{4[W + 0.25\pi L\rho_0 g(D^2 - d_o^2) - 0.5T_i - F_c]}{\pi(D^2 - d_o^2)} \tag{1-34}$$

按照式(1-29)和式(1-34),在挤(注)施工中,当不吸水(即 $Q = 0, T_t = 0, \Delta P_i = 0$)时,封隔器处于平衡的最大井口油压:

$$P_i = \frac{4\{W + 0.25\pi g[\rho_0(D^2 - d_o^2) - \rho_i(D^2 - d_o^2)] - F_c\}}{\pi(D^2 - d_o^2)} \tag{1-35}$$

应根据式(1-34)或式(1-35)来设计封隔器。因为在其他情况下,封隔器的工作条件都是比较好一些的。

对于用管柱重力加压的封隔器,在确定封隔器胶筒上的管柱重力时,必须考虑油管柱可能发生的纵向弯曲。因此,作用在胶筒上的加压重只有部分油管柱的重力,不考虑管柱发生弯曲变形时的加压重是不足以使胶筒变形和保证封隔器可靠密封的。所以,建议采用下式来确定用油管柱加压时能作用于封隔器上的最大负荷 W_{max}:

$$W_{max} = 2\sqrt{\frac{qEI}{f\delta}(1-\lambda)} \tag{1-36}$$

式中　W_{max}——油管柱能作用在胶筒上的重力,N;

　　　q——单位长度管柱在井筒内液体中的重力,N/m;

　　　f——油管柱与套管的摩擦系数(注水井中$f = 0.3 \sim 0.4$);

　　　δ——油管与套管之间的径向间隙,m;

　　　λ——液体与管材的密度比,$\lambda = \dfrac{\rho_L}{\rho_s}$;

　　　E——管柱材料的弹性模量,Pa;

　　　I——管柱横切面的惯性矩,m^4。

由式(1-36)可知,最大负荷不取决于油管柱的长度。因为油管柱在套管中发生弯曲后,油管上的每一个波峰均紧贴在套管壁上,由于摩擦阻力的存在,当管柱长度超过一定限度而引起的重力增加,会完全加在套管壁上。试验也已表明,在计算封隔器的稳定性时,不能把油管柱在液体中的全部重力作为管柱给封隔器胶筒的加压负荷。

式(1-36)还表明,当采用较大直径管柱或加重油管下封隔器时,可提高封隔器胶筒的加压负荷,从而提高封隔器的可靠密封压差。实践表明,采用大直径的油管和在管柱下部采用加重油管,并保证管柱在套管内居中,可提高封隔器胶筒的加压负荷,从而提高密封的可靠性。

1.4.2　胶筒与套管壁摩擦力的确定

从式(1-33)和式(1-34)可知,要是封隔器可靠地起封隔作用,很大程度上取决于胶筒与套管壁的摩擦力 F_c。F_c 越大,封隔器可以承受的压差也越大。因此,对摩擦力的研究有着重要的意义。可是,现在几乎还没有关于计算胶筒稳定性和据此确定胶筒变形与摩擦力之间关系的资料。因此,有人曾试图应用橡胶盘根和密封环的研究成果来计算圆柱形胶筒。

对于橡胶盘根,摩擦力用下式来确定:

$$F_c = 2f\sigma_0 S \tag{1-37}$$

式中　F_c——橡胶盘根的摩擦力,N;

　　　f——橡胶与钢材的滑动摩擦系数;

　　　σ_0——密封压力,MPa;

　　　S——盘根接触面积,mm^2。

对于封隔器胶筒,式(1-37)写成如下形式:

$$F_c = f\sigma_0(S_1 + S_2) \tag{1-38}$$

式中　F_c——胶筒与套管的摩擦力,N;

f——橡胶与钢材的滑动摩擦系数(在橡胶与钢材短期接触时,可取 $f \leqslant 0.3$;而长期接触时,取 $f = 0.6$);

σ_0——密封压力,MPa;

S_1、S_0——胶筒压缩后的内、外侧表面积,mm^2。

密封压力 σ_0 用下式来确定:

$$\sigma_0 = \sigma_1 - 2G\eta \tag{1-39}$$

式中 σ_0——密封压力,MPa;

G——剪切模量,MPa;

η——模量系数;

σ_1——胶筒横截面积上的平均轴向应力,MPa;

$$\sigma_1 = \frac{W}{A_1} = \frac{4W}{\pi(D^2 - D_0^2)} \tag{1-40}$$

A_1——胶筒压缩后的截面积,mm^2;

D——胶筒变形后的外径(即套管内径),mm;

D_0——胶筒内径,mm;

W——胶筒轴向负荷,N;

$$\eta = \frac{1 - (2C^2 - 1)\left[1 - \rho_0^2(1 - C)\right]}{C\left[1 - \rho_0^2(1 - C)\right]} + \frac{\rho_0^2}{C(1 - \rho_0^2)}\ln\frac{1 - \rho_0^2(1 - C)}{C} \tag{1-41}$$

$$\rho_0 = \frac{D_0}{D_A}$$

式中 D_A——胶筒外径(压缩前),mm;

C——胶筒压缩前后截面比。

$$C = \frac{A_0}{A_1} = \frac{D_A^2 - D_0^2}{D^2 - D_0^2}$$

式中 A_0——胶筒压缩的截面积,mm^2。

1.4.3 影响胶筒密封性能的因素

封隔器胶筒的密封性能,除了与胶筒材料的物理、机械性能有关外,还与胶筒形状、尺寸及使用条件有关。

1. 胶筒的轴向负荷

要使封隔器可靠地封隔地层,必须保证封隔器胶筒所必需的压缩力。胶筒所必需的总压缩力为:将胶筒压到刚接触套管壁所要求的压缩力与在工作差 ΔP 的作用下为了达到密封所要求的压缩力之和,即

$$W = W_1 + W_2 \tag{1-42}$$

式中 W——胶筒密封时所必需的总的压缩力,MPa;

W_1——将胶筒压到刚接触套管壁所要求的压缩力,MPa;

W_2——在压差 ΔP 的作用下,使胶筒达到密封所要求的压缩力,MPa。

(1)W_1 的确定

胶筒被压缩时,其径向位移的微分方程为

$$\frac{d^2\mu}{dr^2} + \frac{1}{r}\frac{d\mu}{dr} - \frac{\mu}{r^2} = 0 \tag{1-43}$$

式(1-43)的解为

$$\mu = \frac{(R-R_A)R}{R^2-R_0^2}r - \frac{(R-R_A)RR_0^2}{(R^2-R_0^2)}\frac{1}{r} \qquad (1-44)$$

式中　μ——胶筒被压缩时径向位移,mm;

　　　R——套管的内半径,mm;

　　　R_0——胶筒的内半径,mm;

　　　R_A——胶筒的外半径,mm;

　　　r——胶筒内任意一点到其轴线的距离,mm。

胶筒的径向应变为:

$$\varepsilon_r = \frac{du}{dr} = \frac{(R-R_A)R}{(R^2-R_0^2)}r + \frac{(R-R_A)RR_0^2}{R^2-R_0^2}\frac{1}{r^2} \qquad (1-45)$$

胶筒的周向应变为

$$\varepsilon_\theta = \frac{\mu}{r} = \frac{(R-R_A)R}{R^2-R_0^2} - \frac{(R-R_A)RR_0^2}{R^2-R_0^2}\frac{1}{r^2} \qquad (1-46)$$

设胶筒的轴向应变为ε_z,胶筒的单位体积变化为θ,则

$$\theta = \varepsilon_r + \varepsilon_\theta + \varepsilon_z \qquad (1-47)$$

根据胶筒变形前后体积不变的原则,即$\theta=0$,得

$$\varepsilon_z = -(\varepsilon_r + \varepsilon_\theta) = -\frac{2(R-R_A)R}{R^2-R_0^2} \qquad (1-48)$$

胶筒的径向应力σ_r、周向应力σ_θ、轴向应力σ_z分别为

$$\sigma_r = \frac{E}{(1-2\nu)(1+\nu)}[(1-\nu)\varepsilon_r + \nu(\varepsilon_\theta + \varepsilon_z)] = \frac{ER}{1+\nu}\left(\frac{R-R_A}{R^2-R_0^2}\right)\left(1+\frac{R_0^2}{r^2}\right) \quad (1-49)$$

$$\sigma_\theta = \frac{E}{(1-2\nu)(1+\nu)}[(1-\nu)\varepsilon_\theta + \nu(\varepsilon_z + \varepsilon_r)] = \frac{ER}{1+\nu}\left(\frac{R-R_A}{R^2-R_0^2}\right)\left(1-\frac{R_0^2}{r^2}\right) \quad (1-50)$$

$$\sigma_z = \frac{E}{(1-2\nu)(1+\nu)}[(1-\nu)\varepsilon_z + \nu(\varepsilon_r + \varepsilon_z)] = -\frac{2ER}{1+\nu}\left(\frac{R-R_A}{R^2-R_0^2}\right) \quad (1-51)$$

式中　E——胶筒的弹性模量,MPa;

　　　ν——胶筒的泊松比,0.47;

　　　其余符号同前。

将胶筒压到刚接触套管所要求的压缩力为

$$W_1 = \int_{R_A}^R \sigma_z 2\pi r dr = -\frac{2\pi ER}{1+\nu}(R-R_A)\frac{R^2-R_A^2}{R^2-R_0^2} \qquad (1-52)$$

(2)W_2的确定

胶筒在变形密封后,在工作压差的作用下,为使胶筒达到密封所要求的压缩力,即压差与压缩力之间的关系,分为两种情况来讨论,即:

①压差ΔP不作用在中心管环形截面上;

②压差ΔP作用在中心管环形截面上。

第一种情况:压差ΔP不作用在中心管环形截面上,如图1-24所示。

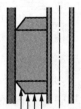

图1-24　胶筒变形后在压差ΔP作用下的受力情况(1)

根据压差 ΔP 引起的轴向力与胶筒同中心管和套管壁的摩擦力相平衡的条件得

$$\Delta PF = f(P_{rt}S_1 - P_{rc}S_2) \tag{1-53}$$

式中 ΔP——封隔器所承受的压差，MPa；

F——套管与封隔器中心管之间的环形截面积，$F = \pi(R^2 - R_0^2)$；

f——胶筒与中心管、胶筒与套管的摩擦系数；

P_{rc}、P_{rt}——胶筒变形后作用于套管和中心管上的压力，MPa；

S_1、S_2——胶筒变形后内、外密封面积，mm^2。

取 $P_{rt} = P_{rc} = P_r$，则

$$\Delta PF = fP_r(S_1 + S_2) = fP_r 2\pi(H - \Delta H)(R_0 - R) \tag{1-54}$$

$$P_r = \frac{\Delta PF}{f 2\pi(R_0 + R)(H - \Delta H)} \tag{1-55}$$

式中 H——胶筒压缩前的总高度，mm；

ΔH——胶筒的轴向压缩高度，mm；

R_0——中心管外径，mm；

R——套管内径，mm。

根据广义胡克定律，圆柱坐标中应力与应变的关系，径向应变 ε_r 与周向应变 ε_θ 为

$$\varepsilon_r = \frac{1}{E}[\sigma_r - \nu(\sigma_\theta + \sigma_z)] \tag{1-56}$$

$$\varepsilon_\theta = \frac{1}{E}[\sigma_\theta - \nu(\sigma_r + \sigma_z)] \tag{1-57}$$

胶筒在轴向力 W_1 作用下被压缩到贴在套管壁之后，继续压缩时，胶筒内、外壁处受中心管和套管的限制，其径向和周向应变等于零，故：

$$\sigma_r - \nu(\sigma_\theta + \sigma_z) = 0 \tag{1-58}$$

$$\sigma_\theta - \nu(\sigma_r + \sigma_z) = 0 \tag{1-59}$$

由此可得

$$\sigma_z = \frac{1-\nu}{\nu}\sigma_r \tag{1-60}$$

将

$$\sigma_r = P_r, \sigma_z = \frac{W_2}{F}$$

代入式(1-60)可得

$$W_2 = \frac{1-\nu}{\nu}\frac{\Delta PF^2}{f 2\pi(R_0 + R)(H - \Delta H)} \tag{1-61}$$

第二种情况：压差 ΔP 作用在中心管环形截面上，如图 1-25 所示。

计算 W_2 时只需将式(1-61)中的环形截面用 F' 代替。F' 为从中心管内径 R_i 算起到套管壁的环形截面积，$F' = \pi(R^2 - R_i^2)$。所以

$$W_2 = \frac{1-\nu}{\nu}\frac{\Delta PF'^2}{f 2\pi(R_0 + R)(H - \Delta H)} \tag{1-62}$$

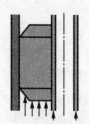

图 1-25 胶筒变形后在压差 ΔP 作用下的受力情况(2)

从式(1–61)和式(1–62)可看出,对于某一具体封隔器和井筒,若胶筒的结构参数不变,则胶筒的压缩力与封隔器承受的压差成正比。当封隔器承受某一压差 ΔP 时,为保证封隔器可靠密封,胶筒必须有一相应的压缩力。若胶筒的实际压缩力小于该相应值时,封隔器便不可能可靠密封。

2. 胶筒的几何形状

封隔器工作的可靠性,还取决于胶筒结构参数的合理选择,即胶筒的几何形状。封隔器在使用过程中,胶筒在长时间的大压缩负荷和介质的物理化学作用下,不仅产生"肩部突出",而且发生很大的残余变形,以致胶筒被损坏。胶筒的残余变形基本上发生在胶筒边缘应力集中的部位。现简略介绍胶筒形状对胶筒应力的影响和应力在胶筒长度上的分布。

国外对胶筒的外形与胶筒的应力分布关系做了研究。研究成果如图1–26和图1–27所示。

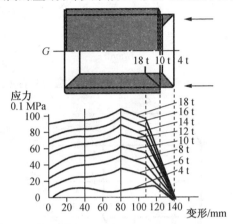

图1–26　内斜角圆柱形胶筒的变形和应力分布曲线图

图1–26是用内斜角为60°的圆柱形胶筒逐渐加大载荷(从4 t至18 t),且每增加2 t持续一定时间的条件下进行试验得出的曲线。曲线表明,胶筒一边加载时,大致在胶筒的三分之一长度上有一个应力集中区,并且应力集中比较明显。试验表明,内斜角在各斜角值的情况下都有这一情况。由于应力高度集中,从而导致胶筒的损坏。因此,内斜角端面形状是不适宜的。

图1–27是用端面为30°外斜角,侧面为各种几何形状的胶筒进行试验所得的曲线图。试验结果表明,外斜角为30°时,胶筒端面对形成应力集中区影响最小,但侧面形状对应力仍有影响,桶形胶筒在长度上的应力分布最均匀,如图中曲线 e 所示。

图1–27和图1–28表明,当封隔器的接触压力不变时,桶形胶筒端面上的绝对应力值比其他形状的要小得多。因此,这种胶筒的独特之处是没有应力集中区,应力分布均匀。

胶筒表面形状影响形成应力集中区的原因在于:

(1)内斜角端面的胶筒在受压缩时,由于封隔器支撑环楔入,所以在胶筒的狭窄部位上产生很大的应力集中。

(2)胶筒受压缩时哪一部分首先与套管接触,是由它的侧面形状来决定的。桶形胶筒最先接触套管的是其中间部分,边缘部分虽受弹性变形,但其体积不变,所以它跟套管全部压紧时,整个胶筒都承受强弹性变形,但仍处于弹性变形范围内。而其他形状的胶筒会使受压力的一边在填满套管间隙时,首先受到很大的摩擦力,压力来不及分配到胶筒的全部长度上,在加载的一边约三分之一处形成应力集中区。

因此,封隔器胶筒应是有1°~2°的桶形胶筒,胶筒的端面应有30°~40°的外斜角。

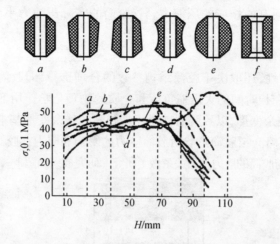

图1-27 10 t负荷下各种外形胶筒的应力分布曲线图

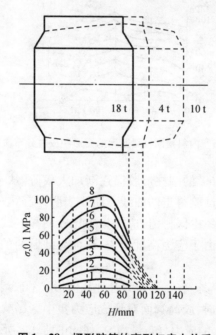

图1-28 桶形胶筒的变形与应力关系

3. 胶筒与套管壁之间的间隙

国外曾对桶形胶筒进行室内试验,研究了不同间隙时机械压缩式胶筒的相对变形 ε 和轴向负荷 W 的关系。试验结果如图1-29所示。

胶筒密封时的相对变形允许值 ε 一般为0.2。

试验结果表明,当间隙为8~10 mm时,为使胶筒完全密封,需要建立的相对变形大大超过了相对变形的允许值0.2。由于使胶筒密封的相对变形必须小于0.2,所以胶筒和套管之间的间隙应为2~6 mm。

根据这一原则,按照胶筒体积在变形前后不变的条件,就可计算胶筒的外径。

$$\frac{\pi}{4}(D_0^2 - d^2)H = \frac{\pi}{4}(D^2 - d^2)(H - \Delta H) \qquad (1-63)$$

$$\varepsilon_x = \frac{\Delta H}{H}$$

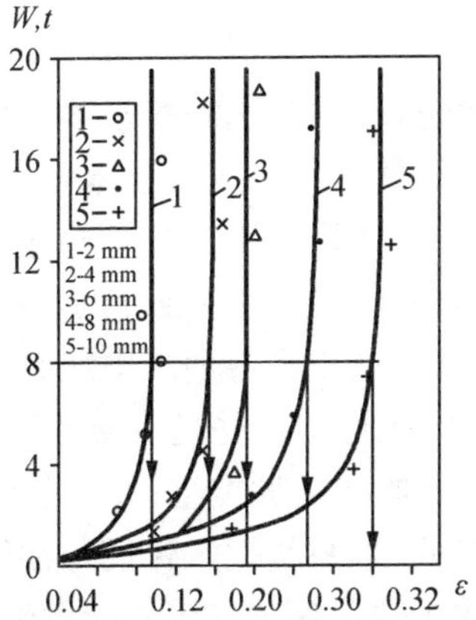

图 1-29 不同环形间隙时胶筒变形和轴向负荷的关系

所以胶筒的外径为

$$D_0 = \sqrt{D^2 - \varepsilon_x(D^2 - d^2)} \qquad (1-64)$$

式中　D_0——胶筒的外径,mm;

　　　d——胶筒的内径,mm;

　　　D——套管的内径,mm;

　　　ε_x——胶筒的轴向相对变形;

　　　H——胶筒的长度,mm;

　　　ΔH——胶筒被压缩的长度,mm。

4. 套管的状况

试验证明,胶筒的表面上即使有轻微损坏,也会严重降低密封质量。因此,为了保证可靠地密封地层,必须把胶筒完好地下到井内。但在封隔器下井时,胶筒很容易被损坏。当封隔器通过射孔井段时,胶筒损坏尤为严重。

套管壁的状况对封隔器的密封效果也有很大影响。射孔井段,套管接箍位置,套管变形或损坏的地方,套管壁上有锈层、泥饼和水泥饼的地方,即使给胶筒加上很大负荷也不能保证可靠地密封,设置封隔器坐封后立即失效,或短期工作后密封性能就被破坏。因此,下封隔器之前,必须清楚地了解封隔器坐封位置上的套管状况,必须避开套管接箍,更不能坐封在射孔井段上。

5. 压力和温度的变化

封隔器在井筒内工作时由于压力、温度的改变,在一定条件下会破坏封隔器的密封。当封隔器胶筒上的压差发生变化时,压差的改变使直接作用在胶筒上的负荷发生变化。若下压超过上面的负荷,就会使下部油管连同封隔器发生移动,使封隔器的密封被破坏。并且由于管柱内外压力的改变,也会使管柱的长度发生变化,从而改变胶筒的受力状况。若管柱缩短,作用在胶筒上的负荷会减少,影响甚至会破坏封隔器的密封性能。

第 2 章　配水(产)器及其他井下工具

多油层油田各油层的物理性能是不相同的,注水井分层配注和油井分层配产,就是为了解决油田开发初期,笼统的全井注水和全井采油所暴露出来的各油层之间注采不均衡的矛盾。由于各油层的渗透性不相同,如果采用笼统全井注水,虽然保持了地层压力,但是,注入水却在高渗透层中向油井方向推进得快,造成"单层突进";而在低渗透层中却走得很慢,迟迟见不到注水效果。这样,注入的水在各油层中就发挥不了应有的作用,甚至在油井中造成高渗透层过早见水,含水量不断上升,并且直接影响着中、低渗透层的出油能力,降低油井产能。目前常用的配水(产)器有两种类型:一种是固定式,即整个配水器与油管连接在一起下入井内;另一种是活动式,它只是把工作筒与油管连接在一起下入井内,而活动芯子是可以任意投捞的,其中油田上最常用的是偏心配水(产)器。

为了保证油井的正常生产,水井的正常注水,除了要下入配产器和配水器以外,还要下入其他井下工具,本章将讲述油田上常用的一些井下工具。

1. 控制类(修井类)工具型号编制方法(图2-1)

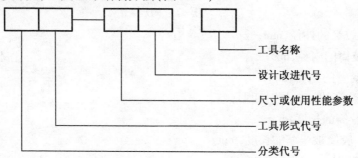

工具名称
设计改进代号
尺寸或使用性能参数
工具形式代号
分类代号

图2-1　控制类(修井类)工具型号编制方法

2. 说明

(1)分类代号

K 表示控制类工具,X 表示修井类工具。

(2)工具形式代号

控制类工具形式代号用两个大写汉语拼音字母表示。这两个字母应分别是工具形式名称中的两个关键汉字的第一个汉语拼音字母,其编写方法见表2-1。表2-1中未列出的其他控制类工具形式代号也按此规则编写,但不能出现两个相同的形式代号,以免混淆。

(3)尺寸或使用性能参数

尺寸或使用性能参数的表示方法,由每个工具标准中具体规定,可以有外径表示法、外直径×内通径表示法、长度表示法、连接螺纹表示法、工作压力表示法、张力载荷表示法和扭矩表示法等。表示规定见表2-2。

表 2-1 控制类工具形式代号

序号	工具特征	代号	序号	工具特征	代号
1	桥式	QS	11	滑套	HT
2	固定	GD	12	凡尔	FE
3	偏心	PX	13	喷嘴	PZ
4	缓冲	HC	14	正洗	ZX
5	旁通	PT	15	反洗	FX
6	活动	HD	16	卡瓦	QW
7	开关	KG	17	锚爪	MZ
8	侧孔	CK	18	水力	SL
9	弹簧	TH	19	连接	LJ
10	轨道	GA	20	撞击	ZJ

表 2-2 尺寸特征及使用性能参数表示法

项目		代号	单位及说明
尺寸特征	长度	L	mm
	外直径	D/Φ	mm
	外直径×内通径	$D \times d/\Phi \times d$	mm
连接螺纹	内端螺纹尺寸×外端螺纹尺寸	M(普通螺纹)	mm
		T(梯形螺纹)	mm
		S(锯齿形螺纹)	mm
		TBG(平式油管螺纹)	in
		UP TBG(外加厚油管螺纹)	

(4)设计改进代号

设计改进代号用 A、B、C……表示,一般在命名中不写出。

(5)工具名称

工具名称用汉字表示,方法见表 2-3 规定,表中未列出的也按此规则编写。

表 2-3 控制类工具名称

序号	工具名称	序号	工具名称
1	堵水器	5	定位器
2	配产器	6	气举阀
3	配水器	7	滑套
4	喷砂器	8	阀

表 2 - 3(续)

序号	工具名称	序号	工具名称
9	脱接器	15	冲击器
10	泄油器	16	水力锚
11	扶正器	17	隔热管
12	充填工具	18	伸缩管
13	安全接头	19	堵塞器
14	刮蜡器	20	防脱器

3. 举例

KQS - 110 型配产器表示最大半径为 110 mm 的控制工具类桥式配产器。

KLJ - 90 × 50 型安全接头表示最大外径为 90 mm,内通径为 50 mm 的控制工具类连接管柱用的安全接头。

2.1 配 水 器

配水器是实现注水井分层配注的专用井下工具。分层配注就是把注入地层的水,针对各油层不同的渗透性能,采用不同的压力注水。对渗透性好、吸水能力强的层,适当控制注水;对渗透性差、吸水能力低的层,则加强注水。尽量把水有效地注入地层,使注入水在高、中、低渗透层中都能发挥应有的作用,从而使层间矛盾得到调整,地层能量得到合理补充,限制油井含水上升速度。

2.1.1 KGD - 110 型配水器

1. 用途

KGD - 110 型配水器主要用于分层注水。

2. 结构与工作原理

(1)结构

KGD - 110 型配水器具体结构如图 2 - 2 所示。

(2)工作原理

油管加液压,液压经中心管的水槽作用在阀上,阀压缩压簧,阀离开凡尔座接头,阀启开,高压水经油、套管环形空间后注入地层。

调节螺母用来调节压簧的松紧,以控制阀的开启压力。

3. 主要技术参数

KGD - 110 型配水器主要技术参数见表 2 - 4。

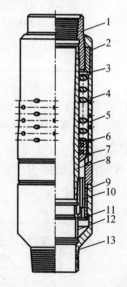

图 2 - 2　KGD - 110 型配水器结构示意图

1—上接头;2—调节环;3—垫环;4—压簧;
5—护罩;6,9—O 形密封圈;7—阀;8—中心管;
10—阀座接头;11—水嘴;12—滤罩;13—下接头

表 2 - 4　KGD - 110 型配水器主要技术参数

总长/mm	630
最大外径/mm	110
内通径/mm	62
阀启开压力/MPa	0.5 ~ 0.7

4. 优缺点

(1)优点:高压水均匀喷到护罩上,保护套管;水嘴轴向安装,不易脱落。

(2)缺点:维修或更换水嘴时,需起出生产管柱。

5. 技术要求

阀在 0.5 ~ 0.7 MPa 开启,阀四周喷水均匀;小于 0.5 MPa 时,阀关闭不漏。

2.1.2　KHD - 73 型空心配水器

1. 用途

KHD - 73 型空心配水器主要用于分层注水。

2. 结构与工作原理

(1)结构

KHD - 73 型空心配水器具体结构如图 2 - 3 所示。

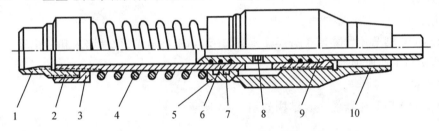

图 2 - 3　KHD - 73 型空心配水器结构示意图

1—上部接头;2—调节螺母;3—弹簧垫圈;4—弹簧;5—定压阀;

6—工作筒;7—密封圈;8—水嘴;9—活动芯子;10—下部接头

(2)工作原理

油管加液压,液压经水嘴作用在阀上,阀压缩压簧上行,阀离开阀座接头,阀启开,高压水经油、套管环形空间后注入地层。

调节螺母用来调节压簧的松紧,以控制阀的开启压力。捞出滑套芯子,就可更换水嘴,以控制注水量。配水器按滑套芯子直径大小排列,分甲、乙、丙三级。

3. 主要技术参数

KHD - 73 型空心配水器主要技术参数见表 2 - 5。

表2-5 KHD-73型空心配水器主要技术参数

级数	工作筒外径/mm	工作筒内径/mm	活动芯子内径/mm	活动芯子外径/mm	测试球外径/mm
Ⅰ	73	59	49	58	50.8~52
Ⅱ	73	56	44	55	47.5
Ⅲ	73	52	39	51	42
Ⅳ	73	48	32	47	35~38

4. 优缺点

（1）优点：维修或更换水嘴时，不需起生产管柱。

水嘴垂直于轴向安装在滑套芯子上，滑套芯子可打捞。换水嘴时，下入打捞矛，抓住滑套芯子的下端面，上提打捞管柱，将滑套芯子和水嘴捞至地面，进行维修或更换水嘴。

（2）缺点：高压水作用在丝扣上，使水嘴易脱落，损害中心管和滑套芯子。

5. 技术要求

（1）水嘴和滑套芯子的连接丝扣要密封可靠，密封压力为15 MPa。

（2）投滑套芯子应由下而上；捞滑套芯子应由上而下逐级进行。

2.1.3 KFE-110型节流器

1. 用途

KFE-110型节流器除用于分层注水外，还可用于找封串、化学堵水和酸化等。

2. 结构与工作原理

（1）结构

KFE-110型节流器的主要结构如图2-4所示。

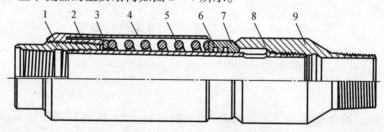

图2-4 KFE-110型节流器结构示意图

1—上接头；2—调节环；3—垫环；4—护罩；5—压簧；6—O形密封圈；7—阀；8—中心管；9—阀座接头

（2）工作原理

油管内加液压，液压经中心管上的孔眼作用在阀上，阀压缩弹簧上行，离开阀座接头，阀开启，高压水进入油、套管环形空间，最后注入地层。

调节螺母用来调节压簧的松紧，以控制阀的启开压力。

3. 主要技术参数

KFE-110型节流器主要技术参数见表2-6。

表 2 - 6　KFE - 110 型节流器主要技术参数

总长/mm	570
最大外径/mm	110
内通径/mm	62
阀开启压力/MPa	0.5 ~ 0.7

4. 优缺点

(1)优点:单位时间内注水量大,可用于加强注水层、低渗透层。

(2)缺点:不能控制注水量。

5. 技术要求

阀在 0.5 ~ 0.7 MPa 开启,小于 0.5 MPa 时,阀关闭不漏。

2.1.4　KPX - 113 型配水器

1. 用途

KPX - 113 型配水器主要用于分层注水。

2. 结构与工作原理

(1)结构

KPX - 113 型配水器结构如图 2 - 5 所示,由工作筒(图 2 - 6)和堵塞器(图 2 - 7)组成。

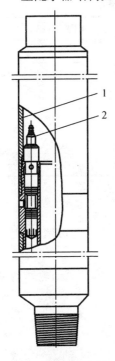

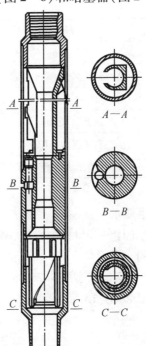

图 2 - 5　KPX - 113 型配水器结构示意图

1—工作筒;2—堵塞器

图 2 - 6　KPX - 113 型配水器工作筒结构示意图

41

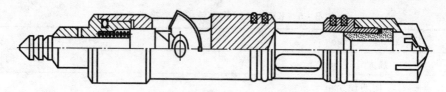

图 2 - 7　KPX - 113 型配水器堵塞器结构示意图

堵塞器结构特点:①下部安有滤罩;②有两组盘根,共四道;③中部有出水孔眼;④水嘴安装在堵塞器的下部。

(2)工作原理

正常注水时,靠堵塞器主体的 $\phi22$ mm 台阶坐于工作筒主体的偏孔上,凸轮卡于偏孔上部的扩孔处(因凸轮在打捞杆的下端和扭簧的作用下,可向上转动,但不能向下转动,故堵塞器能进入工作筒主体的偏孔且被卡住而不飞出),堵塞器主体上下两组四道 O 形胶圈封住偏心孔的出液槽与堵塞器间的间隙。自井口注入的高压水,首先在重力作用下,将整趟注水管柱填满,后续再注入的高压水会经堵塞器的滤罩、水嘴进入,从堵塞器的孔眼、工作筒上的孔眼流出,使注入水进入油、套管环形空间后注入地层。

3. 主要技术参数

KPX - 113 型配水器主要技术参数见表 2 - 7。

表 2 - 7　KPX - 113 型配水器技术参数

型号	KPX - 113
总长/mm	995
最大外径/mm	113
内通径/mm	46
偏孔直径/mm	20
工作压力/MPa	15
堵塞器最大外径/mm	22

4. 技术要求

(1)扶正体的开口槽中心线、$\phi20$ mm 偏孔中心线、导向体的开口槽中心线与工作筒中心线应在同一平面。

(2)凸轮工作状态外伸 2.2 mm,收回后在堵塞器最大外径以内,凸轮转动灵活可靠。

(3)组装试压 15 MPa,稳压 3 min 为合格。

2.2　配　产　器

配产器是实现生产井分层配产的专用井下工具。分层配产就是根据油田发展要求,按油层的不同性质把油层分成几个开采层段,井下入油井封隔器把这些油层封隔开来,对各个不同层段下入配产器,安装不同直径的井下油嘴,控制不同的生产回压。对渗透性好的油层适当控制采油量,对渗透性差的油层加强采油,实现分层定量采油,这样既可以发挥中、低渗透层的出油能力,又能够保持高渗透层长期高产、稳产,达到合理地开发油田、提高最终采收率的目的。

2.2.1 KPX-113配产器

1.用途

KPX-113型偏心配产器用于分层试油、采油、找水和堵水。

2.结构及工作原理

(1)结构

KPX-113型偏心配产器主要由工作筒和堵塞器两部分组成,如图2-8至图2-10所示。

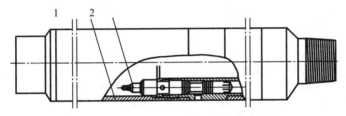

图2-8 KPX-113型偏心配产器结构图

1—工作筒;2—堵塞器

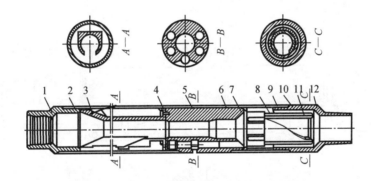

图2-9 KPX-113型偏心配产器工作筒结构图

1—上接头;2—上连接套;3—扶正体;4—螺钉;5—工作筒主体;6—下连接套;7—螺钉;
8—支架;9—螺钉;10—O形胶圈;11—导向体;12—下接头

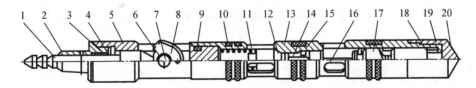

图2-10 KPX-113型偏心配产器堵塞器结构图

1—打捞杆;2—压盖;3,9,10,15—O形胶圈;4—压簧;5—支撑座;6—扭簧;
7—轴;8—凸轮;11—压簧;12—阀;13—密封段;14—油嘴;
16—顶杆;17—活塞;18—拉簧;19—拉簧锚;20—导向头

(2)工作原理

正常生产时,堵塞器靠堵塞器主体的台阶坐于工作筒主体的偏孔上,凸轮卡于偏孔上部的扩孔处(因凸轮在打捞杆的下端和扭簧的作用下,可向上转动,但不能像下转动,故堵塞器能进入工作筒主体的偏孔且被卡住而不飞出),堵塞器主体上共三组六道 O 形胶圈,起密封作用。原油自堵塞器下孔进入,经油嘴、堵塞器上孔、偏心孔孔眼进入配产器主通道,进而被采至井口。

3. 主要技术参数

KPX-113 型偏心配产器的主要技术参数见表 2-8。

表 2-8　KPX-113 型偏心配产器的主要技术参数

名称	总长/mm	最大外径/mm	最小内径/mm	质量/kg	工作压力/MPa
偏心工作筒	995	113	46	35	15
堵塞器	240	22	—	0.4	15

2.2.2　KQS-110 型活动式配产器

1. 用途

KQS-110 型活动式配产器在封隔器封隔各油层组后,对各油层组进行分别控制,实现分层配产的目的。

2. 结构及工作原理

(1)结构

KQS-110 型活动式配产器主要结构由工作筒和堵塞器两部分组成,如图 2-11 所示。

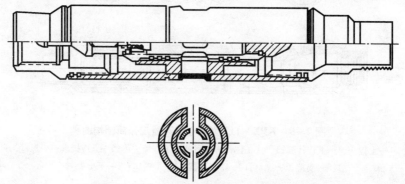

图 2-11　KQS-110 型活动配产器结构示意图

(2)工作原理

生产时,地层产液自配产器工作筒孔眼、堵塞器孔眼进入堵塞器,经油嘴流入堵塞器上部,再经堵塞器与工作筒前后之间的间隙,流入油管,最后被采至地面。

3. 主要技术参数

KQS-110 型活动配产器的主要技术参数见表 2-9。

表2-9 KQS-110型活动配产器的主要技术参数

种类	长度/mm	外径/mm	工作筒内径/mm	堵塞器最大外径/mm
KQS-110甲	600	110	52	54
KQS-110乙	600	110	48	50
KQS-110丙₁	600	110	45	46.5
KQS-110丙₂	600	110	41.5	43
KQS-110丁	600	110	38	39.5

2.2.3 KTI-110型配产器

1. 用途

KTI-110型配产器主要用于分层采油、试油和找水、堵水等。

2. 结构及工作原理

(1)结构

KTI-110型配产器主要由工作筒(包括件1和件16)和堵塞器(包括件2至件15)组成。前者为固定部分,后者为活动部分。具体结构如图2-12所示。

(2)工作原理

生产时,地层产液自配产器工作筒孔眼、堵塞器孔眼进入堵塞器,经油嘴流入堵塞器上部,再经堵塞器与工作筒前后之间的间隙,流入油管,最后被采至地面。

投送堵塞器:将堵塞器连接在投送器上,下井。当堵塞器通过工作筒时,凸轮轮抓可绕轴向上转动,通过台阶,坐在工作筒内的设计位置,进行工作。由于两个凸轮被打捞杆锁住,凸轮不会转动,所以在下部压力下,轮抓也不会绕轴向下转动,使堵塞器不会被下部压力顶出工作筒。

打捞堵塞器:下打捞矛,抓住打捞头上提,将销钉拉断,上提打捞杆,使凸轮失锁、转动,轮抓绕轴落下,上提打捞杆,将堵塞器提出。

3. 主要技术参数

KTI-110型配产器的主要技术参数见表2-10。

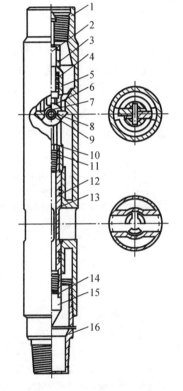

图2-12 KTI-110型配产器结构图

1—工作筒;2—打捞头;3—销钉;4—压簧;
5—支撑套;6—凸轮;7—扭簧;8—衬套;
9—轴;10—油嘴;11,12,14—O形胶圈;
13—密封段;15—导向头;16—下接头

表 2-10　KTI-110 型配产器的主要技术参数

名称	甲	乙	丙	丁
总长/mm	700	700	700	700
工作筒最大外径/mm	110	110	110	110
工作筒最小通径/mm	54	48	42	38
堵塞器最大外径/mm	56	50	44	40

2.3　其他井下工具

2.3.1　KQW-114 型支撑器

1. 用途

KQW-114 型支撑器接在封隔器的下部,作为管柱的下支点,用于坐封封隔器和克服封隔器因受上压所产生的下推力,以防管柱向下移动。

2. 结构与工作原理

（1）结构

KQW-114 型支撑器的具体结构如图 2-13 所示。

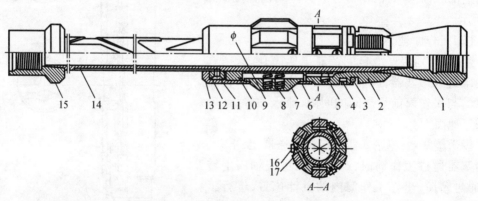

图 2-13　KQW-114 型支撑器结构示意图

1—锥体;2—卡瓦;3—箍簧;4—上限位环;5—内压簧;6—下限位环;7—摩擦块;8—外压簧;9—放松螺钉;
10—卡瓦扶正座;11—滑环销钉;12—滑环;13—托环;14—中心管;15—下接头;16—固定螺钉;17—垫圈

（2）工作原理

坐卡:将 KQW-114 支撑器随生产管柱下放至预定位置,上提生产管柱,支撑器的锥体和中心管随上部管柱上行(其他部件,在下部管柱的重力和摩擦块与套管间摩擦力的作用下,固定不动),则滑环销钉由中心管轨短道槽的上死点,运动至下死点。下放生产管柱,滑环销钉由下死点运动至长道槽的上死点,使锥体在垂向上,下行了长道槽上死点与短道槽上死点间垂向距离,锥体进入卡瓦,卡瓦伸出,卡瓦牙抓住套管内壁,完成坐卡。

解卡:上提生产管柱,锥体从卡瓦内退出,卡瓦在箍簧的作用下收缩,卡瓦与套管分离,实现解卡。

3. 主要技术参数

KQW - 114 支撑器的主要技术参数如表 2 - 11 所示。

表 2 - 11 KQW - 114 支撑器主要技术参数

总长/mm	1 050
最大外径/mm	114
内通径/mm	50
工作压力/MPa	≤350
适用套管内径/mm	122 ~ 132

4. 技术要求

(1)组装后,整个卡瓦扶正机构在中心管轨道上滑动灵活,换向自如。

(2)摩擦块张开外径不小于 140 mm,收拢时不大于 114 mm。

(3)清水试压 20 MPa,稳压 5 min 为合格。

(4)下管柱时,上提高度应小于防坐距,以防中途坐卡。

5. 存在问题

结蜡严重和死油多的井不宜使用此支撑卡瓦,因阻力较大使摩擦块不易紧贴套管壁。

2.3.2 KHD 油管悬挂器

1. 用途

KHD 油管悬挂器是由 Y141 封隔器和 KQW 型支撑器组成的不压井施工工艺管柱的配套工具,在封隔器坐封上提、下放油管柱时密封油、套管环形空间。

2. 结构与工作原理

(1)结构

如图 2 - 14 所示,接在接箍 4 上的油管短节 7,悬挂在与油管挂 1 相接的密封套 6 上。

(2)工作原理

封隔器坐封时才安装使用,靠 O 形胶圈 2 和 5 密封油、套管环形空间,油管柱可上下自由活动。

3. 主要技术参数

总长:2.0 ~ 2.5 m。内通径:62 mm。工作压力:15 MPa。

4. 技术要求

(1)根据井口规范选用不同规范的油管悬挂器。

(2)要求油管短节表面光滑无凹痕。

(3)用同一规范带顶丝法兰的套管,清水试压 15 MPa,稳定 5 min 为合格。

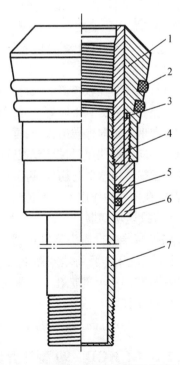

图 2 - 14 KHD 油管悬挂器结构图

1—油管挂;2,3,5—O 形胶圈;

4—接箍;6—密封套;7—短节

（4）卡瓦坐卡后，油管接箍不得高出油管挂上端面1 cm。

2.3.3　偏心配水器投捞器

1. 用途

偏心配水器投捞器是用于投送或打捞 KPX - 113 配水器堵塞器的专用工具。

2. 结构与工作原理

（1）结构

偏心配水器投捞器主要结构由绳帽、O 形胶圈、螺钉、锁轮机构、投捞爪机构、导向爪机构等组成，具体结构如图 2 - 15 所示。

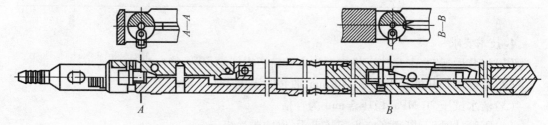

图 2 - 15　KPX - 113 型偏心配水器投捞器结构示意图

（2）工作原理

投捞头装有打捞器或投送器。锁块在锁轮和扭簧的作用下可绕轴顺时针旋转。起初，投捞抓和导向抓被锁轮锁住，不能向外转出，投捞器能顺利下井和通过偏心配水器工作筒；然后上提投捞器，锁块遇阻，使锁轮顺时针旋转，待锁轮转到深槽处时，投捞头和导向爪顶部进入深槽，在压簧的作用下，投捞头和导向抓向外转出张开，即可进行打捞或投送。

3. 打捞与投送 KPX - 113 配水器堵塞器

（1）打捞堵塞器

将打捞器装在投捞器的投捞头上，收拢锁好捞爪和导向爪，用录井钢丝将投捞器下过配水器工作筒。然后提到工作筒上部，锁块过工作筒主通道遇阻，锁块和锁轮一起向下转动，投捞爪和导向爪失锁向外转出张开，再下放投捞器，导向爪沿工作筒导向体的螺旋面运动，当导向爪进入导向体的缺口时，投捞爪已进入工作筒扶正体的长槽，正对堵塞器头部。待下放遇阻，打捞器已捞住堵塞器打捞杆，再上提投捞器，堵塞器打捞杆压缩压簧上行，下端与凸轮脱离接触，凸轮在扭簧的作用下向下转动，凸轮内收，堵塞器被捞出工作筒，起到地面。

（2）投送堵塞器

将投捞器的投捞头装投送器，把堵塞器的头部插入投送器内，二者用剪钉连接好。然后，按上述施工步骤将堵塞器下入工作筒主体的偏孔内。然后，上提投捞器，凸轮的支撑面已卡在偏孔内的上部扩孔。结果，剪钉被剪断，堵塞器留与工作筒内，投捞器被提出。

4. 主要技术参数

总长：1 265 mm。最大外径：45 mm。工作压力：15 MPa。

2.3.4　KGD - 90 型油管堵塞器

1. 用途

KGD - 90 型油管堵塞器安装在生产管柱的下部，在提起其上部管柱时，用来切断管柱内的流动断面,防止油气上喷,是不压井不放喷作业中,起生产管柱的专用井下工具。

2. 结构与工作原理

(1)结构

KGD-90 型油管堵塞器具体结构如图 2-16 所示,主要由堵塞器和工作筒两部分组成。

(2)工作原理

依靠支撑体的下部台阶坐于密封短节上,密封段上 6 道 O 形胶圈正好封住密封短节通道;支撑卡在压簧的作用下,其支撑面始终卡于工作筒的支台阶处,以防堵塞器飞出,实现切断油气流的目的,进而完成起管柱作业。

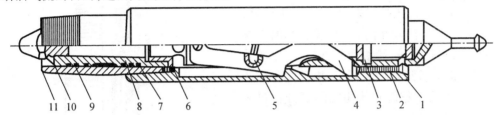

图 2-16 KGD-90 型油管堵塞器结构示意图

1—工作筒;2—打捞头;3—轴销;4—支撑卡;5—压簧;6—支撑体;

7,10—O 形胶圈;8—密封段;9—导向头;11—密封短节

投送堵塞器:油管工作筒与油管连接好后下入井内预定位置,然后投堵塞器。利用抽油杆柱将堵塞器投入工作筒内。当堵塞器的支撑卡与工作筒的斜面台阶接触时,在上部杆柱重力的作用下,支撑卡内的压簧被压缩,支撑卡内缩,通过斜面台阶,将支撑卡卡在台阶处,实现切断油气流的目的。

打捞堵塞器:下入打捞矛,打捞矛与打捞头对接后,上提打捞杆柱,打捞头上行,支撑卡的头部受力内收,支撑面就离开支撑台阶,从而就可捞出。

3. 主要技术参数

KGD-90 油管堵塞器(系列)主要技术参数见表 2-12。

表 2-12 KGD-90 油管堵塞器(系列)主要技术参数

型号	工作筒长度/mm	工作筒外径/mm	工作筒内径/mm	堵塞器长度/mm	备注
φ55	530	90	55	700	型号指工作筒密封短节内径
φ54	530	90	54	700	
φ53	530	90	53	700	
φ50	530	90	50	700	
φ42	530	90	42	700	

4. 技术要求

(1)堵塞器立放、支撑卡自由张开,其旋转外径不能小于 78 mm。

(2)堵塞器支撑卡收张灵活,支撑卡收拢后不凸出支撑体外径。

2.3.5 KHT-114型喷砂器

1. 用途

KHT-114型喷砂器是用于在压裂、酸压过程中,向储层内注入压裂液、酸液的井下工具。

2. 结构与工作原理

(1)结构

KHT-114型喷砂器具体结构如图2-17所示。

(2)工作原理

当对储层进行压裂、酸压时,利用头球器,在井口将一钢球投入井内,坐在滑套芯的上端面。再向井内打液压,使滑套芯下行,将中心管上的孔眼露出,液压作用在阀上,推动阀压缩弹簧上行,注入液通过阀和阀座之间的开口进入环空,最后进入储层。

2.3.6 锚定工具

1. KJN水力锚

(1)用途

KJN水力锚在压裂、酸压过程中,起固定管柱的作用。

(2)结构与工作原理

①结构

KJN水力锚的具体结构如图2-18所示。

②工作原理

向井内打液压,液压从衬管上的割缝作用在胶囊上,压缩胶囊,胶囊再将锚爪挤出,卡在套管内壁上,实现固定管柱的作用。

2. KJS水力锚

(1)用途

KJS水力锚在压裂、酸压过程中,起固定管柱的作用。可用于深井,工作可靠。

(2)结构与工作原理

①结构

KJS水力锚具体结构如图2-19所示。

②工作原理

向井内打液压,液压作用在半球上,压缩弹簧,弹簧将锚爪挤出,卡在套管内壁上,实现固定管柱的作用。

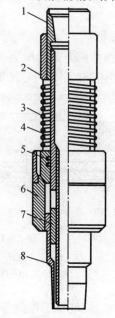

图2-17 KHT-114型喷砂器结构示意图
1—上接头;2—调节环;3—弹簧;4—中心管;
5—阀;6—阀座;7—滑套;8—下接头

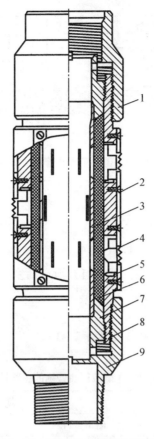

图 2 - 18　KJN 水力锚结构示意图

1—上接头;2—螺钉;3—衬管;4—锚爪;5—定向块;6—胶囊;7—锚体;8—压帽;9—下接头

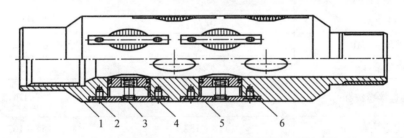

图 2 - 19　KJS 水力锚结构示意图

1—上接头;2—销钉;3—弹簧;4—锚爪;5—压条;6—密封圈

3. KDB 型液压油管锚

(1)用途

KDB 型液压油管锚用于有杆泵深抽工艺,可锚定管柱,消除油管伸缩造成的冲程损失,同时减小管杆的摩擦损失,从而提高泵效。

(2)结构

KDB 型液压油管锚主要由锚瓦、本体等部分组成,其具体结构如图 2 - 20 所示。

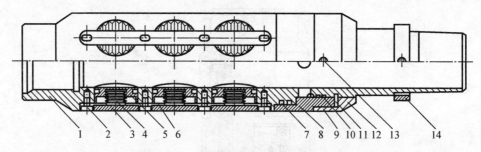

图 2-20　KDB 型液压油管锚结构示意图

1—本体；2—螺钉；3,7,10—密封圈；4—碟簧；5—锚爪；6—压条；8—泄压活塞；
9—压套；11—剪环；12—剪环槽；13—销钉；14—限位环

（3）工作原理

液压油管锚安装在泵上，抽油过程中，油管内的液面高于油套环空液面时，锚爪自动伸出，锚定在套管内壁上。检泵时，油管打压，打开泄压活塞，油套压差消失，锚爪在弹簧的作用下自动收回，解除锚定。

（4）主要技术参数

KDB 型液压油管锚的主要技术参数见表 2-13。

表 2-13　KDB 型液压油管锚的主要技术参数

技术参数	规格型号	
	KDB-115	KDB-150
刚体最大外径/mm	115	150
最小通径/mm	62	62
总长度/mm	527	572
泄油压差/MPa	28（可调）	28（可调）
总质量/kg	20.8	27.5
两端连接螺纹/in	$2\frac{7}{8}$ TBG	$2\frac{7}{8}$ TBG
适用套管内径/mm	118~132	154~162

4. FX 型油管锚

（1）作用

FX 型油管锚用于有杆泵深抽工艺。锚定深井泵管柱使油管处于拉伸状态，减少管杆摩擦，消除油管蠕动，从而提高泵效。

（2）结构

FX 型油管锚主要由上接头、锚瓦、本体、下接头等部分组成，其具体结构如图 2-21 所示。

（3）工作原理

油管打压，使锚瓦伸出卡在套管内壁上，锚定管柱。上提油管，拉力约为油管自重加20 kN。剪断销钉，解除锚定。

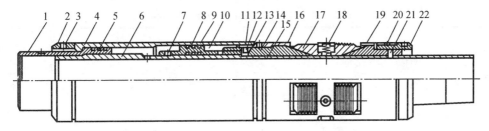

图 2 - 21　FX 型油管锚结构示意图

1—上接头;2—限位环;3—防松销钉;4—缸套;5,8,9—密封圈;6—中心管;7,12,21—剪钉;10—活塞;
11,14,20—销钉;13—锁块;15—上锥体;16—卡瓦套;17—卡瓦;18—弹簧;19—下锥体;22—压环

(4)主要技术参数

FX 型油管锚的主要技术参数见表 2 - 14。

表 2 - 14　FX 型油管锚的主要技术参数

技术参数	规格型号			
	FXm441 - 112	FXxm441 - 114	FXm441 - 152	FXxm441 - 152
刚体最大外径/mm	112	114	152	152
最小通径/mm	60	62	75.9	75.9
总长度/mm	800	1350	900	900
坐锚压力/MPa	16 ± 0.5	9 ~ 10	16 ± 0.5	12
解锚压力/kN	800 ~ 100	800 ~ 100	800 ~ 100	800 ~ 100
工作温度/℃	120	120	120	120
泄油功能	无	有	无	有
两端连接螺纹/in	$2\frac{7}{8}$TBG	$2\frac{7}{8}$TBG	$2\frac{7}{8}$TBG	$2\frac{7}{8}$TBG
适用套管内径/mm	124 ~ 126	121 ~ 124	159 ~ 162	159 ~ 162

2.3.7　泄油器

在起油管柱作业中,使其上部油管内的原油通过泄油器流入油套环空内,改善井口作业人员的工作环境,并节省资源。

1. 销钉式泄油器

(1)结构

销钉式泄油器主要由本体、销钉和密封件等部分组成。适用于 $\phi70$ mm 及以下管式抽油泵井和电泵井。

(2)工作原理

销钉式泄油器连接在抽油泵筒下部,固定阀上部,也可连接在电泵上部油管上,与泵一起下入井内生产。在下次检泵作业中,从井口投抽油杆剪断销钉,使油套连通,实现泄油。

(3)主要技术参数

销钉式泄油器的主要技术参数见表 2 - 15。

表2-15　销钉式泄油器的主要技术参数

技术参数	规格型号
刚体最大外径/mm	90
最小通径/mm	32
长度/mm	195
两端连接螺纹/in	$2\frac{7}{8}$TBG

（4）注意事项

未撞断泄油器销钉前，销钉式泄油器不泄漏。

2.撞滑式泄油器

（1）结构

撞滑式泄油器由外管、滑套、下接头、撞击头等部分组成，主要与大泵配套使用，其具体结构如图2-22所示。

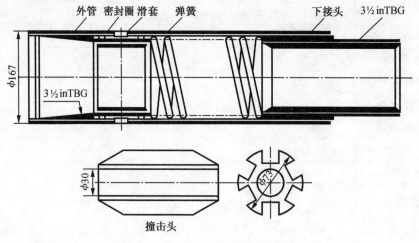

图2-22　撞滑式泄油器结构示意图

（2）工作原理

撞滑式泄油器装配在有杆大泵（$\phi83$ mm、$\phi95$ mm）的上端，其上端连接有$3\frac{1}{2}$inTBG接箍和短节，以便打吊卡用。泄油时，提出抽油杆，将撞击头连在一根长度小于泵冲程的抽油杆上，投入井中，撞击头撞击滑套，滑套下移，泄油孔连通油管内、外腔，原油泄入套管。

（3）主要技术参数

撞滑式泄油器的主要技术参数见表2-16。

表2-16 撞滑式泄油器的主要技术参数

技术参数	规格型号
刚体最大外径/mm	107
最小通径/mm	64
两端连接螺纹/in	上、下 $3\frac{1}{2}$ TBG

（4）注意事项

①与脱接器相连的第1根必须是 CYG25 抽油杆,且抽油杆上端接箍始终处于泄油器滑套上端,以免因接箍撞击滑套造成意外泄油。

②泄油时,与撞击头相连的撞击杆长度要短于冲程。

3. KHT 泄油器

（1）结构

KHT 泄油器主要由接箍、密封圈、短节、套筒阀等组成,其具体结构如图2-23所示。

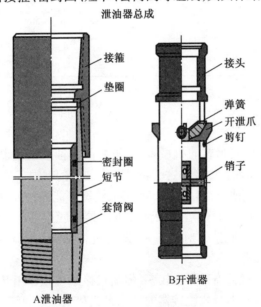

图2-23 KHT 泄油器结构示意图

（2）工作原理

起油管时,先将开泄器连接在抽油杆柱的下端,下入井内。在上部杆柱重力作用下,开泄器的开泄爪遇台阶后内缩,通过泄油器内的全部台阶,最后下放至套筒阀下部,使开泄爪卡在套筒阀的下端面,上提抽油杆柱,使套筒阀上行,将短节上的孔眼露出,使油管内的原油流入油套环空,实现泄油。

当需要起出开泄器时,上提抽油杆柱,在上提力的作用下,开泄器上的剪钉被剪断,开泄爪失去下支撑下落,退出套筒阀下台阶,再上提抽油杆柱,实现打捞开泄器。

4. 支撑式泄油器

（1）结构

支撑式泄油器主要由上接头、中心管、外管和下接头等部分组成。与卡瓦封隔器或卡瓦总成配套使用，可用于各种管式泵抽油井。

（2）工作原理

支撑式泄油器下井时受下部管柱的悬重作用呈打开状态。当卡瓦封隔器或卡瓦总成坐封形成支点后，继续下方管柱，泄油孔被密封，呈关闭状态。作业时，上提管柱，泄油器受拉打开，使油套连通泄油。

（3）主要技术参数

支撑式泄油器的主要技术参数见表 2-17。

表 2-17　支撑式泄油器的主要技术参数

规格型号	最大外径 /mm	最小内径 /mm	关闭长度 /mm	拉开长度 /mm	最大拉载 /kN	密封压差 /MPa	连接螺纹 /in
$\phi62$	100	60	445	515	500	15	$2\frac{7}{8}$
$\phi76$	110	72	445	515	600	15	$3\frac{1}{2}$

2.3.8　大泵脱接器

随着油田开采方式由自喷转向机械采油，下井的抽油泵泵径也愈来愈大，大泵脱接器是用来解决下井泵径大而油管内径小这一特殊工艺要求的。如目前下入内径为 $\phi83$ mm 和 $\phi95$ mm 的大泵，用的是 3″油管，其内径为 75 mm，活塞不能通过油管，只有在活塞上部接上脱接器下体随泵筒先下入井内，然后在抽油杆下部接上脱接器的上体，下入井内在泵筒内对接，使活塞和抽油泵通过脱接器对接起来，即可进行抽油。而施工作业时上提抽油杆又可使之脱开，进行起泵作业。

目前，油田上使用的脱接器种类比较多，但其对接原理和作用基本一致，这里介绍卡簧式脱接器、自旋式脱接器和卡爪式脱接器的结构组成和工作原理等内容。

1. 卡簧式脱接器

（1）结构

卡簧式脱接器由上体和下体两部分组成，其具体结构如图 2-24 所示。上体主要由上接头、销钉、脱卸接头和连杆等组成，接在抽油杆柱的下部。下体主要由压帽、卡簧、外套和下接头等组成，接在活塞上。

（2）工作原理

当选用"小油管、下大泵"时，在地面首先将脱接器的下体与柱塞相连放入泵套内，再将泵套与油管连接好下井。将脱接器的上体与抽油杆柱连接下井，使脱接器的连杆与卡簧对接，实现采油。

在连杆的下端与下接头的内孔底平面之间有间隙 3~5 mm，下接头上有两个孔眼，是排挤脏物的通道，以利于顺利对接。

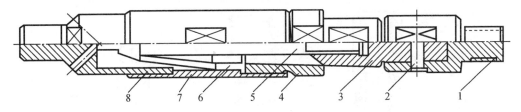

图 2 - 24 卡簧式脱接器结构示意图

1—上接头;2—销钉;3—脱卸接头;4—压帽;5—连杆;6—卡簧;7—外套;8—下接头

当需要换泵时,上提抽油杆柱,将销钉剪断,再上提抽油杆柱,将脱接器的上接头与抽油杆先起出。最后,起油管,对泵进行检修。

(3)注意事项

①下井前认真检查脱接器各部件是否灵活好用,并涂好黄油。

②如果用泥浆压井作业时,必须用清水将井液替换干净,确保对接在清水中进行。

③对接时一定要缓慢下放,对接后进行试抽,证实对接成功后方可完井交采油队。

④施工检泵上提脱接器时,也应慢提,不可操作过猛,拔坏其他部件。

⑤此种脱接器的缺点是卡簧力不均时易断裂。

2. 自旋式脱接器

(1)结构

自旋式脱接器由上体和下体两部分组成,其具体结构如图 2 - 25 所示。

上体由上接头、防转销钉、轨道管等组成。上体接在抽油杆柱下部。上接头的上部由螺纹与抽油杆连接,C 处上两端有半圆的槽孔,D 处是圆形孔,下部有螺旋道槽 E,轨道管内开了与上接头类似的槽孔,相互对齐后由防转销钉固定。轨道的作用是在任意方向上将中心杆的头部 F 引向槽孔内。

下体由中心杆、轨道套、键块、垫片、弹簧、下接头等组成。下体接在活塞上,中心杆开有键槽,槽内安放键块,轨道套在键块作用下,只能做上下滑动,不能转动滑动到上始点中心杆上的台肩限。

从图 2 - 25(a)中可看出对接后的总体结构和各部件的装配关系。

(2)工作原理

对接时,上体与下体接触,中心杆进入上接头内。在轨道管的作用下,中心杆的头部 F 被引入轨道管和上接头的槽孔内,此时中心杆与上接头之间只能做轴向相对运动,不能相对转动。在中心杆头部 F 下入槽孔后,上接头的下端面才与轨道套的螺旋轨道键 G 接触。螺旋轨道槽 E 和 G 嵌合,由于中心杆与上接头不能旋转,而螺旋轨道键与中心杆之间下行压缩弹簧,使弹簧储能,直到中心杆头相对转动,在弹簧的储能量作用下,推动轨道套上行,螺旋轨道槽 E 与螺旋轨道键 G 相互嵌合,产生扭矩,使中心杆与上接头旋转 90°,达到图 2 - 25(c)所示的状态,完成对接过程,抽油杆就可带动活塞运动抽油。

脱接时,上提抽油杆脱接器上行至泵口,泵口内径小于脱接器下体中轨道套的外径,轨道套被挡住。继续上提,就会使轨道套压缩弹簧后下行,螺旋轨道键 G 要退出螺旋轨道槽 E。退出时迫使上接头与中心杆旋转 90°。旋转 90°后,中心杆头部 F 与上接头的槽孔重合,完成脱接。完成脱接后,弹簧推动轨道套复位。因此,该脱接器可在井内重复对接。

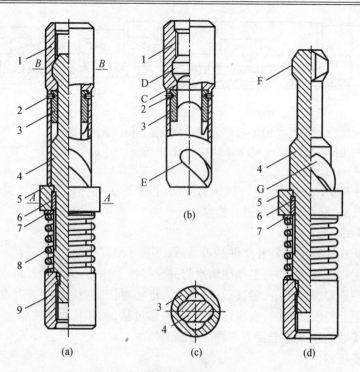

图 2 - 25　自旋式脱接器结构示意图

1—上接头;2—防转销钉;3—轨道管;4—中心杆;5—轨道套;6—键块;7—垫片;8—下接头;9—下接头

该脱接器悬挂部位采用20°锥形结构,减少了应力集中。它操作简单,只需下放、上提抽油杆就能实现对接、脱接的目的,当卡泵时还可转动抽油杆脱接。

（3）主要技术参数

总长:600 ~ 700 mm。

上体外径:63.5 mm（ϕ95 mm、ϕ83 mm 泵）、57.5 mm（ϕ70 mm泵）。

下体外径:80 mm（ϕ95 mm、ϕ83 mm 泵）、64 mm（ϕ70 mm泵）。

上端连接螺纹:CYG25 型抽油杆内螺纹或外螺纹。

下端连接螺纹:CYG25 型抽油杆内螺纹或外螺纹。

配套泄油器:与各种泄油器均能配套,尤其是撞滑式泄油器。

适用泵径:70 mm,83 mm,95 mm。

释放接头内径:58 ~ 62 mm（ϕ70 mm 泵）、64 ~ 76 mm（ϕ95 mm、ϕ83 mm 泵）。

3.卡爪式脱接器

（1）结构

卡爪式脱接器由上体和下体两部分组成。上体为卡爪,连接在抽油杆最下端。其他部分组成下体,连接在柱塞上,随泵一起下入井内。卡爪式脱接器具体结构如图 2 - 26 所示。

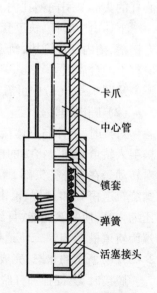

图 2 - 26　卡爪式脱接器结构示意图

卡爪

中心管

锁套

弹簧

活塞接头

（2）工作原理

对接时，卡爪随抽油杆下行到柱塞相连接的脱接器下体中心杆所在位置，其内孔套住中心杆向下滑移，继续下行到中心凸缘上部台肩时，卡爪迫使锁套向下压缩弹簧继续向下滑移，当下行到限定位置时，卡爪靠径向扩张产生的弹力收缩，恢复原状。这时锁套在弹簧力的推动下，套住卡爪，使卡爪中心杆和锁套对接为一体，从而使抽油杆与柱塞连接。

脱开时，上体抽油杆，当脱接器上行到泵内释放接头处，释放接头内孔台肩挡住脱接器锁套，便开始压缩弹簧，释放卡爪使上体与下体脱开。

（3）主要技术参数

卡爪式脱接器的主要技术参数见表 2 – 18。

表 2 – 18　卡爪式脱接器主要技术参数

技术参数	规格型号
总长度/mm	540
刚体最大外径/mm	78
卡爪外径/mm	61
内径/mm	30
释放接头内径/mm	73
两端连接螺纹	CYG25 螺纹

2.3.9　气举阀

1. 作用

气举阀是将注入套管内的气体输送到生产管柱内的井下专业工具，主要适用于气举采油、求产和排液等工艺。

2. 结构

常用的气举阀是一种靠注入气压力作用在波纹管有效面积上使其打开的气举阀。主要由阀体、旁通套筒、波纹管、空气腔室、单流阀总成等组成。气举阀中的重要部件是波纹管。波纹管采用蒙乃尔合金经冷压加工制成。气举阀的具体结构如图 2 – 27 所示。

3. 工作原理

气举阀气举是将气举阀与油管连接在一起，下入井内一定深度，压缩空气从油、套环形空间进入，使环形空间液面下降，油管内液面上升并排出井口。当液面下降到第一个气举阀处时，气体通过阀座上的小孔而进入油管，并举升其中的液体，环空液面继续下降。由于通过小

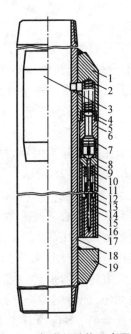

图 2 – 27　气举阀结构示意图

1—连接座；2—压阀球弹簧；3—加强筋；4—阀球；
5—密封垫片；6—上阀座；7—调节螺母；8—下阀座；
9—阀体；10—阀弹簧；11—阀杆螺母；12—弹簧护套；
13—弹簧底座；14—弹簧杆；15—弹簧瓜帽；
16—护正销；17—护正套；18—特殊短节；19—保护块

孔所产生的节流效应,使油管内压力小于环空压力,阀体的下密封面的压力等于环空压力。由于油管内混气程度增加,压力下降,当压力降到相当于第一、第二阀间的液体压力时,这个压力将克服弹簧的张力面使阀体上行,将上阀锥面密封起来,隔断气体进入油管的通道,使环形空间的液面降到第二个气举阀处,气体进入油管。随后使液体继续下降到第三个气举阀或油管鞋处,从而达到深部排液的目的。

各级气举阀下入深度,可根据压风机的最大工作压力及管内外压力差来计算。其原则是在充分利用压风机工作能力的前提下,力求下井气举阀最少,下井深度最大。

4. 主要技术参数

外管长度:73 mm。

总长度:500 mm。

承受压力:内压 14 MPa,外压 42 MPa。

5. 注意事项

(1)下气举阀前要求洗井。

(2)下气举阀前检查旁通孔并保持干净。

(3)按气举阀级数下入井内。

2.3.10　丢手工具

丢手工具的主要作用是将向井内投送的管柱分开,以达到将部分生产管柱投入井下(即丢手)的目的。

1. 防顶卡瓦

(1)作用

防顶卡瓦的丢手部分使下井管柱与封隔器分隔;挡砂部分是防止生产中砂埋卡瓦;反卡瓦部分是防止丢手后封隔器封隔件回弹,只用于油井的深井浅修和电泵分层采油工艺。

(2)结构

防顶卡瓦主要分为丢手、挡砂和反卡瓦部分,其具体结构如图 2-28 所示。

(3)工作原理

防顶卡瓦壳体的下接头紧接在封隔器分层丢手管柱的最上一级封隔器的上接头,接头卡爪则与油管相连并一起下入井中,下到预定层位后先采用机械方式压缩封隔器坐封,然后从井口投入钢球,并向井内加压,此时钢球坐于球座上,压力向下迫使锥体剪断剪钉,下行撑开卡瓦卡紧在套管内壁上,实现丢手。同时,由于球座随锥体下行,接头卡爪失锁,放压后上提油管,接头卡爪便带着护套、挂杆、

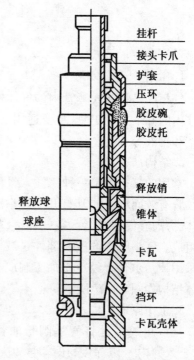

挂杆
接头卡爪
护套
压环
胶皮碗
胶皮托

释放球
球座

释放销
锥体

卡瓦

挡环

卡瓦壳体

图 2-28　防顶卡瓦结构示意图

球座和钢球一起提出井口,此时胶皮碗张开并贴于套管内壁上防止砂埋卡瓦,锥体也在其摩擦力的自锁作用下不能退出。打捞丢手释放管柱时,下相应的对扣捞矛抓住锥体内的螺纹,上提管柱带动锥体上行将卡瓦收回释放,继续上提释放封隔器,并将整个丢手管柱起

出地面。

（4）主要技术参数

防顶卡瓦的主要技术参数见表 2 – 19。

表 2 – 19 防顶卡瓦的主要技术参数

技术参数	规格型号	
	φ140	φ178
最大外径/mm	114	150
长度/mm	620	789
投球直径/mm	25.4	25.4
丢手压力/MPa	15 ~ 18	15 ~ 18
使用套管(内径)/mm	140 ~ 168	178

2. YDS 型丢手工具

（1）结构

YDS 型丢手工具主要由丢手和打捞两部分组成。该丢手工具采用液压丢手方式，不需投球或其他操作，是液压封隔器管柱丢手时配套使用的工具。丢手结构采用分布剪切、拖带释放结构，增加了丢手的可靠性，并且提高了丢手压差的稳定性，其具体结构如图 2 – 29所示。

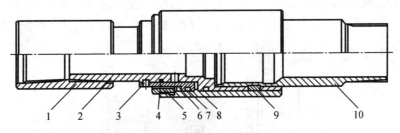

图 2 – 29 YDS 型丢手工具结构示意图

1—上接头；2—连接体；3—剪钉；4—O 形密封圈；5—挡套；6—活塞；7—密封圈；8—缸套；9—锁块；10—下接头

（2）工作原理

当封隔器坐封后，继续增压，剪断控制剪钉，控制活塞上行，拖带外套上行，释放控制锁块，上提后可实现丢手。打捞时，采用常规打捞工具捞丢手上部的 $2\frac{7}{8}$ inTBG 内螺纹，或打捞封隔器内中心管皆可。

（3）主要技术参数

YDS 型丢手工具的主要技术参数见表 2 – 20。

表2-20　YDS型丢手工具的主要技术参数

技术参数	规格型号
长度/mm	482
最大外径/mm	114
最小内径/mm	45
两端连接螺纹/in	$2\frac{7}{8}$TBG
打捞扣螺纹/in	$2\frac{7}{8}$TBG
打捞工具/in	$2\frac{7}{8}$TBG
丢手压力/MPa	19~21

(4)技术要求

YDS型丢手工具主要和Y441型封隔器配套使用,在油管打压达到丢手压力后,即可实现丢手。

3. KMZ型丢手接头

(1)结构

KMZ丢手接头的结构主要由上接头、O形盘根、锁钉、外套、锁芯、防松销钉、锁爪、下接头等组成,其具体结构如图2-30所示。其中,锁爪与上接头通过丝扣连接,与下接头通过台阶悬挂在一起;锁芯与上接头通过对称的锁钉连接;外套与下接头通过丝扣连接。

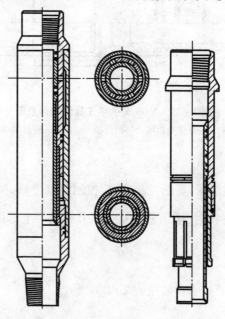

图2-30　KMZ型丢手接头结构示意图

(2)工作原理

从井口投一钢球,钢球坐在锁芯的上斜面上,向油管内打液压,在压力作用下,锁钉被剪断,从而锁芯下行,使锁抓失去内支撑,在下部管柱重力作用下,锁抓与下接头脱离,上提管柱,上接头、锁芯、锁抓起出地面,下接头与外套留在井内,从而实现上、下管柱的丢手。

(3)技术要求

①锁爪必须具有良好的弹性,保证打捞管柱时能收缩与弹出,强度满足要求。

②各密封处均有良好的密封性,在规定的压力下锁钉顺利剪断,井中有腐蚀气体时各件有防腐性。

2.3.11　KMZ 丢手接头打捞锚

1.用途

KMZ 丢手接头打捞锚是打捞 KMZ 丢手接头及下部管柱的专用工具。

2.结构

KMZ 丢手接头打捞锚主要由上接头、连接套、拉钉、拉钉挂、弹簧、限位套、中心管、打捞爪、下接头等组成,其具体结构如图 2–31 所示。

3.工作原理

打捞时,下放打捞管柱,因打捞爪外径大于 KMZ 丢手接头外套开口处内径,二者接触时打捞爪遇阻压缩弹簧上行,当打捞爪失去下接头的内支承时,打捞爪在其弹性力作用下内收,进入 KMZ 丢手接头的外套扩孔内,待限位套下端面与 KMZ 丢手接头外套接触时,打捞爪已恢复原位,上提管柱,打捞爪已

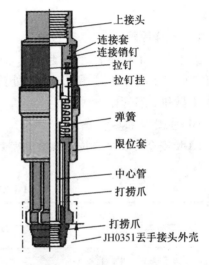

JH0151型打捞矛

上接头
连接套
连接销钉
拉钉
拉钉挂
弹簧
限位套
中心管
打捞爪
打捞爪
JH0351丢手接头外壳

图 2–31　KMZ 丢手接头打捞锚结构示意图

悬挂在 KMZ 丢手接头外套扩孔台阶处,从而可打捞出 KMZ 丢手接头及以下的其他管柱。

若打捞遇卡,须再次丢手时,可从油管内投入 50.8 mm 直径钢球,加液压,拉断拉钉;后带低压上提管柱,使拉钉挂、中心管、下接头下行,则下接头与打捞爪脱离接触,迫使打捞爪失去内支撑而内缩,起出 KMZ 丢手接头打捞锚及其上部管柱。

4.主要技术参数

总长:660 mm。

最大外径:112 mm。

最小内径:45 mm。

拉断拉钉压力:8 ~ 10 MPa。

5.技术要求

要求 KMZ 丢手接头打捞锚的打捞爪具有良好弹性。

2.3.12　安全接头

1.KDK 型安全接头

(1)用途

KDK 安全接头用于试油、压裂、化学堵水、封串和防砂等施工管柱,作为安全措施之一。

（2）结构

KDK 安全接头由上接头和下接头组成,二者通过方扣连接,其具体结构如图 2-32 所示。

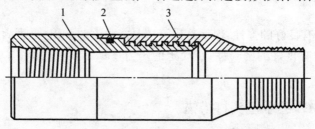

图 2-32　KDK 型安全接头结构示意图

1—上接头;2—O 形胶圈;3—下接头

（3）工作原理

如果井下工具被卡,管柱起不出来时,进行倒扣作业。因为方扣间产生的摩擦力小于三角扣间产生的摩擦力,所以,方扣处首先互相脱离,即可将上部管柱起出地面,进而打捞被卡工具和下部管柱。

（4）主要技术参数

KDK 安全接头主要技术参数见表 2-21。

表 2-21　KDK 安全接头主要技术参数

总长/mm	275
最大外径/mm	100
内通径/mm	62
安全扣型	方扣 85 mm × 10 mm 右旋(或左旋)
工作压力/MPa	25

（5）技术要求

下管柱时要防止管柱下部转动,以防从安全接头倒扣。

2. KLJ-146 型弹簧式安全接头

（1）用途

弹簧式安全接头是较早使用的一种安全接头。它具有卸扣容易,使用可靠等特点。用于打捞作业和地层测试。

（2）结构

弹簧式安全接头是一矩形螺纹接头,由接头、弹簧、上体、滑键、下体和密封装置组成,如图 2-33 所示。由于矩形螺纹上卸扣阻力小,安全接头的扭矩又是由键传递的,所以容易卸开。弹簧的作用是将带牙嵌的滑键始终推向下端与下体母接头啮合。

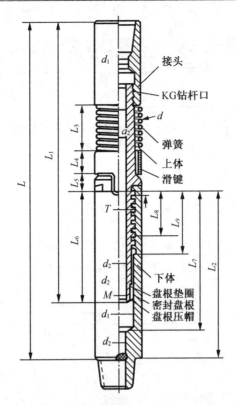

图 2 - 33　KLJ - 146 型弹簧式安全接头结构示意图

(3) 主要技术参数

KLJ - 146 型弹簧式安全接头主要技术参数见表 2 - 22。

表 2 - 22　KLJ - 146 型弹簧式安全接头规格

技术规范		L	L_1	L_2	L_3	L_4	L_5	L_6	L_7	L_8
178mm	$5\frac{9}{16}$in	1 360	1 195	700	177	113	57	465	590	200
146mm	$4\frac{1}{2}$in	1 320	1 155	640	160	115	72	465	530	200
技术规范		d_1	d_2	d_3	d_4	d_5	d_6	KG	T	M
178mm	$5\frac{9}{16}$in	101	72	115	118	72	1 614	178	$T_1 135 \times 38$	$M96 \times 3$
146mm	$4\frac{1}{2}$in	80	(80)	90	92	(80)	—	146	$T135 \times 38$	$M76 \times 3$

3. KLJ - 104 型安全接头

(1) 用途

KLJ - 104 型安全接头接在井下易卡工具上部,以便遇卡时可从安全接头处倒扣,起出安全接头以上管柱。

(2) 结构

KLJ - 104 型安全接头具体结构如图 2 - 34 所示。

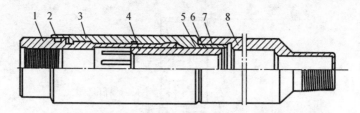

图 2 − 34   KLJ − 104 型安全接头结构示意图

1—上接头；2,5,6—O 形胶圈；3—锁套；4—滑套芯子；7—剪钉；8—下接头

（3）主要技术参数

KLJ − 104 型安全接头主要技术指标见表 2 − 23。

表 2 − 23   KLJ − 104 型安全接头技术指标

型号	总长/mm	最大外径/mm	最小内径/mm	工作压力/MPa	销钉剪断压力/MPa
HB0351	506	104	52	25	5 ~ 7
HB0371	506	128	56	25	5 ~ 7

4. KLJ − 108 方扣型安全接头

（1）作用

KLJ − 108 方扣型安全接头主要用于作业管柱脱接。

（2）结构

KLJ − 108 方扣型安全接头由上接头、密封圈、下接头组成，如图 2 − 35 所示。

上接头下部有外密封槽和方扣外螺纹，其旋向与钻具螺纹相反。下接头上部有密封圈密封段，下部是与上接头拧在一起的方扣内螺纹。在上、下接头接触面上，用倾斜凸缘相互配合在一起。

（3）主要技术参数

KLJ − 108 方扣型安全接头主要技术指标见表 2 − 24。

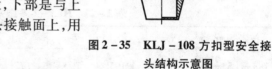

上接头
密封圈
下接头

图 2 − 35   KLJ − 108 方扣型安全接头结构示意图

表 2 − 24   KLJ − 108 方扣型安全接头技术指标

型号/in	4	5	6	7
外径/mm	95	108	127	140
内径/mm	51	62	76	89
接头扣型	NC26 − 12E	NC31 − 22E	NC31 − 22E	NC38 − 32E

2.3.13   KSL 型防顶卡瓦

1. 作用

在压裂和试油施工中，KSL − 114 防顶卡瓦接于封顶器上部，克服封隔器因受下压所产生的上顶力，以防管柱向上移动。

2. 结构

KSL－114防顶卡瓦具体结构如图2－36所示。装在卡瓦座11上的卡瓦10是靠斜面插入锥体9的燕尾槽中。

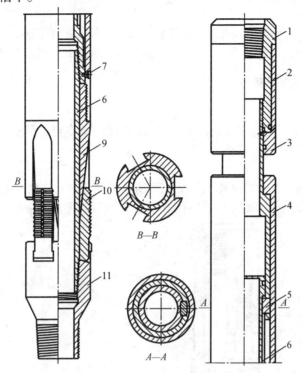

图2－36 KSL－11型防顶卡瓦结构示意图

1—上接头;2—液缸套;3—悬挂短节;4—锥体控制器;5—键;6—悬挂接头;
7—剪钉;8—中心管;9—锥体;10—卡瓦;11—卡瓦座

3. 工作原理

KSL－114型防顶卡瓦与支撑卡瓦配套使用,它接于封隔器的上部。因下放管柱加压一定管重坐封封隔器时,上接头、液缸套、悬挂短节和键一起下行,悬挂短节和液缸套分别与悬挂节头和锥体控制套的上端面接触和靠拢;然后从油管内加液压,液压经悬挂短节的孔眼作用在液缸套内,下推液缸套和锥体控制套剪断剪钉后下行,推动锥体,撑开卡瓦,使卡瓦卡牢在套管的内壁。解卡时,上提管柱,上接头、悬挂短节、锥体控制套和锥体一起上行,锥体就退出卡瓦,卡瓦也就解卡。

4. 主要技术参数

KSL－114防顶卡瓦技术参数见表2－25。

表2－25 KSL－114防顶卡瓦技术参数

总长/mm	1 163
最大外径/mm	114
内通径/mm	58
工作压力/MPa	15～20
适用套管内径/mm	118～132

5. 技术要求

(1)组装后,卡瓦在锥体燕尾槽活动自如。

(2)使用防顶卡瓦时,必须有下支点,否则卡瓦无法撑开坐卡。

6. 存在问题

(1)使用时要以卡瓦封隔器或支撑卡瓦作下支点,不能单独使用。

(2)防顶能力有限,只能承受 15~20 MPa 的压力,超过 20 MPa 时,卡瓦将发生滑动。

2.3.14 KSL 型防掉卡瓦

1. 作用

KSL-114 型防掉卡瓦接在封隔器的下部,做管柱的下支点;可克服封隔器因受上压而产生的下推力,以防管柱向下移动。

2. 结构

KSL-114 型防掉卡瓦具体结构如图 2-37 所示。装于卡瓦座的卡瓦是靠斜面插入的锥体的燕尾槽中,滤网用铁丝固定在接箍的孔眼处,以防止压裂砂进入液缸内而影响卡瓦收回。

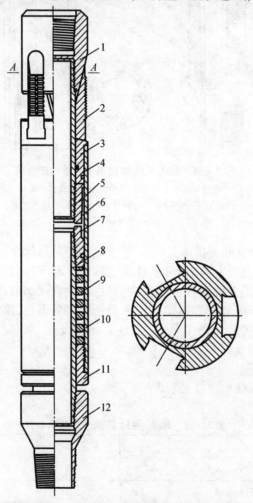

图 2-37 KSL-114 型防掉卡瓦结构示意图

1—锥体;2—卡瓦;3—卡瓦座;4—上中心管;5—接箍;6—滤网;7—铁网;

8—下中心管;9—弹簧;10—连接套;11—底托;12—下接头

3. 工作原理

从油管内加液压。液压经接箍的孔眼作用在卡瓦、卡瓦座、连接套和底托一起上行。结果卡瓦被锥体撑开,卡牢在套管的内壁。解卡时,上提管柱,锥体和中心管一起上行,锥体退出卡瓦,卡瓦也就在压簧的弹力作用下收回解卡。

4. 主要技术参数

KSL-114 防掉卡瓦主要技术参数见表 2-26。

表 2-26　KSL-114 防掉卡瓦主要技术参数

总长/mm	785
最大外径/mm	114
内通径/mm	59
工作压力/MPa	25
适用套管内径/mm	118~127

5. 技术要求

(1)组装后,卡瓦在锥体燕尾槽活动自如。

(2)使用时,防掉卡瓦应接于最下一级封隔器的下端。

2.3.15　防砂充填工具

1. 结构

防砂充填工具为封隔高压充填工具的一种,主要由液压机构、锁紧机构、密封机构、锚定机构、充填机构、关闭机构和丢手机构等组成,其结构如图 2-38 所示。

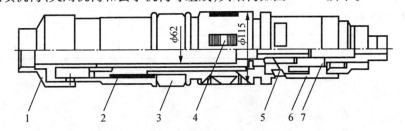

图 2-38　防砂充填工具结构示意图

1—液压机构;2—锁紧结构;3—密封机构;4—锚定机构;5—充填机构;6—关闭机构;7—丢手机构

2. 工作原理

防砂充填工具与防砂管柱下到设计井深度后,安装好井口,向油管内投入钢球。当球落到滑套位置后,向油管内打压 5~6 MPa,这时坐封销钉剪断,卡瓦牙被推出卡在套管内壁上,继续打压至 10~15 MPa 时活塞继续下行,将封隔器胀开,这时充填孔与油管串通,油管压力降为 0,此时就完成了封隔器坐封,并打开了填砂通道。

然后从油管内正挤充填砂,当压力达到预定的充填压力后,停止加砂,改反循环洗井,将油管内带有砂的流体反洗出地面。停止反洗井时,洗井套在洗井弹簧的作用下上移,关闭下锥体中的水孔。反洗井后,卸井口,上提管柱,正转油管 20 多圈,将内中心管从下接头中倒出,再上提管柱,这时关闭筒在关闭弹簧的作用下关闭充填孔,即完成充填和丢手。

解封时,下入分瓣捞矛捞住打捞接头。上提管柱,剪断解封销钉,卡瓦牙在卡瓦弹簧的作用下自动收回,防砂充填丢手悬挂器释放,再继续上提打捞管柱,就可将井内所有的防砂管柱起出地面。

3. 主要技术参数

防砂充填工具的主要技术参数见表2－27。

表2－27 防砂充填工具主要技术参数

技术参数	规格型号	
	FSCT－115	FSCT－150
适用套管/mm	139.7	177.8
最大外径/mm	115	150
长度/mm	1 350	1 450
坐封钢球直径/mm	38	38
坐封压差/MPa	10～15	10～15
打开充填通道压差/MPa	15～25	15～25
密封压差/MPa	≤30	≤30
工作温度/℃	常规型＜120	高温型＜360
上连接螺纹/in	$2\frac{7}{8}$TBG(内)	$3\frac{1}{2}$TBG(内)
下连接螺纹/in	$2\frac{7}{8}$TBG(外)	$3\frac{1}{2}$TBG(外)
配套分瓣捞矛规范/in	$2\frac{7}{8}$TBG	$3\frac{1}{2}$TBG
悬挂负荷/t	16～24	16～24

4. 使用说明

通井:下高压充填工具前要先通井。

坐封:工具下到预定位置后,用清水正洗井1～2周,从油管内投入φ38 mm钢球一只,待20 min后用水泥车小排量坐封,压力与稳定时间按以下程序操作:0～6 MPa稳压2 min,至10～15 MPa稳压1 min,完成坐封。

开启充填通道:继续升压至15～20 MPa,压力突然将为0,充填通道开启。

充填:正挤加砂,排量1 000 L/min,砂比(体积)5～10,最终充填压力为1～15 MPa。

反洗:反洗井要求进口排量大于出口排量,以防油层吐砂。

丢手:充填完成后,上提管柱至原负荷,正转油管柱15～25周倒扣丢手,确认倒开后上提管柱,充填通道自动关闭。当丢手部分起出留井鱼顶后,方可用正常速度起钻。

解封打捞:当需要起出井下封隔充填工具及防砂管柱时,下分瓣捞矛至打捞接头上,加压0.5～1 t。确认打捞上工具时,慢慢上提管柱(悬重5～2 t),即完成解封或安全接头断开工作,上提管柱起出充填工具或防砂器材。

捞防砂管:当安全接头断开后,井内留下鱼顶为 $2\frac{7}{8}$ inTBG($3\frac{1}{2}$ inTBG)内螺纹,可套铣或下分瓣捞矛打捞防砂管。

5.注意事项

(1)中途洗井时,压力应小于 4.5 MPa 以防止中途坐封。

(2)封隔充填工具坐封位置应避开套管接箍。

(3)起下管柱时,要平稳操作,严禁猛提猛放,防止事故发生。

(4)最高充填压力应不超过 30 MPa。

第3章 采油工艺管柱

采油工艺管柱是由封隔器和其他井下工具等组成的,能高时效、安全地完成各种施工工艺。本节简要介绍每种工艺关注的用途、结构、施工步骤、技术要求和存在问题。

3.1 采油管柱

3.1.1 自喷井分层采油管柱

1.用途

自喷井分层采油管柱用于自喷井分层采油、分层找水、堵水和分层试油。

2.结构

自喷井分层采油管柱结构如图3-1所示。

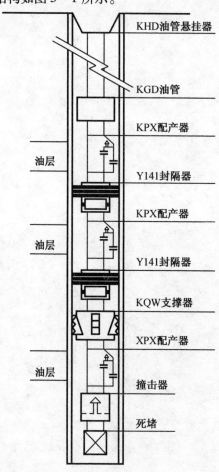

图3-1 自喷井分层采油管柱结构示意图

3. 施工步骤

(1)按设计要求下入如图 3 - 1 所示管柱。

(2)撑开 KQW 支撑器。

(3)安装井口。

(4)坐封 Y141 封隔器。

(5)测试调配。

(6)正常生产。

(7)起出采油管柱(此时配产器投装死嘴子的堵塞器,压井施工则不投)。

4. 技术要求

(1)下管柱时,管柱上提高度不超过 35 cm,以防支撑卡瓦撑开。如因超过上提高度卡瓦撑开时,可上提管柱 1 m 左右进行解卡。不得猛提、猛放。

(2)为保证测试调配的需要,配产器与配产器间的距离一般应大于 8 m,特殊情况也不得小于 5 m。

(3)如地层出砂,配产器下端应与封隔器相连。

(4)油管堵塞器是不压井不放喷起管柱时用的。

5. 存在问题

因封隔器坐封时,管柱需上下固定,故管柱结构和坐封封隔器比较复杂。

3.1.2　非自喷井采油管柱

1. 用途

非自喷井采油管柱用于深井泵采任一层。

2. 结构

非自喷井采油管柱结构如图 3 - 2 所示。

3. 施工步骤

下入封堵管柱:

(1)按设计要求下入 Y415 封隔器。

(2)坐封 Y415 封隔器。

(3)Y415 封隔器丢手。

(4)起出封堵管柱上部管柱。

下入生产管柱:

(1)按设计要求下入生产管柱。

(2)坐封 Y211 封隔器。

(3)测试调配。

(4)正常生产。

(5)起出生产管柱及 Y211 封隔器。

(6)下入打捞管柱,起出 Y415 封隔器。

4. 技术要求

此管柱不宜用于出砂、结盐井。

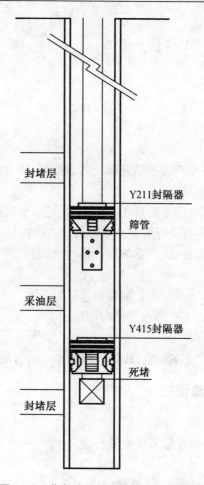

图 3 - 2 非自喷井采油管柱结构示意图

5. 存在问题

(1)施工复杂。

(2)起泵时需要起出封隔器,如果封隔器遇卡,就可能拉坏泵的工作筒。

3.2 注 水 管 柱

3.2.1 偏心分层注水管柱

1. 用途

用于深井分层注水。

2. 结构

结构如图 3 - 3 所示。偏心分层注水管柱是不压井、不放喷施工管柱。

3. 施工步骤

(1)按设计要求下入如图 3 - 3 所示管柱。

(2)捞出循环凡尔堵塞器,投入活动撞击筒芯子。

(3)反洗井,合格后转注。

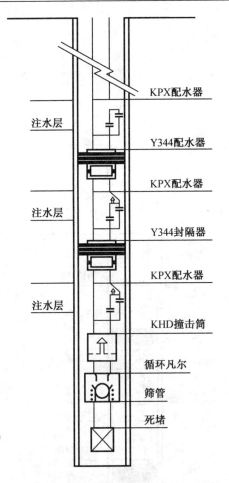

图3－3　偏心分层注水管柱结构示意图

（4）坐封 Y344 封隔器（此时，偏心配水器的堵塞器均带死嘴子）。蹩掉循环凡尔下部堵头。

（5）测试调配。

（6）正常注水。

（7）起出注水管柱（起时先捞出活动撞击筒芯子，再投入循环凡尔的堵塞器和带死嘴子的偏心配水器堵塞器）。

4. 技术要求

（1）筛管应下在油层以下 10 m 左右。

（2）因各级 Y344 封隔器的解封拉钉子直径和解封负荷是从上到下逐级减小，所以封隔器应按顺序下井，否则造成解封困难，甚至不能解封。

（3）各级偏心配水器的堵塞器不能搞错，以免数据搞混，资料不清。

（4）因 Y344 封隔器承受上压差的能力低，故在测试调配中，打捞带死嘴子的偏心配水器堵塞器应由下而上逐级打捞，由上而下逐级投送；但投送带嘴子的偏心配水器堵塞器，又应由下而上逐级投送。如果层间压差过大，可在油层下部加下一级 Y344 封隔器，以提高封隔器承受上压的能力。

5. 存在问题

因 Y344 封隔器承受上压差的能力低，故在使用时受到限制。

3.2.2 固定分层注水管柱

1. 用途

用于分层注水。

2. 结构

结构如图 3 - 4 所示。

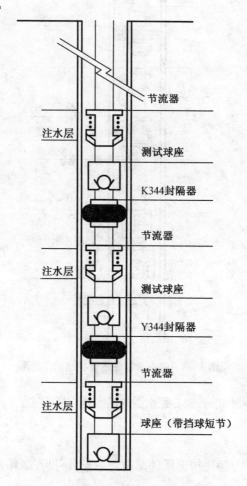

节流器

注水层

测试球座

K344封隔器

节流器

注水层

测试球座

Y344封隔器

节流器

注水层

球座（带挡球短节）

图 3 - 4　固定分层注水管柱结构示意图

3. 施工步骤

(1)按设计要求下入如图 3 - 4 所示管柱。

(2)反洗井合格后转注。

(3)投球测试。

(4)正常注水。

(5)起出注水管柱。

4. 技术要求

各级配水器的开启压力必须大于 0.7 MPa,以保证封隔器坐封。

5. 存在问题

换水嘴必须起管柱。

3.2.3 空心分层注水管柱

1. 用途

用于分层注水。

2. 结构

结构如图3-5所示。空心分层注水管柱是不压井、不放喷施工管柱。

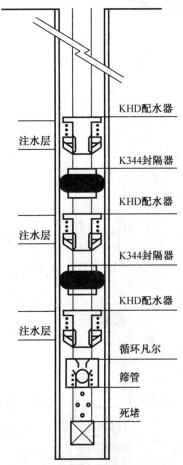

图3-5 空心分层配水管柱结构示意图

（图中标注）KHD配水器、注水层、K344封隔器、KHD配水器、注水层、K344封隔器、KHD配水器、注水层、循环凡尔、筛管、死堵

3. 施工步骤

(1)按设计要求下入如图3-5所示管柱。

(2)反洗井合格后转注。

(3)蹩掉循环凡尔下部堵头。

(4)测试调配。

(5)正常注水。

(6)起出注水管柱（起时先投入循环凡尔的堵塞器）。各级活动配水器芯子装死嘴子。

4. 技术要求

各级活动配水器的芯子直径由上到下是从大到小的,故应从下向上逐级投送,从上向下逐级打捞。

5. 存在问题

因受通径限制,故使用级数受到限制,一般三级,最多五级。

3.3 压裂管柱

3.3.1 深井任意一层压裂管柱

1. 用途

深井任意一层压裂。

2. 结构

结构如图 3 - 6 所示。

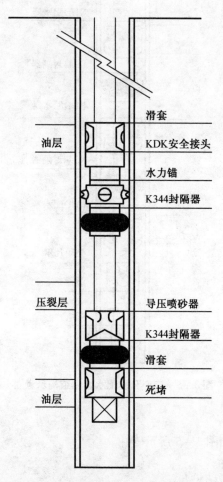

图 3 - 6 深井任意一层压裂管柱结构示意图

3. 施工步骤

(1)按设计要求下入如图 3 - 6 所示管柱。

(2)坐封 K344 封隔器,撑开水力锚。

(3)加砂压裂。

(4)起出压裂管柱。

4. 技术要求

(1)压裂施工过程中,如有问题影响施工继续进行时,应立即进行反洗井,将导压喷砂器以上沉砂洗出地面。若要洗去下部封隔器以上沉砂,就关掉导压喷砂器的油套通道,打开下部滑套进行第二次反洗井。为了减轻起管柱的负荷,还可以打开上部滑套。

(2)如因管柱卡死,可进行倒扣,起出安全接头以上部分的管柱。

(3)施工中,在滑套出口要安装定压爆破阀,以防压裂施工过程中上封隔器损坏,套管压力突然升高而拉断油管柱。

(4)起管柱时,应先上下活动,不得猛提。

3.3.2　深井下层压裂管柱

1. 用途

用于下层压裂。

2. 结构

结构如图 3 - 7 所示。

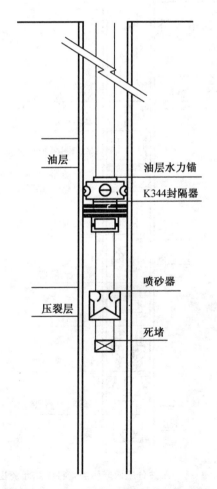

图 3 - 7　深井下层压裂管柱结构示意图

3. 施工步骤

(1)按设计要求下入如图 3 - 7 所示管柱。

（2）坐封 Y344 封隔器,撑开水力锚。

（3）加砂压裂。

（4）起出压裂管柱。

4. 技术要求

（1）正替液时,替液压力必须小于封隔器的坐封压力。

（2）压裂施工过程中,如有问题影响施工继续进行时,应立即进行反洗井。

（3）起管柱时,应先上下活动,不得猛提。

3.3.3 深井分压两层压裂管柱

1. 用途

用于深井一趟管柱分压两层。

2. 结构

结构如图 3 - 8 所示。

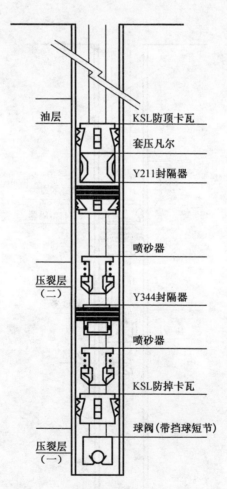

油层　KSL防顶卡瓦

套压凡尔

Y211封隔器

喷砂器

压裂层（二）　Y344封隔器

喷砂器

KSL防掉卡瓦

球阀（带挡球短节）

压裂层（一）

图 3 - 8　深井分压两层压裂管柱结构示意图

3. 施工步骤

（1）按设计要求下入如图 3 - 8 所示管柱。

（2）坐封 Y211 封隔器和 Y344 封隔器,撑开 KSL 防掉卡瓦和 KSL 防顶卡瓦。

（3）加砂压裂第一层。

（4）从油管投球，加液压打开上级带滑套的喷砂器，同时关闭下级防砂器。

（5）加砂压裂第二层。

（6）起出压裂管柱。

4. 技术要求

（1）压裂施工过程中，如有问题影响施工继续进行时，应立即打开套压阀进行反洗井。

（2）由于喷砂器护罩的限制，每层压裂加砂量一般不超过 10 m^3。

（3）施工后起管柱时，应先上下活动，不得猛提。

5. 存在问题

当压力高、排量大、加砂量大时，容易损坏套管。

3.3.4 浅井分压多层压裂管柱

1. 用途

用于浅井一趟管柱分压多层，可用于不压井、不放喷施工。

2. 结构

结构如图 3 - 9 所示。

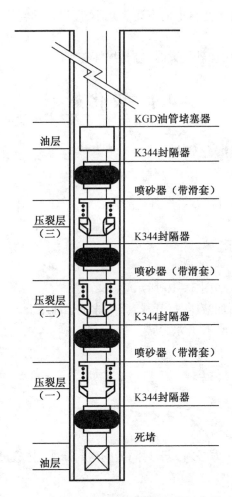

图 3 - 9 浅井分压多层压裂管柱结构示意图

3. 施工步骤

（1）按设计要求下入如图 3 – 9 所示管柱。

（2）坐封 K344 封隔器。

（3）从油管加砂压裂第一层。

（4）第一层压完后，降低排量，从油管投球后加液压，打开所压第二层的喷砂器，同时关闭所压第一层的喷砂器。

（5）从油管加砂压裂第二层。

（6）第二层压完后，降低排量，从油管投球后加液压，打开第三层的喷砂器，同时关闭第二层的喷砂器。

（7）从油管加砂压裂第三层。

4. 技术要求

（1）喷砂器的内通径是自上而下逐级减小的，分别为 $\phi42$，$\phi37$ 和 $\phi32$，所以压裂时必须自下而上逐级进行，最下层不用，故可分压四层。

（2）起管柱时，应先上下活动，不得猛提。

5. 存在问题

（1）因喷砂器的内通径是自上而下逐级减小，所以一趟管柱可施工的层数就受到限制。

（2）不能进行反洗井。

（3）当压力高排量大，加砂量大时，容易损坏套管。

3.4　酸化管柱

3.4.1　任意一层酸化管柱

1. 用途

当有多个储层时，可对任意一层进行酸化。

2. 结构

结构如图 3 – 10 所示。

3. 施工步骤

（1）按设计要求下入如图 3 – 10 所示管柱。

（2）从油管内投球后加液压，打开滑套，使球坐于球座上。

（3）坐封 K344 封隔器，撑开水力锚。

（4）替酸。

（5）挤酸。

（6）反洗井。

（7）起出酸化管柱。

4. 技术要求

滑套节流孔的节流压力必须大于封隔器的坐封压力；替酸过程中要控制节流压力小于封隔器的坐封压力。

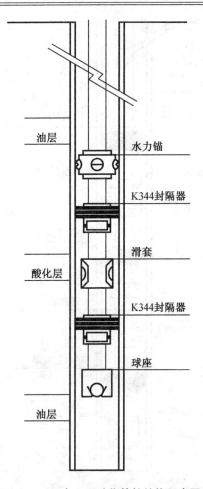

油层

水力锚

K344封隔器

滑套

酸化层

K344封隔器

球座

油层

图 3 – 10　任意一层酸化管柱结构示意图

3.4.2　分酸两层酸化管柱

1.用途

当有多个储层时,用于一趟管柱分层酸化两层。

2.结构

结构如图 3 – 11 所示。

3.施工步骤

(1)按设计要求下入如图 3 – 11 所示管柱。

(2)坐封第一级和第二级 K344 封隔器。

(3)挤酸(酸化第一层)。

(4)从油管投球并加液压,打开第三级 K344 封隔器和第二级节流器,关掉第一级 K344 封隔器和第二级节流器。

(5)坐封第二级和第三级 K344 封隔器。

(6)挤酸(酸化第二层)。

(7)起出酸化管柱。

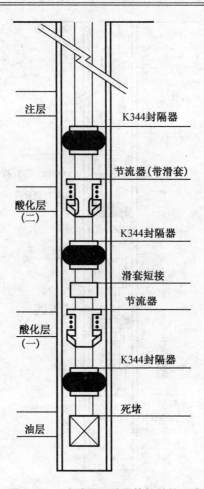

图 3-11　分酸两层酸化管柱结构示意图

4.技术要求

节流器的节流压力必须大于封隔器的坐封压力。

5.存在问题

不能替酸和洗井。

3.5　化学堵水管柱

3.5.1　任意一层化学堵水管柱

1.用途

当有多个储层时,用于任意一出水层的化学堵水。

2.结构

结构如图 3-12 所示。

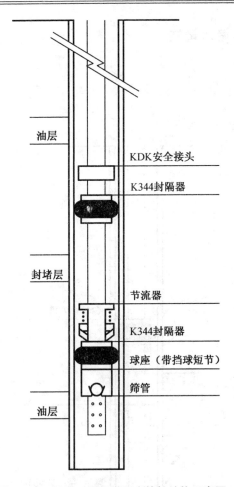

油层

KDK安全接头

K344封隔器

封堵层

节流器

K344封隔器

球座（带挡球短节）

筛管

油层

图 3 – 12　任意一层化学堵水管柱结构示意图

3. 施工步骤

(1) 按设计要求下入如图 3 – 12 所示管柱。

(2) 反洗井。

(3) 坐封 K344 型封隔器。

(4) 挤堵剂。

(5) 反洗井。

(6) 起出化学堵水管柱。

4. 技术要求

(1) 施工过程中,如果堵剂各成分易在管柱内发生化学反应产生沉淀物质,导致反洗井困难时,则接管柱时,应将节流器、下级 K344 封隔器和球座直接连在一起。

(2) 如果堵剂各成分在施工过程中不发生化学反应而堵塞管柱,可不用反洗井。

(3) 如单堵上层或下层,均只用一个 K344 封隔器。

(4) 节流器开启压力必须大于封隔器坐封压力。

(5) 挤堵剂的压力小于底层破裂压力。

3.5.2　下层化学堵水管柱

1. 用途

用于堵底水。

2. 结构

结构如图 3 - 13 所示。

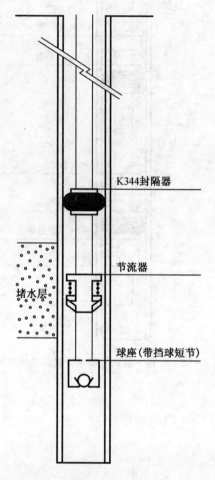

K344封隔器

节流器

堵水层

球座(带挡球短节)

图 3 - 13　下层化学堵水管柱结构示意图

3. 施工步骤

(1)按设计要求下入如图 3 - 13 所示管柱。

(2)坐封 K344 封隔器。

(3)挤堵剂。

(4)反洗井。

(5)起出化学堵水管柱。

4. 技术要求

(1)节流器的开启压力必须大于封隔器的坐封压力。

(2)当井温高时,下管柱后应及时施工。

3.6 防砂管柱

3.6.1 金属绕丝筛管砂粒充填防砂管柱

1. 用途

防止地层出砂进入油管。

2. 结构

结构如图 3-14 所示。

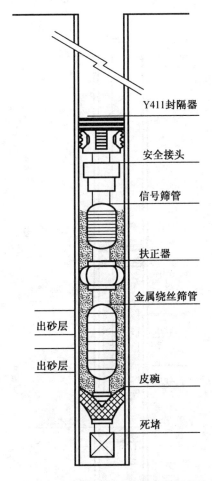

图3-14 金属绕丝筛管砂粒充填防砂管柱结构示意图

3. 施工步骤

(1)按设计要求下入如图 3-14 所示管柱。

(2)坐封 K344 封隔器。

(3)从油管内泵入砂液(直到信号筛管填满砂)。

(4)反洗井。

(5)封隔器丢手,并起出丢手后的管柱。

(6)下入生产管柱正常生产。

(7)起出生产管柱。

(8)下入打捞管柱,起出 Y411 封隔器及其他井下工具。

4. 技术要求

(1)填砂时,携砂液必须无泥质、脏物。

(2)反洗井时应将余砂洗净。

3.6.2 滤砂管防砂管柱(一)

1. 用途

将地层出砂控制在卡层(段)的油、套环形空间,防止地层出砂进入油管柱内。

2. 结构

结构如图 3-15 所示。

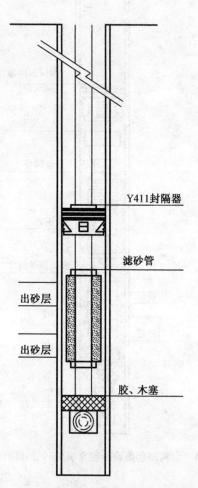

图 3-15 滤砂管防砂管柱(一)结构示意图

3. 施工步骤

(1)按设计要求下入如图 3-15 所示管柱。

(2)坐卡 Y411 封隔器。

(3)Y411 封隔器丢手,并起出丢手后的管柱。

(4)下入插入管柱坐封封隔器后正常生产。

(5)起出插入管柱。

(6)下入打捞管柱,起出丢手封隔器及其他井下工具。

3.6.3 滤砂管防砂管柱(二)

1.用途

将地层出砂控制在卡层(段)的油、套环形空间,防止地层出砂进入油管柱内。

2.结构

结构如图3-16所示。

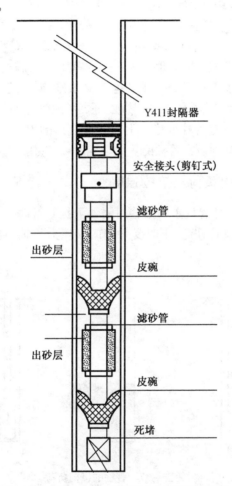

图3-16 滤砂管防砂管柱(二)结构示意图

3.施工步骤

(1)按设计要求下入如图3-16所示管柱。

(2)坐封Y411丢手封隔器。

(3)封隔器丢手,并起出丢手后的管柱。

(4)下入生产管柱坐封封隔器后正常生产。

(5)起出生产管柱。

(6)下入打捞管柱,起出丢手封隔器及其他井下工具。

4. 技术要求

（1）如滤砂管和皮碗砂卡严重，可先拔断安全接头的安全剪钉，起出封隔器；再下入打捞管柱拔出连接管；然后再下管柱顿碎滤砂管水泥外壳并冲洗至地面。

（2）为提高防砂效果，滤砂管的外径应做到尽量接近于套管内径。

3.7 管柱的受力与变形

管柱在采油工艺中起到重要的作用。管柱在井内既是油气流动的通道，又可调节和控制油气流动，而且还可利用它进行各种井下作业，如注水，正、反循环，酸化，压裂，下入井下工具，进行井下打捞等施工。管柱的起、下，压裂、酸化施工，有些封隔器上提管柱解封，上提封隔器、水力锚等井下工具，以及进行井下打捞等工艺措施时，管柱的强度必须符合要求。封隔器、水力锚等井下工具下到井中的位置必须准确，并且不能下到套管接箍和射孔井段上；支撑式、卡瓦式封隔器的坐封等，都必须要考虑管柱的变形。井内压力、温度和井筒中流体的改变，也将会引起管柱变形。引起管柱变形的力将作用在封隔器上，而影响封隔器的密封能力。为此，必须研究管柱的受力与变形，以选用可靠的管柱。

3.7.1 管柱的轴向负荷及抗拉强度

管柱在井内承受其本身的自重和某些封隔器上提管柱解封、水力锚释放时的拉力，打捞落物的重力和阻力，以及管柱起、下时受井壁的摩擦力等轴向负荷，使管柱呈拉伸状态，如图 3 - 17 所示。

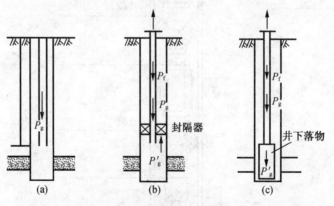

图 3 - 17 管柱的纵向负荷

（a）管柱在井内自由悬挂时的纵向负荷；（b）封隔器上提解封时管柱的纵向负荷；（c）进行井下打捞时管柱的纵向负荷

管柱在井筒内自由悬挂时，管柱的轴向负荷为管柱在井内液体中的重力，即管柱在空气中的重力减去它在井内液体里所受到的浮力。因此，这时管柱的轴向负荷为

$$P = P_g = qL\left(1 - \frac{\gamma_1}{\gamma_s}\right) \tag{3-1}$$

式中 P——管柱的轴向负荷，N；

P_g——管柱在井内液体中的重力，N；

q——每米管柱（在空气中的）重力，N/m；

L——管柱（在地面）的长度，m；

γ_l——井内液体的相对密度;

γ_s——管柱钢材的相对密度。

起下管柱时,管柱的轴向负荷除了管柱在井内液体中的重力以外,还有井壁对管柱的摩擦力(起管柱时增加轴向负荷,下管柱时减小轴向负荷)和开始起下时加速度阶段引起的动载荷(起管柱时增加轴向负荷,下管柱时减小轴向负荷)。因此,管柱的轴向负荷为

$$P = P_g \pm P_f \pm P_d \tag{3-2}$$

式中　P——起(下)管柱时管柱的轴向负荷,N;

P_g——管柱在井内液体中的重力,N;

P_f——井壁对管柱的摩擦力,N;

P_d——开始起(下)管柱时的动载荷,N。

井壁对管柱的摩擦力 P_f 与井斜和方位角,井的深度,管柱与井壁间、井内液体性能等有关。一般情况下,$P_f = (0.2 \sim 0.3)P_g$。

动载荷 P_d 和操作状况,起、下的加速度等有关。一般情况下,$P_d = (0.2 \sim 0.3)P_g$。所以

$$P = (1.4 \sim 1.6)P_g = (1.4 \sim 1.6)qL\left(1 - \frac{\gamma_l}{\gamma_s}\right) = \alpha KqL \tag{3-3}$$

式中　α——考虑摩擦阻力、动载荷时的系数,一般取 $\alpha = 1.2 \sim 1.6$;

K——浮力系数,$K = 1 - \dfrac{\gamma_l}{\gamma_s}$;

其余符号同前。

部分封隔器在上提管柱解封和水力锚释放,以及进行打捞作业时管柱的轴向负荷除管柱起升时的轴向负荷外,还有封隔器解封和水力锚释放的拉力,或井下落物的重力。此时管柱的轴向负荷为

$$P = \alpha KqL + P_g' \tag{3-4}$$

式中　P——封隔器上提管柱解封、水力锚释放或打捞落物时管柱的轴向负荷,N;

P_g'——解封或释放拉力,或井下落物重力,N;

其余符号同前。

式(3-4)表明,同一尺寸的油管随着井深的增加,管柱的轴向载荷相应增加;管柱担负的任务不同,它的轴向载荷也不同。因此,管柱的深度和它担负的任务,受管柱抗拉强度条件的限制。由于管身的抗拉极限载荷比丝扣的抗拉极限载荷大,因此在计算管柱的抗拉极限强度时,一般只计算丝扣的抗拉强度。丝扣的抗拉安全系数为

$$m = \frac{P_r}{P} = \frac{P_r}{\alpha KqL + P_g'} \tag{3-5}$$

式中　m——管柱丝扣的抗拉安全系数,一般取 1.3(API 油管取 1.05);

P_r——管柱丝扣的抗拉极限载荷,N;

P——管柱的轴向载荷,N。

由式(3-5)得管柱的允许下入深度为

$$[L] = \frac{P_r - mP_g'}{m\alpha Kq} \tag{3-6}$$

从式(3-6)可知,要使管柱有更大的允许下入深度,可采用下列几种方法:

（1）提高管柱丝扣的抗拉极限载荷，可采用高强度钢材或外加厚油管。

（2）降低管柱材料的相对密度（减小每米管柱的质量），可采用轻合金材料。

（3）采用复合管柱，可采用不同尺寸（上大下小）的管柱；或采用上部强度高，下部强度较低的同一尺寸的管柱。

3.7.2 管柱的自重伸长

钻杆、油管、套管的壁都较厚，属于厚壁圆筒（用筒壁的厚度 δ 与圆筒的内半径 R 之比来判断，当 $\delta/R > 5\%$ 时为厚壁圆筒；当 $\delta/R < 5\%$ 时为薄壁圆筒）。

1. 管柱在井筒内自由悬挂时的应力状态

管柱在井筒内不仅承受管柱本身的重力，还要承受垂直作用在管柱下端面上的井筒内液体对管柱的浮力，以及管柱内外的压力作用。这些力的存在，使得管柱呈三向应力状态，即管柱内存在着轴向应力 σ_x、径向应力 σ_r、周向应力 σ_θ，如图 3 – 18 所示，因此，考虑管柱在井筒内的轴向变形时，不能只简单地考虑轴向应力的存在，必须按三向应力来考虑。

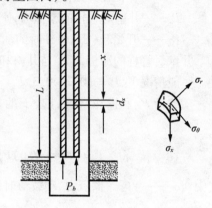

图 3 – 18 管柱在井筒内的应力状态

管柱中任一小段 dx 的单位变形，由广义虎克定律来确定，即

$$l_x = \frac{1}{E}\left[\sigma_x - \nu(\sigma_r + \sigma_\theta)\right] \tag{3-7}$$

式中　l_x——管柱任一小段 dx 的单位变形，即应变；

　　　　E——管柱材料的弹性模量，Pa；

　　　　ν——泊松比；

　　　　σ_x、σ_r、σ_θ——管柱的轴向、径向、周向应力，Pa。

管柱的轴向应力由下式来确定：

$$\sigma_x = \frac{1}{A}(P_{xb} - P_b) = \frac{1}{A}\left[A(L-x)\rho_s g - AL\rho_1 g\right] = \left[(L-x)\rho_s - L\rho_1\right]g \tag{3-8}$$

式中　A——管柱的金属横截面积，m^2；

　　　　P_{xb}——管柱某一长度 x 以下管柱管体的重力，N；

　　　　P_b——管柱所受到的浮力（垂直向上作用在管柱下端面上），N；

　　　　x——管柱的任一长度，m；

　　　　L——管柱的总长度，m；

　　　　ρ_s——钢的密度，kg/m^3；

　　　　ρ_1——液体密度，kg/m^3。

管柱的径向、周向应力由"拉梅公式"来确定，即

$$\sigma_r = \frac{R_i^2 P_i - R_o^2 P_o}{R_o^2 - R_i^2} + \frac{R_o^2 R_i^2 (P_o - P_i)}{R^2(R_o^2 - R_i^2)} \tag{3-9}$$

$$\sigma_\theta = \frac{R_i^2 P_i - R_o^2 P_o}{R_o^2 - R_i^2} - \frac{R_o^2 R_i^2 (P_o - P_i)}{R^2(R_o^2 - R_i^2)} \tag{3-10}$$

式中 P_i、P_o——管柱内、外压力,Pa;

R_i、R_o——管柱的内、外半径,m;

R——管壁内任意一点到管柱轴线的距离,m。

2. 变形计算

下面讨论管柱在井筒内自由悬挂时两种情况下的变形计算。

(1)管柱内外压力相等时的变形

管柱在起下过程中和封隔器坐封以前处于自由悬挂状态。此时,管柱内外压力相等,即

$$P_i = P_o = P_x = x\rho_1 g \tag{3-11}$$

根据"拉梅公式",此时管壁内的径向、周向应力分别为

$$\sigma_r = -x\rho_1 g$$
$$\sigma_\theta = -x\rho_1 g \tag{3-12}$$

所以,管柱内、外压力相等时管柱中任意一小段的单位变形为

$$l_x = \frac{1}{E}[\sigma_x + \nu(\sigma_r + \sigma_\theta)] = \frac{1}{E}[(L-x)\rho_s g - L\rho_1 g + 2\nu x\rho_1 g]$$

管柱的自由伸长为

$$\Delta L = \int_0^L l_x \mathrm{d}x = \frac{1}{E}\left[L^2 g(\rho_s - \rho_1) + (2\nu\rho_1 - \rho_s)\frac{L^2}{2}\right] \tag{3-13}$$

式中符号同前。

(2)只有管外压力而无管内压力时的变形

采用玻璃接头试油时,在井筒中玻璃接头以上管柱只有外压而无内压。即

$$P_o = x\rho_1 g$$
$$P_i = 0$$

这时根据"拉梅公式",管内壁的径向、周向应力分别为

$$\sigma_r = \frac{-R_o^2 P_o}{R_o^2 - R_i^2} + \frac{R_o^2 R_i^2 P_o}{R^2(R_o^2 - R_i^2)} = 0 \quad (R = R_i)$$

$$\sigma_\theta = \frac{-R_o^2 P_o}{R_o^2 - R_i^2} - \frac{R_o^2 R_i^2 P_o}{R^2(R_o^2 - R_i^2)} = \frac{-2R_o^2 P_o}{R_o^2 - R_i^2} \quad (R = R_i)$$

由于管端被玻璃接头封住,此时,管柱的轴向应力应为

$$\sigma_x = \frac{1}{A}(P_{xb} - P_b') = \frac{1}{A}[A(L-x)\rho_s g - A'L\rho_1 g] = (L-x)\rho_s g - \frac{A'}{A}L\rho_1 g \tag{3-14}$$

式中 A'——用外径计算的油管截面积,$A' = \pi R_o^2$;

P_b'——液体作用在 A' 截面上的上顶力;

其余符号同前。

所以,当管柱只有外压而无内压(下端带玻璃接头)时,管中任意一小段 $\mathrm{d}x$ 的单位变形为

$$l_x = -\frac{1}{E}[\sigma_x - \nu(\sigma_r - \sigma_\theta)] = \frac{1}{E}\left[(L-x)\rho_s g - \frac{A'}{A}L\rho_1 g + \frac{2\nu\rho_1 g R_o^2}{R_o^2 - R_i^2}x\right]$$

管柱的自由伸长为

$$\Delta L = \int_0^L l_x \mathrm{d}x = \frac{1}{E}\left[L^2 g\left(\rho_s - \frac{A'}{A}\rho_1\right) - \left(\frac{2\nu\rho_1 R_o^2}{R_o^2 - R_i^2} - \rho_s g\right)\frac{L^2}{2}\right] \tag{3-15}$$

对于玻璃接头装在管柱中部的同径管柱的自由伸长，亦可用上述方法推导出相应的公式进行分段计算。

3. 靠压重坐封封隔器时管柱的受力与变形

支撑器、卡瓦式封隔器坐封时，是由管柱的重力压缩封隔器胶筒来实现的。管柱的重力加在封隔器上时，管柱不仅要缩短，而且管柱还将发生弯曲，如图 3-19 所示。这种情况相当于在自由悬挂的管柱下端沿轴线方向作用一向上的力 F 所发生的变形。力 F 的大小等于管柱加给封隔器的压重。在计算变形时要注意的是，力 F 并不是一个集中的作用力，而是管柱的自重，即均匀分布在中和点以下的管柱上。

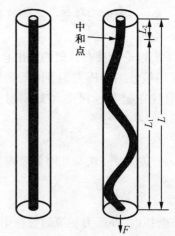

图 3-19 管柱在轴向压缩下的变形

在这种情况下，单一管柱的变形由两部分组成：按虎克定律计算的管柱缩短 ΔL_1 和弯曲引起的管柱缩短 ΔL_2。

中和点到管柱底部的距离为

$$L_n = \frac{F}{q} \tag{3-16}$$

式中　L_n——中和点到管柱底部的距离，m；

　　　F——管柱加给封隔器的压重，N；

　　　q——在井筒内液体中每米管柱的重力，N/m。

对于单管完成的井，中和点很少超过管柱的上端，即 $L_n < L_0$。此时，中和点在管柱上。由于弹性引起的缩短应以中和点为分界点来考虑。中和点以下管柱，由于失去了中和点以下管柱重力而缩短。因而，管柱的缩短为

$$\Delta L_1 = \frac{FL_n}{2EA} + \frac{F(L - L_n)}{EA} \tag{3-17}$$

$$\Delta L_1 = \frac{F}{FA}\left(L - \frac{L_n}{2}\right) \tag{3-18}$$

式中　ΔL_1——弹性引起的管柱缩短，m；

　　　F——管柱加在封隔器上的压重，N；

　　　L_n——中和点以下管柱的长度，m；

　　　L——管柱的长度，m；

　　　E——管柱钢材的弹性模量，Pa；

　　　A——管柱管壁的横截面积，m^2。

当 $L_n < L$ 时，由于中和点以下管柱螺旋弯曲引起的缩短为

$$\Delta L_2 = \frac{\delta^2 F}{8EIq} \tag{3-19}$$

式中　ΔL_2——中和点以下管柱螺旋弯曲引起的缩短，m；

　　　δ——油管与套管之间的径向间隙，m；

　　　F——管柱加在封隔器上的压重，即中和点到封隔器处管柱的重力，N；

I——油管横截面的惯性矩，m^4。

$$I = \frac{\pi}{64}(D^4 - d^4)$$

式中　D——管柱的外径，m；

　　　d——管柱的内径，m。

中和点以下螺旋弯曲的螺距为

$$L_i = \pi \sqrt{\frac{8EI}{F_i}} \times 10^{-2} \qquad (3-20)$$

$$F_i = F - \sum_1^i qL_{i-1}$$

式中　L_i——从管柱末端向上至中和点第 $1,2,\cdots,i$ 个螺旋的螺距，m；

　　　F_i——第 $1,2,\cdots,i$ 个螺旋上的作用力，N；

　　　第一个螺旋 $F_1 = F$；

　　　第二个螺旋 $F_2 = F - qL_1$；

　　　第三个螺旋 $F_3 = F - (qL_1 + qL_2)$；

　　　…………

其余符号同前。

式（3-20）表明，管柱下端处的螺距最小，越接近中和点螺距越大；中和点以上 $F_i = 0$，螺距 L_i 无穷大，即管柱在中和点以上不发生螺旋弯曲。

例　某井用壁厚 8 mm 5$\frac{1}{2}$″国产套管完井。现有 2$\frac{1}{2}$″平式油管配用 Y211 封隔器试油。封隔器下入深度为 1 740 m，坐封加压重 9 t；胶筒压缩距 80 mm，防座距 $S = 450$ mm；尾管为 2″平式油管 40 m。下管柱时为清水压井。试确定封隔器坐封时管柱的上提高度。

解　套管内径为 123.7×10^{-3} m；油套管间径向间隙 $\delta = 2.54 \times 10^{-2}$ m。

2″平式油管

$$q_2 = K(q_a)_2 = 0.872\,8 \times 70.0 = 61.09 \ (\text{N/m})$$

2$\frac{1}{2}$″平式油管

$$q_1 = K(q_a)_1 = 0.872\,8 \times 94.6 = 82.56 \ (\text{N/m})$$

$$A = 11.66 \times 10^{-4} \ \text{m}^2$$

$$I = \frac{\pi}{64}(D^4 - d^4) = \frac{\pi}{64}\left[(7.3 \times 10^{-2})^4 - (6.2 \times 10^{-2})^4\right] = 6.682 \times 10^{-7}$$

$$E = 2.1 \times 10^{11} \ \text{Pa}$$

中和点到封隔器的距离为

$$L_n = \frac{F}{q_1} = \frac{90\,000}{82.56} = 1\,090 \ (\text{m})$$

管柱给封隔器加压 9 t 后管柱的缩短为

$$\Delta L_1 = \frac{F}{FA}\left(L - \frac{L_n}{2}\right) = \frac{90\,000}{2.1 \times 10^{11} \times 11.66 \times 10^{-4}} \times \left(1\,740 - \frac{10\,902}{2}\right) = 0.056\,33 \ (\text{m})$$

封隔器以上管柱去掉尾管后的缩短为

$$\Delta L_2 = \frac{F'L}{EA} = \frac{q_2 L'L}{EA} = \frac{61.09 \times 40 \times 1740}{2.1 \times 10^{11} \times 11.66 \times 10^{-4}} = 0.017\,36 \ (\text{m})$$

胶筒压缩距

$$\Delta L_4 = 0.08 \ (\text{m})$$

封隔器坐封时管柱的上提高度为

$$
\begin{aligned}
H &= \Delta L_1 + \Delta L_2 + \Delta L_3 + \Delta L_4 + S \\
&= 0.439\ 1 + 0.056\ 37 + 0.017\ 36 + 0.08 + 0.45 \\
&= 1.043\ (\text{m})
\end{aligned}
$$

即封隔器坐封时应上提管柱 1.043 m 来进行坐封。

封隔器坐封后,井内压力、温度的改变和流体的流动,将会改变封隔器及其管柱的受力情况,从而可能引起封隔器的密封。当油管内压大于外压或内压的变化大于外压的变化及温度降低时,将产生使油管缩短的力;反之,则产生使油管伸长的力。压力及其变化不仅垂直作用于封隔器及油管的端面,而且还水平的作用于整个油管柱。因此,当封隔器上部油管内压大于外压时,它不仅使油管柱按虎克定律产生弹性缩短,而且还产生更为严重的螺旋弯曲,从而增加管柱的缩短。管内液体的流动,一方面产生一个对管壁的摩擦力而引起油管柱的伸缩;另一方面,由于流动产生的压降,改变了液体对管壁的径向压力,从而引起管柱的伸缩。对于用油管压重来坐封的封隔器的管柱,坐封后这些新出现的附加力将改变油管作用于封隔器的压重,会使封隔器达不到密封要求,或者由于压重过大而损坏胶筒。对于水力压缩式封隔器,如果这些力超过胶筒与套管的摩擦力,则会使封隔器发生移动。因此,用于深井压裂、酸化或热力采油的封隔器管柱,必须预先考虑上述各种因素的影响。必要时应加锚固定管柱,以保证密封。但管柱固定后,附加力将在管柱内引起很大的内应力,可能产生永久变形。对于发生螺旋弯曲的封隔器管柱,根据最大变形理论即第四强度理论,如果油管内壁或外壁的复合应力超过材料的屈服极限时,将发生油管的永久性螺旋弯曲。为了防止永久性螺旋弯曲,对于油管压重坐封管柱,不仅要考虑坐封时压差产生的应力条件,而且,必须考虑坐封后压力、温度变化和液体流动产生的效应。

第4章 不压井装置

通常油井或注水井进行井下作业时,需要压井或放喷降压。但是,泥浆压井易造成油水井污染,放喷也会使油层压力降低,因此,不压井、不放喷井下作业技术已在油田全面推广应用。当然,在不具备不压井条件的高压油、水井上作业施工时,还需要压井。实现不压井作业,一般需要井口控制装置与井下开关配合完成。本章对常用不压井作业的井下工具进行介绍。

4.1 井口控制装置

4.1.1 控制部分

控制部分由自封封井器、半封封井器、全封封井器、法兰短节与连接法兰组成。其作用是在不压井起下作业时控制井口压力,使作业施工安全顺利进行。

1. 自封封井器

自封封井器用于不压井起下作业中,井内有油管时,密封井口处油、套管环形空间。

(1)结构和工作原理

自封封井器由壳体、压盖、压环、密封圈、胶皮芯子等组成,如图4-1所示。它依靠井内环形空间的压力和胶皮芯子的伸缩力,使油管接箍,下井工具(直径小于ϕ115 mm)均能通过,并依靠自封封井器同半封封井器的配合使用,将井下工具倒换出来。

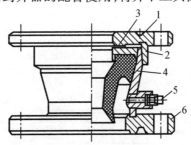

图4-1 自封封井器结构示意图
1—压盖;2—压环;3—密封圈;4—胶皮芯子;5—堵头;6—壳体

(2)技术规范

试验压力为10 MPa,工作压力为5.0~6.0 MPa,使用范围为ϕ62 mm油管、ϕ177.8 mm法兰、ϕ211mm钢圈,自封的高度为235mm,质量为80 kg,最大外径为435 mm,自封盖外径为120 mm,压环内径为ϕ115 mm。胶皮芯子外径为ϕ245 mm,胶皮芯子内径为ϕ69 mm。

2. 半封封井器

半封封井器也是用于封隔油、套管环形空间的一种专业工具。

（1）结构和工作原理

半封封井器由壳体、半封芯子总成、丝杠等组成，如图4－2所示。其密封元件为两个半圆孔的胶皮芯子，装在半封芯子总成上，转动丝杠便可带动半封芯子总成里外运动，从而达到开关的目的。

（2）技术规范

试验压力为8.0 MPa，工作压力为6.0 MPa，连接177.8 mm法兰、ϕ211 mm钢圈；其高度为146 mm，上顶面距芯子上面42 mm，下顶面距芯子下面40 mm，长度为1 106 mm，质量为108 kg。全开直径为178 mm，全开关圈数为9.5圈。

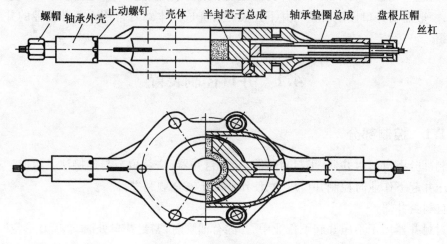

图4－2　半封封井器结构示意图

3. 全封封井器

全封封井器是用于起完油管后封闭井口的一种专用工具。

（1）结构及工作原理

全封封井器由壳体、闸板、阀座、丝杠等组成，如图4－3所示。其密封件为两个圆形胶皮芯子装在全封封井器总成上，转动丝杠，便可带动全封芯子总成里外运动，从而达到开关的目的。

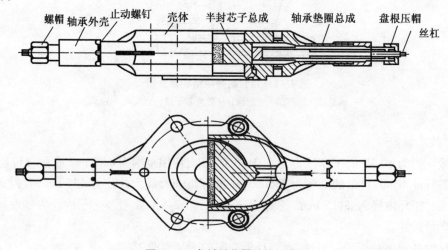

图4－3　全封封井器结构示意图

（2）技术规范

试验压力为 8.0 MPa，工作压力为 6.0 MPa，连接 ϕ177.8 mm 法兰，ϕ211 mm 钢圈；高度为 146 mm，长度为 1 106 mm，质量为 115 kg，最大工作直径为 ϕ178 mm，壳体上平面距芯子上平面 42 mm，壳体下面距芯子下平面 40 mm，芯子全开关圈数 9.5 圈。

4. 法兰短节

用于上连自封封井器，下连半封封井器和全封封井器，起下油管时，倒封隔器等井下工具，其规格见表 4-1。

表 4-1　法兰短节规范

规格/mm	ϕ178×1000	ϕ178×700	ϕ178×500
试压/MPa	12.0	12.0	12.0
钢圈/mm	ϕ211、ϕ260	ϕ211、ϕ260	ϕ211、ϕ260

4.1.2　加压部分

加压部分由加压支架、加压吊卡、分段加压吊卡、加压绳、安全卡瓦组成。其作用是解决油管的上顶问题。

1. 加压支架

（1）结构及工具原理

加压支架由支架、固定螺钉、滑轮、滑轮轴等组成，如图 4-4 所示。它固定在法兰短节上，在加压提升油管时通过加压绳的导向作用，把来自绞车的上提力变成控制油管上顶的下压力和井内压送油管的向下压力，从而达到安全顺利地起出（或下入）作业中最后（或最初）的几根或几十根油管，完成施工任务。加压支架有 ϕ152.3 mm、ϕ177.8 mm 两种。

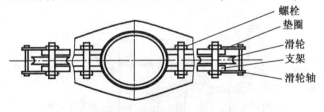

图 4-4　加压支架结构示意图

（2）技术规范

设计负荷两端合力为 20 t，试验负荷为 15 t，长度为 1 451 mm，钢丝绳尺寸为 ϕ12.7 mm、ϕ16 mm、ϕ19 mm，质量为 76 kg，滑轮距为 12.06 mm，高度为 310 mm，两片支架最大外径为 220 mm。

2. 加压吊卡

加压吊卡是用来向井内压送和控制井内油管上顶的一种专用工具。

（1）结构及工作原理

加压吊卡由壳体总成、滑轮、活门等组成，如图 4-5 所示。加压吊卡下部与普通吊卡相似，当活门处于开口位置时，将油管放入，使油管接箍正好位于吊卡上下两部分之间，靠上部壳体下面直径 92 mm 的台肩压住油管接箍。加压吊卡左右两端的滑轮与加压绳连接，转动手柄使其抱住油管,起扶正作用。开动修井机即可将管柱压入井内。在起油管时,加压系统起控制作用。

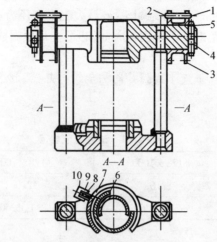

图 4 - 5 加压吊卡结构示意图

1—螺栓;2—螺母;3—滑轮;4—壳体总成;5,7—销子;6—活门;8—弹簧;9—圆柱螺母;10—手把

（2）技术规范

设计负荷为 20 t,试验负荷为 15 t,使用范围为 φ62 mm 油管,高度为 375 mm,宽度为478 mm,主体上孔直径为 77 mm,主体下孔直径为 76 mm。

3. 分段加压吊卡

分段加压吊卡是用于分段向井内压送和分段控制油管上顶的一种专用工具。

（1）结构及工作原理

分段加压吊卡由四连杆机构、卡瓦牙壳体、吊卡活门、滑轮、主体、手柄等组成,如图4 - 6 所示。

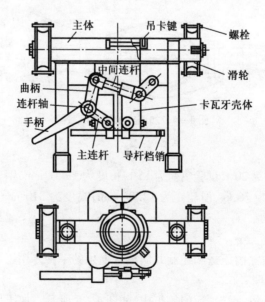

图 4 - 6 分段加压吊卡结构示意图

工作时只需给手柄向上或向下的力,通过四连杆机构的作用,使两瓣卡瓦张开或合拢,以便卡住油管的任意部位。滑轮与加压钢丝绳连接,带动修井机,即可将油管下入井内,或把油管分段起出井口。因为分段加压吊卡能卡住油管的任何部位,所以,当井内压力高时,用它来代替加压吊卡,使整根油管分段压入井内,可防止油管压弯。

（2）技术规范

长度为 376 mm,宽度为 290 mm,高度为 225 mm,质量为 50 kg。

4.加压绳

加压绳是加压起下油管时所用的钢丝绳,分为加压绳和提升绳两段。加压绳与提升绳的技术规范见表 4 - 2。

表 4 - 2　加压绳与提升绳技术规范

名称＼规格	长度/m	绳径/mm	拉力/t	绳径/mm	拉力/t	绳径/mm	拉力安全系数为 5 时的拉力/t
提升绳	46～50	12.7	1.45	15	2.3	19	3.52
加压绳	74～80	12.7	1.45	15	2.3	19	3.52

5.安全卡瓦

安全卡瓦安装在井口,是控制油管上顶的一种专用工具。

（1）结构及工作原理

安全卡瓦由主体、手柄连杆机构和卡瓦等组成,如图 4 - 7 所示。

当手柄受力向下运动时,经连杆机构使卡瓦合拢,卡住油管,相反就张开,松开油管。因安全卡瓦可以卡住油管的任何部位,所以,当油管自重小于油管上顶力时,可以卡住油管,便于倒换吊卡接卸单根。同时可做安全工具,当控制器某部分失灵时,将井内管柱顶出。

（2）技术规范

设计负荷为 13.5 t,试验负荷为 5.5 t,使用范围为 ϕ62 mm 油管,高度为 280 mm,连接 177.8 mm 法兰,质量为 98 kg,卡瓦牙高为 150 mm。

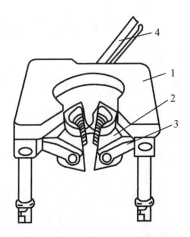

图 4 - 7　安全卡瓦结构示意图
1—主体;2—卡瓦及其壳体;
3—连杆机构;4—导杆;5—手柄

4.1.3　起下工具部分

起下部分是指抽油杆自封,它是用来密封油管与抽油杆之间环形通道的一种专用工具。

1.结构及工作原理

本装置由端盖、密封圈、压环、支撑瓦、上下接头及自封胶芯等部件组成,如图4-8所示。

它是利用油管压力与大气压力之差,挤压自封胶芯,封死油管与抽油杆之间的环形通道,实现井口密封。这里要求自封胶芯具有优良的弹性,使其随起下杆柱及其他工具的不同直径自由收扩而紧抱通过物,保证抽油杆和直径不超 $\phi70$ mm 的工具,能在井口密封状态下顺利通过自封胶芯,从而完成不压井起下杆柱的作业施工。

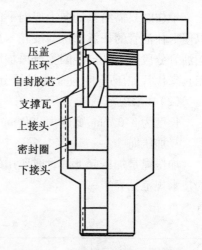

压盖
压环
自封胶芯
支撑瓦
上接头
密封圈
下接头

图4-8 抽油杆自封结构示意图

2.技术指标及性能

对该装置进行地面水力试压为 3.0 MPa,允许工作压力为 1.5 MPa,装置高度为 30 mm,质量为 14 kg,壳体外径为 165 mm,压环内径为 $\phi75$ mm,自封胶芯内径为 23 mm,内孔许扩的最大直径为 $\phi75$ mm,密封段为 5 mm,连接螺纹为 75 mm 平式油管螺纹。

4.2　井下控制装置

不压井作业井下控制器是指油管开关器,它分为电泵井和抽油机井不压井作业油管开关器两大类。

4.2.1　电泵井油管开关器

电泵井不压井作业油管开关器按设计结构形式可分为 5 种:扭簧式 - 板式活门、拉簧式 - 拉簧活门、压缩式 - 无轴活门、位移式 - 旁通开关和沉浮式 - 浮球开关。目前,最常用的是拉簧活门和旁通开关。

1.拉簧活门

(1)结构及工作原理

拉簧活门主要由上接头、工作筒、拉簧、球门、下接头等部件组成,如图4-9所示。

该活门靠阀与阀座的线性接触来保证密封。门的形状为球台式,在四根弹簧的作用下完成工具关闭动作,实现一次不压井作业施工。下泵后,泵下面的捅杆将活门捅开,油井即可生产,检泵是上提泵挂,捅杆从活门内抽出,球门在弹簧的作用下自动关闭,达到二次不压井作业的目的。

(2)技术规范

最大外径为 $\phi114$ mm,最小内径为 $\phi62$ mm,总长为 640 mm,弹簧拉力为 300 N。

2.旁通开关

(1)结构及工作原理

该开关由上接头、引导头、O 形密封圈,内过孔密封圈、盘根压圈、阀芯、密封圈、导向定位套、撬板、板簧、内轴、限位短节、固定帽、稳钉、衬套、下接头等组成,如图4-10所示。

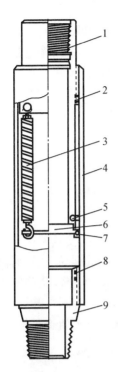

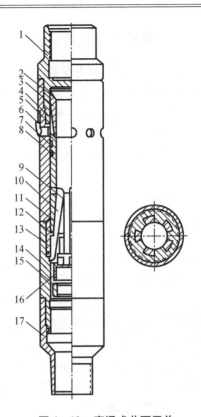

图4-9　拉簧活门结构图

1—上接头;2,8—O形密封圈;3—拉簧;

4—工作筒;5—销钉;6—半圆球门;

7—小轴;9—下接头

图4-10　旁通式井下开关

1—上接头;2—引导头;3,14—O形密封圈;

4,5—内过孔密封圈;6—密封圈压圈;7—阀芯;

8—密封圈;9—导向定位套;10—撬板;11—板簧;

12—内轴;13—限位短节;15—固定帽;

16—衬套;17—下接头

　　其进液方式为侧孔进液,当阀芯处在上提位置时,旁通开关就关闭,当阀芯处在下推位置时,旁通开关就打开。阀芯的"上提"和"下推"两个动作靠电泵管柱尾部的捅杆控制。捅杆的尾部有两道 $\phi52$ mm 的弹性卡环,阀芯的内径为 $\phi49$ mm,捅杆带着 $\phi52$ mm 的卡环下行时,将在阀芯内部遇阻,电泵生产管柱的重力迫使阀芯下行,使阀芯处在下推位置,打开侧孔。捅杆连同 $\phi52$ mm 弹性卡环在重力作用下继续下行,在旁通开关限位短节的斜面上遇阻,在斜面的作用下卡环产生径向收缩,卡环由 $\phi52$ mm 收缩到 $\phi48.5$ mm,小于阀芯的 $\phi49$ mm 内径,卡环和阀芯离开。卡环通过阀芯后其尺寸又恢复到 $\phi52$ mm,以备上提时关闭旁通开关。

　　二次检泵时,将电泵生产管住上提,连在电泵管柱尾部的捅杆也跟着上提,卡环($\phi52$ mm)在 $\phi49$ mm 内径的阀芯内遇阻,阀芯在上提力的作用下上移,切断侧孔进液通道,阻止丢手管柱以下液体流入丢手管柱以上,起到关闭旁通开关的作用,达到不压井作业施工的目的。

　　(2)技术参数

　　全长644 mm,最大外径为 $\phi108$ mm,最小内径为 $\phi49$ mm,两端为 $\phi62$ mm 平式油管螺纹。

4.2.2 抽油机井油管开关器

抽油机井不压井油管开关器按其设计结构可分为钉簧式和位移式两种结构;按开关方式不同可分为投捞式、沉浮式、顿击式、抽油杆柱下压式和水力传压式五种;按进液通道分为有直孔进液和侧孔进液两种形式;按工具配套管柱分为支撑式和悬挂式两大类。共计18种油管开关器。

目前常用的抽油机井不压井油管开关器主要有:管式抽油泵井下开关器,02－90B型泵下开关、帽形活门、滑套开关和悬挂式不压井器等。

1.管式抽油泵井下开关器

（1）结构及工作原理

该井下开关由上接头、上滑动体、弹簧、导向轨道、壳体、下滑动体、T形开关阀、阀座和下接头组成,如图4－11所示。

使用时把管式抽油泵井下开关器接在深井泵的泵筒与固定阀之间,使其置于关闭状态下井,完成一次不压井作业施工。完井后,下放抽油杆柱,靠杆柱自重推动上滑动体,带动下滑动体在导向轨道中向下运动,到达下死点,上提防冲距。上滑动体在复位弹簧力作用下上行复位,下滑动体沿导向轨道上行并旋转60°进入轨道短槽中,开关阀打开,油井即可生产。二次作业时重复上述动作,下滑动体沿导向轨道再次旋转60°进入轨道长槽,开关器阀门关闭,达到二次不压井的目的。

（2）主要技术参数

最大外径为$\phi90$ mm～$\phi103$ mm,总长度为735 mm,两端为$\phi62$ mm油管扣,适用于$\phi70$ mm以下管式抽油泵。

2.02－90B型泵下开关

（1）结构及工作原理

该开关由上接头、卸压阀、主阀体、滑轨钉、固定阀、中心管、外套、弹簧、下接头等部件组成,如图4－12所示。

02－90B型泵下开关的是集深井泵的固定阀和井下开关于一体的井下开关工具。下泵时,把开关置于关闭态接在深井泵下端(此开关代替原泵固定阀工作)可实现一次不压井作业施工,下完抽油杆柱后用深井泵的活塞下压泵下开关的卸压阀,在放掉固定阀与主阀体之间的压力的同时,压缩弹簧被压缩,迫使主阀体下行,主阀体上的滑轨钉在中心管上的滑道内换向,上提防冲距,主阀体在弹簧的作用下上行,滑轨钉由中心管上的滑道长槽进入轨道短槽,开关被打开,油井即可生产。检泵时,下放光杆再上提,主阀体重复上述动作,滑轨钉由中心管上的滑道短槽进入滑道的长槽,开关关闭,实现二次不压井作业施工。

（2）主要技术参数

最大外径为$\phi90$ mm,全长664 mm,固定阀座直径为$\phi30$ mm。

3.帽形活门

（1）结构及工作原理

它由上接头、主体、门板、销轴、扭簧、销片、小销钉、连接套、O形密封圈所组成,如图4－13所示。

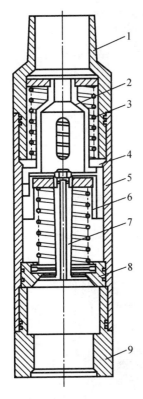

图 4 – 11　管式抽油泵井下开关器

1—上接头；2—上滑动体；3—弹簧；
4—导向轨道；5—壳体；6—下滑动体；
7—T 形开关；8—阀座；9—下接头

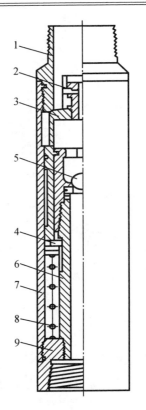

图 4 – 12　02 – 90B 型泵下开关

1—上接头；2—卸压阀；3—主阀体；
4—滑轨钉；5—固定阀；6—中心管；
7—外套；8—弹簧；9—下接头

下泵时把帽型活门置于关闭状态接在深井泵的泵口上，可实现一次不压井作业施工，完井后，门板靠抽油杆自重迫使锁片与小销钉脱开，门板在弹簧反向扭力作用下开启，导通油流，油井即可投产。

（2）技术参数

全长为 340 mm，最大外径为 $\phi90$ mm 和 $\phi114$ mm 两种，最小内径为 $\phi57$ mm，试验压力为 12.0 MPa，连接 $\phi62$ mm，$\phi76$ mm，$\phi88.6$ mm 平式油管螺纹。

4. 滑套开关

（1）结构及工作原理

它由上接头、球罩、外套、钢球、活塞、密封段、剪钉、卡簧、锁环、下接头、O 形密封圈所组成，如图 4 – 14 所示。

滑套开关接在深井泵下端，下井后滑套开关代替原泵固定阀工作。二次施工时，向油管柱内打压，液体通过工具上部传压孔，作用在滑套开关的活塞上平面上，推动活塞下行，剪断剪钉；同时，卡簧进入卡簧挂圈产生自锁，从而切断油流通道，达到二次作业施工不压井的目的。

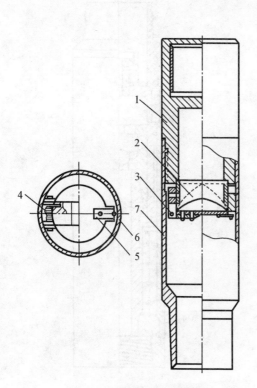

图 4－13　帽形活门结构图

1—上接头；2—门板；3—销轴；4—扭簧；

5—锁片；6—小锁钉；7—连接套

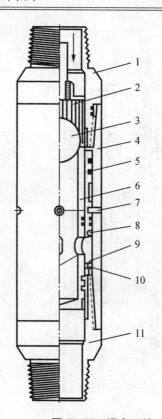

图 4－14　滑套开关

1—上接头；2—球罩；3—钢球；4—外套；

5—活塞；6—密封段；7—剪钉；8—卡簧；

9—锁环；10—卡簧挂圈；11—下接头

（2）技术参数

全长为 537 mm，最大外径为 ϕ90 mm，最小内径为 ϕ57 mm，试验压力为 12 MPa，剪钉剪切压力为 17～18 MPa，两端为 ϕ62 mm 平式油管螺纹。

5.悬挂式不压井器

悬挂式不压井器是用于 ϕ83 mm，ϕ95 mm 大泵抽油机井不压井作业施工的专用工具。

（1）结构及工作原理

它是由外筒和芯轴两大部分组成。外筒由可调释放接头、密封筒、憋压滑套及油管配件组成。芯轴由脱接器、卡簧、密封段、凸型密封圈、防滑器组成，如图 4－15 所示。

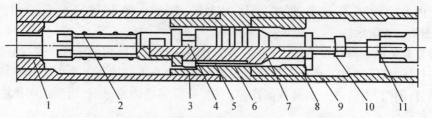

图 4－15　悬挂式不压井器

1—可调释放街头；2—脱接器；3—密封筒；4—卡簧；5—钢套环；6—凸型密封圈；

7—密封段；8—导通器；9—传压孔；10—防滑器；11—泵柱塞

下泵时,先上提悬挂式不压井器的芯轴,工具处于密封状态,可完成一次不压井作业施工,完井后,靠抽油杆自重或憋压打开油管通道,油井可正常生产。二次施工时,上提抽油杆柱,脱接器进入释放接头脱开,同时芯轴上的卡簧径向收缩卡在密封筒上部,密封段上的橡胶密封圈与密封筒密封,油管放空可实现二次不压井作业施工。

（2）技术参数

技术参数见表4-3。

表4-3　悬挂式不压井器技术参数表

泵径/mm	ϕ83	ϕ95
最大刚体直径/mm	ϕ70	ϕ75
长度/m	1.2	1.1
扭矩/(kN·m)	1 000	1 100
拉力/kN	100	120

第5章 修井作业

5.1 常规修井作业

5.1.1 清蜡

清蜡是将黏附在油井管壁、深井泵、抽油杆等设备上的蜡清除掉,常用的方法有机械清蜡和热力清蜡。

5.1.1.1 机械清蜡

自喷井机械清蜡是在井场用电动绞车将刮蜡片下入油井中,在油管结蜡部位上下活动,将管壁上的蜡刮下来被油流带出井口。

刮蜡片清蜡适用于结蜡不严重的井,当结蜡严重时,可用麻花钻头或矛刺钻头清蜡。常用的刮蜡片有8字形和舌形两种。这两种刮蜡片的共同点是都可以上下活动和任意转动,内空壁薄,边缘刀刃锋利,下到结蜡部位时,靠近管壁的刀刃便可以将管壁上的蜡刮下。但8字形刮蜡片体形不对称,各部位受力不均匀,沿轴向有一个开口中缝,在清蜡过程中受积蜡的挤压容易变形收缩,使尺寸缩小而影响刮蜡效果。另外,由于中心杆挡门的影响,使刮蜡片内空的液流不畅,在片内容易形成蜡堵,发生顶钻、卡钻事故。舌形刮蜡片是在8字形刮蜡片基础上改进的,克服了上述缺点。不同类型的刮蜡器如图5-1所示。

图5-1 刮蜡器

针对刮蜡片清蜡,应根据油井的结蜡规律定出清蜡制度,内容包括清蜡周期、清蜡深度、操作规程和使用刮蜡片的规格等。一般情况下,直径为2 in油管用外径为47.5 ~ 48.5 mm的刮蜡片,直径为2.5 in的油管用外径为58 ~ 60 mm的刮蜡片。

5.1.1.2 热力清蜡

1.热流体循环清蜡

热流体循环清蜡法的热载体是在地面加热后的流体物质,如水或油等,通过热流体在井筒中的循环传热给井筒流体,提高井筒流体的温度,使得蜡沉积熔化后再溶于原油中,从而达到清蜡的目的。

根据循环通道的不同,热流体循环清蜡法可分为开式热流体循环、闭式热流体循环、空心抽油杆开式热流体循环和空心抽油杆闭式热流体循环4种方式(图5-2至图5-4)。

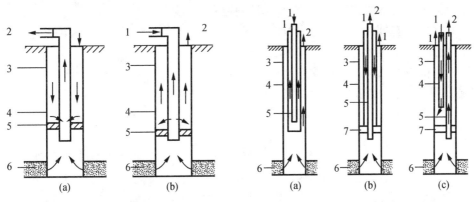

图5-2 开式热流体循环示意图
(a)反循环;(b)正循环

图5-3 闭式热流体循环示意图
(a)反循环;(b)正循环;(c)双管循环

2. 电热清蜡

电热清蜡法是把热电缆随油管下入井筒中或采用电加热抽油杆,接通电源后,电缆或电热杆放出热量即可提高液流和井筒设备的温度,熔化沉积的石蜡,从而达到清蜡的作用。电热清蜡如图5-5所示。

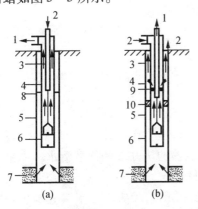

图5-4 空心抽油杆热流体循环示意图
(a)开式循环;(b)闭式循环

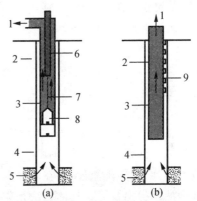

图5-5 电热清蜡示意图
(a)电加热抽油杆清蜡;(b)热电油清蜡

3. 热化学清蜡

热化学清蜡利用化学反应产生的热能清蜡,该方法不经济,效率不高,因此很少使用。

5.1.2 油井检泵

5.1.2.1 油井检泵的原因

作业检泵就是把抽油泵从井中起出,用蒸汽清除掉油管和抽油杆上的结蜡,再按设计要求下入一台试压符合质量标准的泵,这一施工过程叫作业检泵。

造成作业检泵的原因是多方面的,总的来说,作业检泵分两种情况:一种是计划检泵,一种是躺井检泵。

计划检泵是根据油井的实际生产情况,在生产管理中摸索出一定的规律,掌握了油井生产多长时间后就会因为砂、蜡,或泵自身磨损及其他因素使泵不能正常工作,需要起出检修。这个检泵时间是预定出来的,因此叫计划检泵。

躺井检泵是在抽油井生产过程中,井下泵、杆、管突然发生故障,或因油井生产情况发生变化,使抽油泵不能正常工作,需及时换泵等不定期的检泵。

抽油井检泵的原因一般有以下几种:

(1)油井结蜡造成活塞卡、凡尔卡,使抽油泵不能正常工作,或将油管堵死。虽然为了防止蜡在油管析出做了大量的预防措施,但对一些结蜡较为严重的井、蜡卡、结蜡的现象时常发生。

(2)砂卡、砂堵检泵。为了提高地层的出油能力,对一些抽油井采取了压裂增产措施,压后支撑地层用的压裂砂,在下泵抽油过程中随油流进入泵筒,有部分砂柱沉积在凡尔处或积满了活塞防砂槽,造成砂卡。地层砂岩胶结疏松,也会造成砂卡泵的现象。

(3)抽油杆的脱扣造成检泵。由于抽油杆不停地改变受力方向,加之受井内液流和各种摩擦力的作用,使抽油杆扣产生松动,造成脱扣。

(4)抽油杆的断裂造成检泵。抽油杆在抽油过程中不停地受交变压力的作用产生疲劳破坏,或因砂卡、蜡卡造成过载断裂。

(5)泵磨损漏失量不断增大,造成产液量下降、泵效降低。

(6)油井的动液面、产量发生变化,为查清原因,需作业检泵。

(7)需改变工作制度换泵,或需加深或上提泵挂深度。

(8)其他原因:如油管脱扣、泵筒脱扣,或衬套乱、大泵脱接器断脱等造成的检泵施工等。

5.1.2.2 压井检泵作业

1. 一般检泵

(1)一般检泵的步骤

①准备工作。包括立架子,穿大绳,拆除抽油井口,换上作业井口,转开驴头,以防作业时发生碰撞。如果需要压井,则要按施工要求准备足够的压井液和顶替清水。如果该井未被蜡或砂堵死,有热洗流程,则在压井前应先热洗井筒。

②把活塞提出泵筒。具体方法是先把驴头停在上死点,用方卡子卡紧光杆坐在防喷盒上,然后松开悬绳器的光杆紧固器,把驴头降至最低位置。再卡紧光杆紧固器,松开坐在防喷盒上的方卡子,开动电动机,把驴头停在上死点的位置,直至把活塞提出泵筒。接着再用方卡子卡紧光杆,坐在防喷盒上,切断电源,拔掉驴头固定销子,把驴头转向一边。用抽油机上提活塞时,要防止抽油杆接箍撞击防喷盒。

③接好反压井管线,先放套管气。管线试压 8 ~ 10 MPa,压井前要先替入热水,清洗管壁结蜡,替出井内油气,然后泵入压井液,按照日常压井操作进行压井。

④压井以后,提起抽油杆,卸掉防喷盒,起出全部抽油杆及活塞。起完抽油杆后,要在井内注满压井液。起出的抽油杆要整齐地排放在至少具有 5 个支撑点的架子上,要注意保护螺纹,不应弄脏,然后用蒸汽刺洗上面的砂、蜡。

⑤新泵下井,采用正压井,然后加深油管探砂面,并上提 2 ~ 3 m 进行冲砂,冲出井底的脏物。

⑥起出井内全部管柱,用蒸汽刺洗干净,并排放整齐。要详细检查深井泵、活塞、阀等,

然后准确丈量油管、抽油杆长度,做好单根记录,按设计要求计算下泵深度。

⑦对出砂结蜡比较严重和气油比较高的井,应在泵的下部装砂锚、磁防蜡器和气锚。泵下部应接2~3根油管作尾管起沉砂作用。下井的泵一定要保持干净。上卸扣时管钳要搭在接头上。最后下泵至设计深度,并装好采油树或偏心井口。

⑧下活塞与抽油杆。根据泵筒的下入深度,丈量计算活塞的下入深度,准备好活塞与抽油杆连接的接头。当活塞下到泵筒附近时,要正转抽油杆,使活塞平稳缓慢地下入泵筒中,严防下入速度过快,猛烈撞击固定阀罩。

⑨活塞下入泵筒后,提起抽油杆缓慢活动2~3次,深度确定后,再用滑动车上提下放试抽十几次,泵工作良好后,上紧防喷盒,对好防冲距,卡好方卡子。

⑩转回驴头,放至下死点,上紧悬绳器上的光杆紧固器。交采油队,对电路、流程进行全面检查后启动抽油。

一般抽油井的管柱结构,见图5-6。

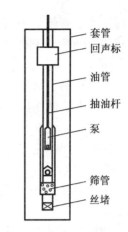

图5-6　一般抽油井管柱结构

(2)检泵注意事项

①要取全取准下井泵的各项资料。包括泵型、泵径、泵长、活塞长度;光杆、抽油杆规范、根数、长度、接头规范长度;油管规范、根数、长度;泵下入深度;其他附件规范与深度。

②下泵深度要准确,防冲距要合适。

③下井油管螺纹要涂上密封脂,要求油管无裂缝、无漏失、无弯曲、螺纹完好,并用内径规逐根通过。

④抽油杆应放在具有5个支点以上的支架上,不许拖地。有严重弯曲或螺纹有损坏的抽油杆不允许下井。

⑤起抽油杆时如果遇卡,不允许硬拔,否则会使抽油杆发生塑性变形,使抽油杆报废。

⑥深井泵的起下与拉运过程要注意防止剧烈震动,以免将泵的衬套震乱。泵下井前要仔细检查,各个部件性能良好才能下井。上卸扣时管钳不能咬在泵筒上。

2. 大泵检泵

(1)大泵检泵作业及施工步骤

ϕ83 mm和ϕ95 mm的大泵活塞不能直接通过油管下入泵筒,活塞必须在泵筒下井时随泵筒一起下井。然后在抽油杆下部接上脱接器与先下入的活塞在泵筒内对接在一起。在需要进行作业时,上提抽油杆又可以把抽油杆与活塞分开,分别起出抽油杆、油管及泵筒。

大泵检泵与一般检泵在工序上稍有不同。

①热洗。因为泵径大,要求检泵时彻底热洗,老井转抽要彻底刮蜡。

②把活塞提出泵筒。压井前把活塞提出泵筒时要特别注意,上提高度不可超过脱接器脱开的距离,否则脱接器脱开后活塞仍会坐回泵。

③反压井。按一般抽油井的方法反压井后,卸掉防喷盒,起抽油杆时,注意观察上提负荷明显减小,说明脱接器已经脱开。

④起出抽油杆和油管,并进行刺洗、检查与丈量。

⑤组配下井管柱。将活塞上部与脱接器下端相连接,上紧后送入泵筒内将泵筒上端连接

好 4 m 的加大内径短节,同时连接好脱卡接头,用 ϕ3 in 油管与脱卡接头连接后将大泵入井内。

⑥加深油管替喷。下完油管与抽油杆后,用抽油杆悬挂器将抽油杆悬挂在油管内,加深油管进行反替喷,替喷必须干净。

⑦对接脱接器。对接脱接器要求在清水中进行,对接时要求缓慢下放抽油杆,然后用作业机上提下放试抽,判断对接成功后卡好方卡子。

大泵抽油生产管柱结构,见图 5 – 7。

(2)注意事项

①大泵的泵身长,易发生弯曲变形,拉运大泵要用专用的拉泵车。

②抽油杆必须用扭力扳手上紧。

③对接脱器必须在清水中进行。

④对防冲距或需将活塞提出泵筒时,一定要计算好上提的距离。如果上提过大,使脱接器进入释放接头,就会造成脱接。

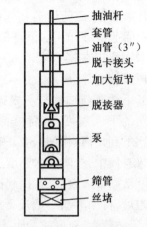

抽油杆
套管
油管(3″)
脱卡接头
加大短节
脱接器
泵
筛管
丝堵

图 5 – 7　大泵抽油井管柱结构

(3)脱接器

随着油田开采方式由自喷采油转向机械采油,下井的抽油泵泵径也愈来愈大,大泵脱接器就是用来解决下井泵径大而油管内径小这一特殊工艺的。如目前下入内径为 ϕ83 mm 和 ϕ95 mm 的大泵,用的是 3″油管,其内径为 75 mm,活塞不能通过油管,只有在活塞上部接上脱接器的下半部随泵筒先下入井内,然后在抽油杆下部接上脱接器的上半部,下入井内在泵筒内对接,使活塞和抽油杆通过脱接器对接起来,即可进行抽油。而施工作业时,上提抽油杆又可使之脱开,进行起泵作业。

目前油田上使用的脱接器种类比较多,但其对接原理和作用基本上一致,这里只介绍比较典型和常用的卡簧式脱接器以及锁球式脱接器。

①卡簧式脱接器

a. 脱接器结构及对接原理

卡簧式脱接器组装后可分成两部分:一部分是脱接器的内接头(母头),一部分是脱接器的外接头(公头)。内接头是由压帽、卡簧、外套和下接头组成,装好后接在活塞拉杆上,随泵和油管下入井内。外接头是由上接头、销钉、脱卸接头和连杆组成,装好后接在下井的第一根抽油杆下端。结构如图 5 – 8 所示。

当脱接器的内接头随泵下入井内后,即可将接在第一根抽油杆脱接器外接头下入井内,在接近泵筒时放慢下放速度,当外接头连杆进入内接头卡簧时,则完成对接。此时活塞与抽油杆通过脱接器连为一体,即可进行正常抽油。

当需要起抽油杆时,压帽上行至与其配套的泄

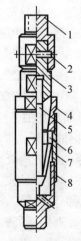

图 5 – 8　卡簧式脱接器结构示意图
1—上接头;2—销钉;3—脱卸接头;4—压帽;
5—连杆;6—卡簧;7—外套;8—下接头

油器遇阻,打开泄油器,但压帽不能通过泄油器,此时将销钉剪断,上接头随抽油杆起出,其余部件留在井内随泵起出。

b. 注意事项

(a)下井前认真检查脱接器各部件是否灵活好用,并涂好黄油。

(b)如果用泥浆压井作业时,必须用清水将井液替干净,确保对接在清水中进行。

(c)对接时一定要缓慢下放,对接后进行试抽,证实对接成功后方可完井交采油队。

(d)施工检泵上提脱接器时,也应慢提,不可操作过猛,以免拔坏其他部件。

(e)此种脱接器的缺点是卡簧力不均时易断裂。

②锁球式脱接器

a. 脱接器结构及对接原理

锁球式脱接器依靠外套与大锁球和小锁球的移动实现对接、脱开动作,其结构如图5-9所示。

b. 注意事项

(a)下井时应在内接头内装满黄油,防止脏物进入内接头而对接不上。

(b)压井作业必须替喷干净,确保对接在清水中进行。

(c)起出后清洗干净,认真检查磨损情况,送车间进行检修。

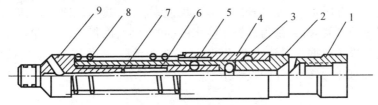

图5-9 锁球式脱接器结构示意图

1—脱接头;2—主体;3—大锁球;4—外套;5—小锁球;6—止推套;7—小卡簧;8—大弹簧;9—接头

5.1.2.3 不压井检泵作业

不压井检泵作业的优点是解决了压井作业起下抽油泵的问题,只要装上抽油杆自封就可以把抽油杆、活塞起出,将固定阀捞出地面。

1. 不压井检泵作业施工步骤

(1)热洗。先用泵站热洗流程将井筒及油管中的死油、结蜡反洗出地面。

(2)起抽油杆。装上抽油杆自封,不压井起出井内全部抽油杆及活塞。

(3)打捞固定阀。用直径为2.4 mm录井钢丝(或打捞车)把固定阀打捞上来。

(4)投堵塞器。用水泥车将堵塞器送入工作筒内升压至10 MPa,观察密封无泄漏,即可抬井口安装控制器。

(5)不放喷起出全部油管及深井泵。

(6)对起出的油管、抽油杆、活塞、可捞式固定阀等井下工具进行仔细检查,并送检泵车间进行鉴定,做好记录。

(7)起出的油管冲洗干净,丈量准确后按照工艺要求组装下井管柱,装好堵塞器。

(8)不压井下泵筒及全井油管。

(9)向井内灌满清水,用打捞车打捞堵塞器,打捞时必须接上安全接头,钢丝绳上做好记号。

（10）投入可捞式固定阀。下入活塞及全部抽油杆,将可捞式固定阀压入泵筒内,上提抽油杆,对好防冲距,即可试抽。

2.不压井检泵作业施工注意事项

施工时除了应注意压井施工的注意事项外,还应注意以下几点:

（1）必须将油管中的结蜡清洗干净,保证打捞、投堵顺利进行。

（2）下完泵筒打捞堵塞器时,灌水要干净,必须先将打捞工具下到井底后再开始灌水,防止脏物沉淀卡住堵塞器。

（3）在打捞固定阀或用活塞将固定阀压入泵筒时,都应放慢下放速度,平稳操作,防止碰弯打捞头。

5.1.3　注水井作业

5.1.3.1　试注与油井转注

在油田开发方案确定以后,为确定能否将水注入油层并取得有关油层吸水启动压力和吸水指数等资料,在正式注水之前必须经过一定的试注阶段。

1.试注、转注前的准备

试注就是注水井完成之后,在正式投入注水之前进行试验性注水。试注的目的在于确定地层的启动压力和吸水能力。经过试注阶段,摸索经验,找出规律,为以后正常注水准备条件。试注对油田开发来讲,是为了提供注水的初步经验,取得注水多方面资料,从而为油田开发方案设计提供依据。对注水井来讲,试注在于清除完井或转注前所造成的井壁、井底的滤饼杂质和脏物,并确定井的吸水指数。

（1）排液

排液的目的是在井底附近造成适当的低压带,清除油层内的堵塞物(特别是钻井、完井过程中造成的近井地带堵塞),同时还可以采出部分原油。排液时间应根据油层性质和开发方案确定,排液的强度以不伤害油层结构为原则。排液的方法有自喷排液和抽吸排液两种。

实践证明,注水排液虽有利,但也有不利的一面,如排液时间长,造成油层压力下降,影响周围油井的生产。因此,主张注水井不排液,只排污,即进行注水。对比较差的油层,由于渗透率低,吸水能力差,吸水启动压力高,不易注进水,需要排液造成一个低压带。因此,注水井要不要排液,可根据油层的性质和其他情况来决定。注水井的排液强度,以不破坏油层的结构为原则,含砂量应控制在0.2%之内。

不排液注水井,其排污量以排净井筒附近地层内的污物为原则。大庆油田在钻井中泥浆水可侵入油层0.4～0.6 m处,按其体积加10倍计算,排污量应在200 m³左右,或根据油层情况排污量可增加到300 m³。

（2）调查注水系统完善情况

①调查了解井身结构是否完好,有无套损井史和其他井况。

②调查井口装置是否符合注水要求。

③了解注水系统、流程是否完善。

（3）施工设计要求

根据地质和工程方案要求编制施工设计,设计必须有设计人、审批人签字,设计一般内容按常规施工设计编制,有特殊要求必须逐条注明。变更方案、设计必须经审批后方可实施。

2．施工准备

(1)立井架,校正井架。

(2)搬迁,设备就位。

(3)搭油管桥。

(4)根据施工设计准备下井工具及原材料。

(5)填写交接书。

3．施工步骤及技术要求

(1)起原井管柱,执行 SY/T 5587.5—2004。

(2)通井、刮蜡、执行 SY/T 5587.5—2004。

(3)探砂面、冲砂,探人工井底。

①探砂面。一律采用光油管硬探,不许带其他工具,砂面深度以油管管柱悬重下降5~20 kN 时连续3次数据一致的深度为准,其管柱深度为砂面深度。

②冲砂。当冲砂管柱下至距砂面1~2 m 处大排量下冲洗,冲至人工井底,至出口返液含砂小于0.2%为合格。冲砂时应平稳缓慢加深,要求管柱不喷、不堵、不卡。冲砂必须连续进行,若中途因故不能继续冲砂时,必须立即上提管柱,严防沉砂埋卡下部管柱。

③探人工井底。当冲砂至人工井底时,核实人工井底,误差每1 000 m 不得超过±0.3 m。

(4)清洗、丈量、组配试注管柱。

①清洗油管达到无死油结蜡、无泥土、无杂物。

②防腐油管必须用标准内径规逐根通过,有弯曲、防腐层起泡、脱皮、螺纹损坏等不得使用。

③试注管柱下入深度至射孔井段底界以下5~15 m。

④在油层射孔顶界以上10~15 m 处下一级可洗井套管保护封隔器,对套管进行保护,其结构自上而下依次为保护封隔器、工作筒与喇叭口。

(5)洗井。

洗井是整个注水井试注工作中很重要的一个环节,排液结束后,在试注之前要进行洗井。

洗井的目的就是反复冲洗注水层的渗滤表面、套管内壁、油管内外及井底,将腐蚀物、杂质等冲洗出来,以确保注水井的清洁。

洗井不仅在试井前必须进行,而且在以下几种情况也要必须进行:

①注水井关井停注24 h 以上;

②正常注水井油层吸水能力显著下降;

③注水井不符合要求或改变水源,其水型不能混合时必须洗井;

④改变流程;

⑤在正常注水情况下,注水井也要根据要求定期洗井。

洗井步骤如下:

①冲洗来水管线,在洗井之前用排量25 m³/h 以上的水把配水间到井口之间的注水管线冲洗干净;

②接好反冲井管线,油管、套管上安装压力表;

③装上校对水表,校对排量,进出口误差不得超过5%;

④倒流程洗井,按时计量进出口排量,并做好记录;

⑤洗井排量由小到大分 10～15 m³/h、20 m³/h、25～30 m³/h 3 个台阶,累计洗井水量不少于 300 m³。

(6)混气水洗井。

在地层压力和静水柱压力之差较大时,若在用清水洗井中发现漏失严重,则应采用混气水洗井。在用混气水洗井时应按以下要求进行:

①进出口管线必须用高压硬管线连接,地面管线要平直、少弯;

②进口管线必须装放空阀门、单流阀、气压表,出口要装回压表;

③若管线有刺,不可带压操作,一定要放空后再上紧,泄压时人员必须远离高压管线;

④停洗时,一定要先停水后停气,洗井时一定要先供气后供水;

⑤混气水洗井要大排量连续进行;

⑥洗井合格,直到进出口水质一致。

(7)释放封隔器。

按照下井封隔器的型号打压达到释放压力值,稳压 30 min,观察套管无溢流,即证实释放成功。

(8)试注、转注。

油井转注的施工步骤:

①压井

对有些转注井,如果井口装置或井下管柱结构不具备不压井作业条件时,需要进行压井作业。但是,在施工过程中,对压井液的选择和对其性能的要求,以及对压井时的操作要求都是比较严格的,整个施工过程要做到保护油层,尽量减少对油层的侵害和污染。

a. 压井液的选择

在压井作业时,油层要受到压井液的浸泡,选择合适的压井液把井压好,使之在起下作业的过程中,既不会发生井喷,又不至于造成漏失堵塞油层,对转注井来说尤为重要。

要压好井,首先要合理地确定压井液的相对密度。所谓静水柱压力,就是指从井口到油层中部深度,水在静止状态下的水柱压力。因为水的相对密度是 1,每 100 m 水柱压力为 1 MPa,所以静水压力的计算公式是:

$$P_{静} = \frac{H}{100} \tag{5-1}$$

式中 $P_{静}$——静水柱压力,MPa;

H——油层中部深度,m。

当井筒内的水柱压力与油井的净压值相等时,井就不喷不漏,处于平衡状态;当静水柱压力大于静压时,就会出现漏失现象;当静水柱压力低于静压时,就会有发生井喷的可能。因此,所选出的压井液的相对密度,既要保证整个施工过程中不会发生井喷,又要防止相对密度过大对油层造成严重的危害。对转注井来说,一般按测得的静压值计算出相对密度,再附加 5%～10% 的安全系数就可以保证顺利施工。

压井液的相对密度可用下式计算

$$\gamma_{液} = 1000 \frac{P}{H}(1 + 0.1 \sim 0.15) \tag{5-2}$$

式中 $\gamma_{液}$——压井液相对密度；

P——静压或原始地层压力，MPa；

H——油层中部深度，m。

根据上式计算出来的压井液相对密度，就可以确定选用什么样的压井液。一般的选法是：当 $\gamma_{液} < 1$ 时，用混气水压井；当 $\gamma_{液} = 1$ 时，用清水压井；当 $1 < \gamma_{液} < 1.18$ 时，用盐水压井；当 $\gamma_{液} > 1.18$ 时，用泥浆压井或其他无固相压井液。

b. 压井方式及操作

在一般情况下，对压井作业的井都采用正压井的方式。因为正压井时压井液是从油管进、套管出，油套管之间的环形截面积大于油管的通道截面积，所以压井液由套管返出时的流动阻力就小，这样可以减少压井液的漏失对油层的伤害。同时因油管不通造成憋高压时，不致因憋压对地层造成严重的污染。

②起油管

为了安全顺利地起出井内油管，防止井喷，在起油管时，始终要保持井内液柱压力，每起 20 根油管就要往井筒里灌一次泥浆。同时要做好放喷和防止落物的准备工作，准备好开关灵活的"$2\frac{1}{2}$"胶皮闸门一个，万一发生井喷时抢装在油管上。井口控制装置的全封、半封、自封必须灵活好用，自封内的胶皮芯子在起油管时可以拿掉，这样就可以避免把油管外壁上的死油和结蜡刮入井内。自封盖子要装上，保护丝扣和防止东西掉入井内。卸油管扣时一定要搭好背钳，防止井内油管旋转脱扣。

③刮蜡

对长期排液生产的转注井，原油中的蜡随着井温降低不断分离出来，蜡结在油管和套管壁上。还有一些死油积存在油套管环形空间内，应该用刮蜡器把这些蜡和死油刮掉，因为在洗井时用清水很难将它们洗掉，另外在转注以后，经过注入水长期的冲洗和浸泡，这些结蜡和死油就会从管壁上脱落下来，被注入水带入地层，堵塞地层孔隙，增加注水阻力。

④下注水管柱、探砂面、冲砂、探人工井底

注水井转注初期，一般是采取全井笼统放大注水，观察地层的吸水能力，并在注水稳定后及时测得吸水指示曲线。笼统注水管柱结构比较简单，油管底部接一个内径为 $\phi 54$ mm 的工作筒和喇叭口，下油管时丝扣一定要上紧。然后探砂面深度。

凡是新转注井都应进行冲砂，一律采取正冲砂的方式。探完砂面后上提油管 2 m 左右，接正冲砂管线进行冲砂。冲砂时下放管柱要缓慢，注意观察进出口压力，一定要准确计量进出口排量，严防漏失。冲砂后要实探人工井底。探得人工井底深度减去砂面深度即为砂柱高度。

⑤替喷

探人工井底后，上提油管 2 m，用清水替喷，清水用量应为井筒容积 2.5 倍，替出井筒内压井液，起出加深油管，油管的完成深度应在射孔井段底界 10 m 左右，以保证洗井和转注时不致把脏水注入地层。

⑥洗井

对新转注井，投注前的洗井是决定注水成败的一道很重要的工序，通过洗井，把沉积在井底和井壁上的铁锈、杂质等脏物冲出地面。同时在洗井时，要求地层始终要保持微喷，把那些沉积在油层孔隙中的脏污冲洗干净，否则注水以后，这些脏物就会随同注入水一起进入地层,堵塞油层孔隙,增大注水阻力。

a. 确定洗井方式

洗井方式有两种:一种叫正洗井,即洗井时水从油管进井,从套管返出地面;另一种叫反洗井,水从套管进井,从油管返出地面。

对转注的井,一般注水初期都是全井笼统注水,油水管柱为光油管,可采用正洗井的方式。正洗井可以减少脏水进入地层。

b. 选择洗井液

在前边选择压井液的方法中谈到,当地层压力小于静水柱压力时,水就可能漏入地层。根据对洗井的质量要求,为了防止洗井时漏失对地层造成侵害,选用洗井液应有一个界限:当地层压力与静水柱压力之差小于 0.2 MPa 时,要用混气水洗井。采用混气水洗井,并不能洗至水质合格,只能洗到某一程度后改用清水洗至合格。

⑦注水

a. 准备工作

在转注前,必须拥有足够的泵压方可停洗。

拆除洗井管线,上紧丝堵,装上准确的油套压力表,冬季应装上防冻压力表装置。

安装流量计的注水井,要换上合适的挡板。选择挡板是根据注水方案提出的配水量要求,在注水之前就要选好,并在校对洗井挡板排量时一起进行校对。校对的排量根据配注水量,一般选三个排量,误差不超过 8%,若选水表,误差不超过 5%。

b. 转注的操作

正注:注入水从油管注入地层;

反注:注入水从套管注入地层;

合注:注入水从油、套同时注入地层。

c. 操作方法

在配水间控制上流闸门改正注水,开闸门时操作要平稳、缓慢,逐步提高注入量和注水压力。

若需要测吸水剖面时,必须改合注,先正注水 2～4 h 取得正注水资料后,慢慢打开套管闸门进行合注。

注水 3 d,注入量稳定后,在油管内投入堵塞器,改为套管反注水,即可测吸水剖面。

测完吸水剖面后,打捞堵塞器,改为正注水。

经排液洗井合格后开始试注,步骤如下:

(a)关井,倒好注水流程,上紧井口丝堵并装好压力表。

(b)装好并校对计量水表。

(c)将洗井流程改为注水流程,投入试注。先放大注水一周,测绘吸水指示曲线,确定启动压力,然后再控制注水量达到配注水量,记录油压、套压。

(d)测绘注水指示曲线。试注的目的在于确定地层的启动压力和吸水能力,通常采用吸水指数来表示,在实际工作中一般采用测绘注水指示曲线的方法来计算。计算吸水指数的公式如下:

$$K = \frac{Q_2 - Q_1}{p_2 - p_1} \qquad (5-3)$$

式中　K——吸水指数,$\text{m}^3/(\text{d} \cdot \text{MPa})$;

Q_2、Q_1——不同压力下的注水量,m^3/d;

p_2、p_1——不同日注水量时对应的注水压力,MPa。

测绘指示曲线要在注水井吸水量稳定以后进行,一般在 3～10 d 以内。

对一些具有盐敏、速敏、碱敏、酸敏等特性的油层要在试注前采取相应的油层保护措施,如注入黏土防膨剂、稳定剂等。

有些井由于钻井、完井过程中油层伤害严重,虽经强烈排液和反复洗井,试注效果仍然不好。这种情况通常需要预先选用高质量深穿透射孔弹射孔以及进行酸化、压裂等增注措施后再试注。

注水井经过排液洗井及试注阶段,在取得相关的资料后,即可按地质方案要求转入正常的注水生产。

5.1.3.2 试配

试配就是针对各油层不同的渗透性能,采用不同的压力注水。对渗透性好,吸水能力强的地层,适当控制注水;对渗透性差,吸水能力低的地层,则加强注水。尽可能把水有效地注入地层,使注入水在高、中、低渗透层中都能发挥应有的作用,从而使层间矛盾得到调整,地层能量得到合理补充,控制油井含水上升速度。因此,注水井实行分层配注,是实现油田长期高产稳产、提高油田无水采收率和最终采收率的有效措施。

要做好试配,首先要把注水井的层段划分清楚,然后根据注水井和油井连通层渗透率的好坏合理地确定层段性质。一般注水层段可划分为加强层、接替层和限制层三种。根据全井笼统注水测得的指示曲线和吸水剖面、受效油井的开采情况以及其他地质资料,经综合分析,选择确定各层段的合理水嘴大小,以达到对各层段定量注水的目的。

1. 试配前的准备工作

(1)按照地质方案与工程方案的要求做好施工设计,设计要有设计人、审批人签字。设计一般内容按常规施工设计编制,有特殊要求必须逐条注明,变更方案必须经审批后方可实施。

(2)现场调查。除按常规施工井要求调查外,还应取得该井的套管接箍磁性定位深度资料,以备计算卡封隔器深度时避开套管接箍位置。

(3)准备井下工具。按照施工设计到工具车间领取井下工具,领取工具时必须逐件与设计型号、出厂合格证认真核对,三者一致时方可装车。搬运时要轻拿轻放,拉运途中不能让工具在车上乱滚动,卸车时不能从车上摔下,应将工具摆放在井场地形较高、干净的地方。

2. 试配前的井下调查工艺

在注水井进行分层配注前,必须对井下情况进行全面和细致的调查,因为分层配注时井内要下入外径较大的分层注水工具,要求注水井有一个比较完好的井身结构和一个干净的井筒、井底,这样分层配注才能收到良好的注水效果。进行井下调查的内容有探砂面、冲砂、探人工井底、检查套管内径变化、检查射孔质量、检查管外窜槽、查油层部位、测吸水剖面等。

(1)探砂面、冲砂、探人工井底

有些注水井在排液阶段就有出砂现象,若排液后直接转注,砂子就会沉积在井底,分层注水前必须将砂子冲出地面。探砂面、冲砂、探人工井底可在试注管柱加深后进行,有关内容参见常规施工要求进行。

（2）检查套管内径变化

分层配注要下入注水封隔器把油层分隔开来，如果封隔器卡在套管变形部位，就会使封隔器不密封或密封不好，这样就达不到分隔油层的目的，无法进行分层注水。如果套管变形部位在射孔井段以上，则封隔器有下不去或被刮坏的可能。因此，在分层注水前，必须查清套管内径变化情况。其方法是用微井径仪检查，也可下入不同直径的铅模进行通井。

（3）检查射孔质量

如果用 58－65 型聚能式射孔弹射孔，由于炮弹爆炸的能量大，往往会使套管发生较大变形，甚至会发生破裂。如果不进行检查，把封隔器正好卡在套管变形较大或发生破裂的地方，封隔器就不能密封。因此对射孔层段部位更要详细检查，其方法也是用微井径仪检查，但是径向要用 1:200 的放大比例来测井。如发现有误射，应进行补孔。

（4）检查管外窜槽

分层注水是通过下入注水封隔器密封油套环形空间，把油层分隔开来，使其互不连通，如果套管外窜槽，尽管在套管内分隔了地层，而在管外两油层之间仍然是相互连通的，这样就达不到分层配注的目的。因此要进行分层配注，必须查清两油层之间在管外是否存在窜槽，如有窜槽，就要进行封堵。

①形成窜槽的原因

a.固井质量不好，水泥环没有把套管和井壁之间的环形空间封住，形成窜槽。

b.射孔时，射孔弹爆炸震裂水泥环，特别是用 58－65 型射孔弹射的孔，震动更大，使水泥环产生裂缝，形成窜槽。

c.管理或措施不当引起串通。在排液阶段或转注以后，由于生产压差过大或施工随意放喷，洗井时喷量过大，注水时操作不稳或发生井喷等原因，都会使地层大量出砂引起井壁坍塌，在管外形成窜槽。

d.分层作业时引起窜槽。在进行分层增产或增产措施时，分层压裂或酸化，压差过大会将管外地层憋串，特别是在夹层较薄时，更有憋串的可能。

e.套管腐蚀变形也会造成管外窜槽。

检查形成窜槽的原因，就应该尽力采取必要的防串措施，减少或防止窜槽的形成。如对出砂严重的井，应及时采取防砂措施，防止井壁坍塌；在分层酸化压裂时，对卡封隔器的夹层厚度要提出要求；对固井、射孔都要提高质量；对下井套管采取防腐措施等都是防止形成窜槽的有效方法。

②找串的方法

目前在油田上主要采用两种找串的方法：一种是用封隔器找串，应用比较普遍；另一种是用同位素找串。

a.封隔器验串法

下入水力压差式封隔器找串是一种比较简单和可靠的验串方法。根据验串时下入封隔器级数的多少，可分为单封隔器验串和双封隔器验串两种；验串的方法又可分为套压法和套溢法。

单封隔器验串法：下入单封隔器验串比较方便简单，它只用一级封隔器卡在要验证的两层中间的夹层上，封隔器下部接上配水器和底部球座即可进行验串。管柱结构见图5－10。

单封隔器验串管柱结构简单，它可以自下而上把所有要验层位一次验完。但是，每次验串注水时,封隔器以下层位都要注入水,如果吸水量太大,封隔器不易扩张密封。另外,计算单层吸水量时用逐层相减的方法,求得的分层注水量不够准确。所以,它只有在验串层繁多,隔层卡距大小不一,无法用双封隔器验串管柱一次下井完成多层验串的情况下才被采用。

双封隔器验串法:双封隔器验串管柱如图 5 - 11 所示。用两级封隔器把要验证的两个层段分隔开来,自下而上逐层验证。验串方法与要求和用单封隔器验串法相同。

b. 放射性同位素找串

用同位素找串的原理是利用往地层内挤入含放射性物质的液体,测得发射性曲线,然后与油层的自然放射性曲线做对比,来确定地层有无窜槽存在和窜槽井段。

(5)查油层部位

主要了解射孔部位是否在油层上,是否有误射现象,可下入放射性测井仪进行检查。若有误射层位,根据具体情况进行分析处理,对应射层位而未射井者进行补孔。

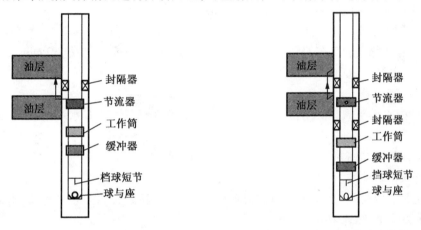

图 5 - 10 单封隔器验串管柱结构   图 5 - 11 双封隔器验串管柱结构

(6)测吸水剖面

为了掌握注水井中各个注水小层的吸水能力,为合理地分层配注提供依据,试配前测吸水剖面,求得各小层吸水百分比。一般采用发射性同位素载体法测得。

3. 试配施工步骤

(1)组配管柱

①在射孔井段顶界以上 10 ~ 15 m 处下保护套管封隔器一级(可洗井型)。

②注水管柱使用防腐油管。

③偏心配水器之间距离不应小于 8 m,撞击筒与尾管底部距离不小于 5 m。

④配水器应下至对准油层中部位置。

⑤封隔器卡点位置不能在炮眼、套管接箍和套管损坏部位。

⑥管柱完井深度应下至射孔底界以下 5 ~ 15 m,当井底口微不足时,可适当提高 3 ~ 5 m。

⑦丈量、计算管柱误差,油管每 1 000 m,实际累计长度与丈量累计长度误差不超过 ±0. 2 m,可用磁性定位校深来检查。

⑧要求对下井油管丈量 3 遍,计算结果一致。

（2）下管柱

①油管螺纹抹上密封脂或厌氧胶等。

②上正扣、上紧扣，上加扭矩达到标准要求。

③当管柱下至设计深度后，用磁性定位校对下井封隔器深度。如需调深度，可用油管短节对井内管柱的深度进行微调，达到设计要求后方可坐井口。

（3）坐井口、安装采油树

①把井口钢圈用柴油清干净，将钢圈擦洗干净，把钢圈放平、放正。

②对角上紧井口螺钉。

（4）反洗井

①连接好反洗井管线，油管、套管上装压力表。

②校对水表，进出口误差不超过5％。

③倒反洗井流程，按时计量进出口排量，做好记录。

④洗井排量按试注井要求进行至洗井合格。

（5）释放封隔器

按照下井封隔器的型号打压达到释放封隔器的释放压力要求，稳压30 min，观察套管至无溢流，即证实释放成功。

（6）投捞堵塞器

按设计配水嘴下入，如下井水嘴为可溶性的水嘴，则可待24 h水嘴溶化后，即可进行验封。

（7）验证封隔器密封。

（8）转入正常注水。

（9）交井。取得验封、注水和测试资料后，即可把井正式交给采油队管理，并在交接书上签字，作为验收、结算依据。

5.1.3.3 注水井的调整与重配

注水井在分层配注后，常常因地层情况发生变化，实际注入量达不到配注要求时，需要进行重新配水嘴，把换水嘴这一施工过程称为重配。或根据油田地下的需要，改变了原来的配注方案，配注量和封隔器位置都有改变时，把这一施工过程称为注水井的调整。

在井下工具损坏或失灵后，不能进行正常注水时，也要动管柱作业，起出检查更换井下工具。

根据下井管柱结构的不同，如果是活动式配水管柱，在封隔器和其他井下工具没有失败的情况下，需要调整水量或检查更换水嘴时都可以不动管柱，而只用小型绞车下入录井钢丝打捞出活动芯子，换上适当水嘴即可。对于井下管柱为固定式配水管柱，若需进行上述工作，则必须动管柱作业。

1. 调整、重配井配水嘴的选择

调整井和重配井都已经实行了分层配注，都有部分测试资料，因此，选择配水器应根据分层配注完成情况和测试资料进行选择，对原油水嘴适当调整（放大或缩小）就可以满足要求。如果有的配注层段原来水嘴比较合适，经检查水嘴没有堵塞或刺大现象时，则按要求换上新水嘴。当然，对新划分出来的层位，配水嘴的选择只能用计算法来选择水嘴。在一般情况下，对调整和重配井，用简单法或原理推算法就可以选择出合适的水嘴。

2. 准备工作

(1)有地质、工程方案,有设计人、审批人签字,变更方案必须经审批。

(2)现场调查,取得常规作业应有资料。

(3)按试配井对准备井下工具的要求进行准备。

(4)提前 24 h 通知管井单位关井降压。若在高寒地区,注意防止冻坏外井口设备和冻结管线,应采取放溢流降压的方式,开始 2 h 溢流量控制在 2 m³/h 以内,以后逐渐增大,最大不超过 10 m³/h。

3. 施工步骤及技术要求

(1)抬井口,安装控制井口装置。

(2)试提管柱,负荷正常,井内管柱无卡阻方可起油管。

(3)起油管。在起油管时观察油管有无穿孔漏失或螺纹刺漏。

(4)鉴定原管柱。对起出的管柱要详细检查,并把井下工具卸成单件,编号后送往工具车间进行试压鉴定,填写鉴定结果。根据鉴定情况与施工设计相结合,最后选择出合适的水嘴,装配完成后,一次把全部新下井工具运往井场。

(5)检查、丈量、组装管柱。对起出的防腐油管要认真检查,有死油要求用蒸汽刺净,对有弯曲和损坏的油管要调换备件。准确丈量油管,对下井的管柱要做到三丈量、三对扣;按设计要求组装配好下井管柱,并详细检查两遍,无差错时方可下井。

(6)下配水管柱,油管螺纹涂抹密封脂或厌氧胶,上扣扭矩达到质量标准要求。

(7)电磁定位校对封隔器卡点深度,准确无误即可坐井口,安装采油树。

(8)反洗井。按洗井质量要求洗井至水质合格。

(9)释放封隔器。按照设计封隔器型号对释放时的技术要求正打压,并稳压至套管保护封隔器密封无溢流,即证实释放成功。

(10)投捞配水堵塞器。如下井水嘴为死嘴子,则需捞出死嘴子,投入配注水嘴;如下井的是可溶性水嘴,则可待水嘴溶化后进行投注验封。

(11)验证封隔器密封。

(12)按全井配注水量,转入正常注水。

(13)交井。备齐验封资料、注水和测试资料后,即可进行交井验收结算。

4. 空心配水管柱组装和作业要求

(1)组装要求

①芯子与工作筒之间的密封盘根试压 10 MPa 不刺不漏,密封良好。

②芯子与工作筒之间的配合用手可以压入压出,不能用打入的方法,芯子上要涂上钙基黄油,组装好后要打上编号。如 401,402,403,按编号顺序,直径大的下井时接在上部,直径小的接在下部。

③节流器凡尔要求 0.5 MPa 时不喷水,0.7~0.8 MPa 时喷水,喷水要均匀。

④水嘴用环氧树脂黏结,要求水嘴不能突出芯子的外表面和内表面,环氧树脂不能堆积在内外表面上。

(2)作业方面的要求

除了要符合一般作业的要求外,还有以下 3 条要求:

①井口和全井油管必须用 φ60 m 的内径规通过。

②空心配水器必须按编号顺序下井,由上到下的顺序是 401,402,403,404,严防装错。

5. 偏心配水管柱施工要求

（1）偏心配水管柱必须使用涂料防腐油管。

（2）配管柱要求

①两配水器之间距离应在 8 m 以上，特殊情况下也不能小于 5 m，以保证在投捞活动芯子和分层测试时，投捞工具和测试仪器有一定的活动范围。

②撞击筒至底部凡尔距离不应小于 5 m。若用 635 – 3 丙₁ 配产器代替撞击筒和底部凡尔时，底部尾管不应小于 5 m，以沉淀泥沙和铁锈，在每次施工时必须把尾管里面的泥沙、砂锈等脏物清除干净。

③撞击筒或用 625 – 3 丙₁ 作撞击筒时，要与最下一级配水器之间距离保持 10 ~ 15 m。

④封隔器与配水器不要直接相连。

⑤必须按配水器编号大小依次下井，小号在上，大号在下。

（3）下管柱要求

①对有定位螺钉的配水器在上扣卸扣时，要特别注意搭管钳的位置，防止扭断定位螺钉。上卸配水器母扣时，管钳搭在上接头处，上卸配水器公扣时，管钳搭在下接头处。

②油管丝扣要刷洗干净，如果丝扣上有涂料必须清除掉。

③管体有弯曲、丝扣有损坏的油管和短节不许下井。

④新转注井或洗井时出油的注水井采用正洗井管柱结构（625 – 3 丙₁ 配产器代替撞击筒和底部凡尔，丙₁ 堵塞器要装上死嘴子），防止死油进入油管内，以免影响以后投捞测试工作。

5.2 套管修复与侧钻

5.2.1 套管损害的原因及判断

随着油水井开采年限的增长以及工程因素和地质因素的影响，油水井套管必将出现不同程度的损坏而影响生产。油田工作者按照"预防为主，防修并重"的方针，一是研究套管损坏（简称套损）的机理，制订配套的防护措施；二是研究套损井修复技术，增强大修作业修复能力，尽可能减缓套管损坏速度，延长油水井的使用寿命，提高油田开发的后期经济效益。因此，进行套管损坏原因分析，采取套管保护措施及套管的整形作业就成了开发后期的一项重要工作。

5.2.1.1 套管损坏的原因

1. 地质因素

地层（油层）的非均质性、地层倾角、岩石性质、地层断层活动、地震活动、地壳运动、地层腐蚀等情况是导致油水井套管技术状况变差的客观条件。这些内在因素一经引发，产生的应力变化是巨大的、不可抗拒的，无疑会使油水井套管受到严重损害，导致成片套管损坏区的出现及局部小区块套管损坏区的出现。这将严重干扰开发方案的实施，威胁油田的稳产，给作业、修井施工增加极大困难。

（1）地层的非均质性

对于陆相沉积的砂岩、泥质粉砂岩油田，由于沉积环境不同，油藏渗透性在层与层之间、层内平面都有较大的差别。即使划分了层系，同一层内各小层渗透率仍相差很大，有的相差 10 倍(如大庆油田),有的相差几十倍(如胜利油田)。在注水开发过程中,油层的非均质性将直接导致注水开发的不均衡性,这是引发地层孔隙压力场不均匀分布的基本地质因素。图 5 - 12 为非均质地层渗透率分布示意图。

(2)地层(油层)倾角

对于陆相沉积的油田,一般储油构造多为背斜构造和向斜构造,由于背斜构造是受地层侧压应力为主的褶皱作用,一般在相同条件下,受岩体重力的水平分力的影响,地层倾角较大的构造轴部和陡翼部比倾角较小的部位更容易出现套损,如图 5 - 13 所示。由图可以看出,对于地层(油层)构造不同的背斜构造油层,当倾角 $\alpha > \beta$ 时,左侧比右侧容易发生套损。

(3)岩石性质

在沉积构造的油气藏中,储存油气的多为砂岩、泥砂岩、泥质粉砂岩。如大庆油田、辽河油田、胜利油田大都是这种泥砂岩沉积构造。

对于注水开发的泥砂岩油田,当油层中的泥岩及油层以上的页岩被注入水侵蚀后,不仅使其抗剪强度和摩擦系数大幅度降低,而且还会使套管受岩石膨胀力的积压,同时,当具有一定倾角的泥岩遇水呈塑性时,可将上覆岩层压力转移至套管,使套管受到损坏。

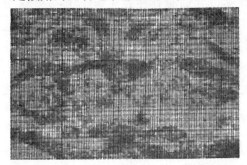

图 5 - 12 非均质地层渗透率分布示意图

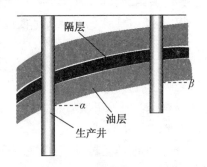

图 5 - 13 地层倾角影响示意图

如图 5 - 14 所示,注入水长期作用在泥岩、页岩上,使之膨胀。地应力变化将套管挤压变形,当地层倾角较大时,在上覆岩层重力及注水作用下,沿地层沉积层理、地层间移动摩擦系数减小,产生滑动,迫使套管错断损坏。

(4)地层断层活动

在沉积构造的油田中,由于地球不断运动,各地区地壳沉降速度不尽相同。在地层沉降速度高的地区和油层断层本身所处的构造位置均会促使断层活动化,特别是注入水侵蚀后,更加剧对套管的破坏作用,造成成片套损区的发生。套损深度与断层通过该井区的深度相同,断层活跃程度高的地区也恰好是现代地壳运动沉降速度较高的地区,而且是在油层构造的顶部和陡翼部。

如图 5 - 15 所示,在注水开发过程中,由于断层附近是地应力相对集中的地区,也是产生断层滑移的基本条件。由于断层面的倾角一般都较大,在长期注入水侵蚀、重力的水平分力和断层两侧地层压差的作用下,会出现局部应力集中,使上下盘产生相对滑移,挤压套管,从而导致套管严重损坏。

一个区块被多条断层切割,而且标准层和断层面都形成大范围的侵水域时,在区块压差的作用下将导致成片套损的出现。

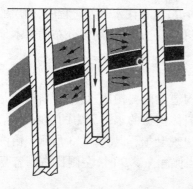 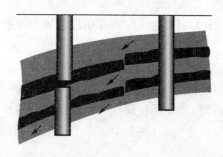

图 5－14　岩石性质变化对套损影响示意图　　　　图 5－15　断层活动对套损影响示意图

（5）地震活动

地球是一个不停运动的天体，地下地质活动从未间断。根据微地震监测资料，每天地表、地壳的微地震达上万次，较严重的地震可以产生新的构造断裂和裂缝，也可以使原生构造断裂和裂缝活化，因此，它也是导致套管损坏的一个重要因素。

例如，美国的某油田在 1947 年地震后，100 多口井的套管在井深为 470～520 m 处损坏，1949 年和 1951 年两次地震都使成片油水井套管损坏。套管损坏的直接原因是岩层产生水平位移，使套管被剪切错断，严重弯曲变形。

地震后，大量注入水通过断裂带或因固井胶结第二界面问题进入油顶泥岩、页岩，泥岩、页岩吸水后膨胀又产生黏塑性，使岩体产生缓慢的水平运动。这种缓慢的蠕变速度超过 10 mm/a 时，油水井套管将遭到破坏。

（6）地壳活动

地球在不断地运转，地壳也在不停地缓慢运动，其运动方向一般有两个：一是水平运动（板块运动）；二是升降运动。地壳缓慢的升降运动产生的应力可以导致套管被拉伸损坏，而损坏的程度和时间则取决于现代地壳运动升降速度和空间上分布的差异。例如，苏联的巴拉哈内－萨布奇－拉马宁油田是一个典型短轴背斜构造，1937—1982 年间，由于构造顶部和构造翼部，现代地壳运动的升降速度达到了 30～18 mm/a，油水井套管损坏时间为 3～4 a。当不同地区升降速度减缓到 4～5 mm/a 时，套损时间延长到 16～20 a。因此，不仅地壳运动能损坏套管，而且其升降运动的速度也直接影响套管损坏的速度。

（7）地层腐蚀

地表地层腐蚀是不可忽视的导致套损的原因之一。这是因为浅层水（300 mm 以上）在硫酸盐还原菌的作用下产生硫化氢，这将严重腐蚀套管。有硫化物的浅层水在含氧量只有十亿分之几的条件下将会引起套管的腐蚀。这将造成在作业过程中的压力作用下穿孔，或在生产压差下产生孔洞。地表地层的化学作用会引起注水井套管的腐蚀，这些已被各油田修井工作陆续证实。

2. 工程因素

地层因素是客观存在的因素，往往在其他因素引发下成为套损的主导因素。采油工程中的注水，地层改造中的压裂、酸化，钻井过程中的套管本身材质，固井质量，固井过程中的套管串拉伸、压缩等因素均是诱导地质因素产生破坏性地应力的主要原因。因此，对于一个油田的某一区域、某一口井，这些因素综合作用的结果便出现了套损井、套管损坏区块。

（1）套管材质

套管本身存在微孔、微缝，螺纹不符合要求及抗剪、抗拉强度低等质量问题，在完井以后的长期注采过程中将会出现套管损坏现象。

螺纹加工不符合要求，或由于损伤而不密封。完井后，由于采油生产压差或注水压差长期影响，导致管外气体、流体从螺纹不密封处渗流进入井内，或进入套管与岩壁的环空，分离后并聚集在环空上部，形成腐蚀性强的硫化氢气塞，将逐渐腐蚀套管，造成套损，如图 5 - 16 所示。在图 5 - 16 中，有一处不密封（或多处）渗漏管外气体、流体进入无水泥的环空井段，长期注水、采油，环空的聚集物将分离出硫化氢等气体而腐蚀套管，造成孔洞型管外漏失。

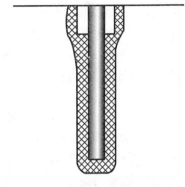

图 5 - 16　螺纹失效对套损影响示意图

（2）固井质量

固井是钻井完井前极为重要的工序，它直接关系到井的寿命和以后的注采关系。固井施工由于受各方面因素影响较多，固井质量难以实现最优状况。如果钻井井眼不规则，井斜，固井水泥不达标，顶替水泥浆的顶替液不符合要求，水泥浆的密度低或高，注水泥后套管拉伸载荷过小或过大等，都将影响固井质量，而固井质量的优劣将直接影响套管完井质量与寿命。

在固井过程中，由于水泥问题、钻井液滤饼问题、固井前冲洗井壁与套管外干净程度等问题，往往造成水泥与套管、水泥与岩壁胶结固化不好，即所谓两个界面胶结不好。这将使套管未加固部分又增添了压缩载荷，再加上驱替水泥浆过程中顶替液密度低，使套管外部静液柱压力大于套管内部静液柱压力，套管实际处在被压缩状态中。因此，在水泥浆固结后，胶结不好的部分常常会出现套管弯曲。

（3）完井质量

完井方式对套管影响是很大的，特别是射孔完井法，射孔工艺选择不当：一是会出现管外水泥环破裂，甚至出现套管破裂，部分井套管内径在射孔后增加 2 ~ 4 mm。二是射孔时深度误差过大或者误射。射孔准确恰当对于二次加密井、三次加密井的薄互层尤为重要。误将薄层中的隔层泥岩、页岩射穿，将会使泥岩、页岩受注入水侵蚀膨胀，导致地应力变化，最终使套管损坏。三是射孔密度选择不当将会影响套管强度。如在特低渗透的泥砂岩油层采用高密度射孔完井，长期注水或油井油层酸化、压裂改造，短时间的高压也会将套管损坏。

（4）井位部署

断层附近部署注水井，容易引起断层滑移而导致套管损坏。注水井成排部署，容易加剧地层孔隙压差的作用，增大水平方向的应力集中程度，最终导致成片套损井的出现。大庆油田在预防新套损井的出现方面做了有利尝试，已见到明显效果。如在井网调整过程中，一般断层两侧不再部署新注水井，对断层两侧已有的注水井停注或降低注水强度控制注水，将已有的行列注水井网调整为面积注水井网。这样一来，既有利于提高剩余可采储量，又有利于油水井之间的附加水平应力相互抵消，防止因水平应力单方向集中而出现成片套损井。

（5）开发单元内外地层压力大幅度下降

对于注水开发的油田，由于开采方式的转变，加密、调整井网的增多，以及对低渗透、特低渗透地层提高压力注水等，注水井提压注水、控制注水、停注、放溢流降压等措施，使地层孔隙压力大起大落，岩体出现大幅度升降。如新钻调整井、加密井需在同一区块内停注、放溢流降压等，由于地层孔隙骨架是一个弹性体，在恒定的上覆岩层压实作用下，其体积随油层孔隙压力大小而变化，当油层孔隙压力升高时，将引起孔隙骨架膨胀（即长期大量注水）；当孔隙压力降低时，将引起孔隙骨架的收缩（如长期停注、欠注、大量放溢流等）。

在同一区块内，因油层的非均质性和井网部署的影响使油层孔隙压力分布不均匀，从而引起孔隙骨架不均匀地膨胀与收缩，导致局部地面升降，造成局部应力集中而出现零星套损井。当区块之间形成足够大的孔隙压差时，特别在行列注水开发条件下，泥页岩和断层面大面积浸水时，会导致成片套损井的出现。

（6）注入水浸入泥页岩

在注水压力较高（一般为 13.5 MPa 以上）条件下，注入水可从泥岩的原生微裂缝和节里浸入，也可沿泥砂岩界面处浸入。注入水对页岩则是沿其层理或泥页岩、砂岩界面浸入，形成一定范围的浸水域。这种浸水域在相当长时间内会导致岩体膨胀、变形、滑移，最终导致套管的损坏。

（7）注水不平稳

在笼统注水条件下，对非均质油层其层间差异增大，高渗透区的吸水能力大成为高压区，低渗透区的吸水能力低成为低压区，层间压差增大，分层注水差的层间压差也较大。在层间，区块之间注采不平衡，有的超压超注或低压欠注，超压注水区将促进浸水域扩大，增大岩体的不稳定性，造成成片套损井的出现。另外，由于井下作业开发调停等，注水井时关时开，开关不平稳；钻调整井时关停注水井，成片集中停注，之后又集中齐注，使套管瞬时应力变化幅度过大，这些都将影响岩体的稳定，最终会导致套损井的出现。

（8）注水井日常管理

注水井日常管理是非常重要的，按"六分四清"要求，应做到注水量清、注水压力清、分层产液量清与分层含水清，但由于日常对注水井管理不严，管阀配件损坏，管线漏水且维护不及时，对全井注水量或分层注水量不清，对异常注水井发现不及时或发现后未采取措施，也或采取措施不当，造成非油层部位长期进水，对套管井不及时处理而成为水浸通道，进一步扩大浸水范围。所有这些都是导致套损井出现的因素。

5.2.1.2　套管损坏类型

根据国内外油田套管损坏资料，套管损坏基本类型有径向凹陷变形型、套管腐蚀孔洞－破裂型、多点变形型、严重弯曲型、套管错断型（非坍塌型）以及坍塌型套管错断。

1. 径向凹陷变形型

由于套管本身某局部位置质量差，强度不够，在固井质量差及长期注采压差作用下，套管局部某处产生缩径而某处扩径，使套管在横截面上呈内凹形椭圆形，如图 5-17 所示。图中 $A—A$ 截面上已不再是基本圆形，长轴 D 大于短轴 d，据资料统计，一般长、短轴差 14 mm以上。当此值大于 20 mm 时，套管可能发生破裂。

这种径向凹陷变形套管损坏是套损井的基本变形形式。

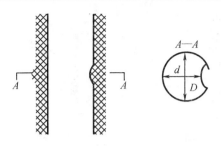

图 5 - 17　径向凹陷变形示意图

2. 套管腐蚀孔洞 – 破裂型

由于地表浅层水的电化学作用长期作用在套管某一局部位置,或者由于螺纹不密封等长期影响,套管某一局部位置将会因腐蚀而穿孔,或因注采压差及作业施工压力过高而破损,如图 5 – 18 所示。

腐蚀孔洞 – 破裂型等情况多发生在油层顶部以上,特别是在无水泥环固结井段,往往造成井筒周围地面冒油、漏气,严重的还会造成地面塌陷。

3. 多点变形型

由于套管受水平地应力作用,在长期注采不平衡条件下,地层滑移迫使套管受多向水平力剪切,套管径向内凹陷呈多点变形,如图 5 – 19 所示。

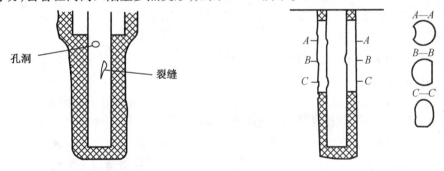

图 5 – 18　套管腐蚀孔洞 – 破裂型示意图　　　图 5 – 19　多点变形示意图

多点变形型井不多,但却是一种极其复杂的套损井况。

4. 严重弯曲型

由于泥岩、页岩在长期水浸作用下岩体发生膨胀,产生巨大的应力变化,岩层相对滑移剪切套管,使套管按水平地应力方向弯曲,并在径向上出现严重变异(图 5 – 20)。

严重弯曲变形的套管,其内径已不规则,多呈基本椭圆变形,长短轴差不太大,但两点或三点变形间距小,近距点一般在 3 m 以内。若两点变形距离过小,则会形成硬件急弯(即小于 150°),$\phi 2$ m 的通井轨不能通过。这是较多见的复杂套损井况,也是较难修复的高难井况。

5. 套管错断型(非坍塌型)

油水井的泥岩、页岩层由于长期受注入水形成浸水域,泥岩、页岩经长期水浸,膨胀而发生岩体滑移。当这种地壳升降、滑移速度超过 30 mm/a 时,会导致套管被剪断,发生横向(水平)错位。由于套管在固井时受拉伸载荷及钢材自身收缩力作用,在套管产生横向错断后,便向上、向下即各自轴向方向收缩。套管错断及位移情况如图 5 – 21 所示。

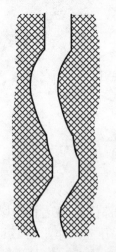

图 5-20　严重弯曲型示意图

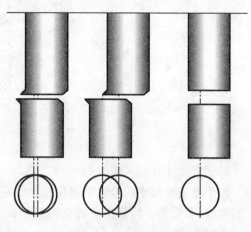

图 5-21　套管错断型示意图

(1)65 mm 以上大通径型错断,即套管上、下断口横向位移,两断口间的上、下轴线间尚有 65 mm 以上通道。这种井况尚可实施修复措施。

(2)65 mm 以下小通径型错断,即套管上、下断口横向位移,两断口间通道小于 65 mm 或者无通道。这种小通道错断井是目前修复措施难以实施的复杂井况,尤其是断口以下还有原井部分管柱和井下工具,这给修复工作又带来很大困难。

(3)断口通径基本无变化的上下位移型,即上、下断口间水平通径大于 118 mm,上、下断口间距离一般小于 30 cm。这种井况相对容易采取措施,也便于措施的实施。

6.坍塌型套管错断

地层滑移、地壳升降等因素会导致套管错断,其地应力首先作用在管外水泥环上,使水泥环脱落、岩壁坍塌,泥、砂和脱落的水泥环及岩壁碎屑、小直径的碎块等则在地层压力流体作用下由错断口处涌入井筒,堆落井底并向上不断涌积,卡埋井内管柱及工具。在井筒内压力较高时,这种涌入不断向井口延展(图 5-22)。这是目前极难采取修复或报废处理的复杂套损类型。

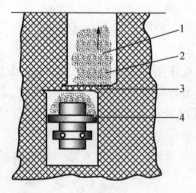

图 5-22　坍塌型错断示意图

1—泥砂岩屑脱落;2—水泥环碎屑;3—端口;4—井内工具管柱

5.2.1.3 套管损坏判断

1.套损井的判断方法

(1)作业施工过程中起下钻困难,有遇阻或挂卡现象。

(2)洗井中洗井液大量漏失,严重的会返出水泥块或泥浆。

(3)生产中突然发现大量淡水和泥浆。

(4)生产中井口压力下降,产量猛减。

(5)注水井突然发生泵压下降,注水量增大,但注不到目的层位。

(6)套管试压不合格,打不起压力。

(7)井口附近地面冒油。

当发现上述现象后,应该进一步判断套管变形情况是凸凹、破裂,还是断裂错位,以及查看损坏位置、破裂大小、形状等。

2.探损工艺

(1)套管变形:采用下述方法来确定套管变形的位置、形状以及最小直径等。

①使用不同直径的平底铅模、锥形铅模进行打印,根据印痕进行分析。

②使用小直径工具、钻具试一下,以判断变形程度。

③应用井径测量和小电极距、电阻测量,以求得变形的位置及变形后的内径。

④井壁成像测井。

(2)破裂:无论是哪一种破裂,都必须首先找出破裂的位置、大小及形状。目前常用的判定方法有同位素测井、微井径测井、双水力封隔器找漏及压木塞等。在确定了套管破裂的位置、形状和大小以后,就可以根据其破裂情况及以后的技术要求进行修理。

(3)错断套管错断的位置及错位情况可通过通井打印的方法来确定。一般根据套管错断位移的不同可分为3种情况:断裂但没有错位;错断并错位,但错位不严重;发生严重错位,以至于打印时摸不着下段套管,铅模下部呈现出打在地层上的痕迹。

5.2.2 套管整形

5.2.2.1 机械整形

机械整形方法的原理是利用钻杆柱及配重钻铤传递动力,如快速下放的重物的重力及加速度产生的冲击力,转盘旋转带动钻具的扭转动力等,使冲胀式整形工具、旋转碾压整形工具、旋转震击冲胀整形工具等产生上下往复式、旋转碾压挤胀式、旋转震击挤胀式动作,对变形或错断部位的套管做功。当整形工具做功足以克服或大于地应力对套管的挤压力和套管本身的弹性应力时,变形部位的套管则逐渐被冲胀、碾压、敲击而恢复径向尺寸,从而完成对变形或错断部位的套管整形修复。

1.冲胀法

(1)第一次整形时,胀管器工作面尺寸大于变形或错断直径2 mm。

(2)下放遇阻后上提2 m左右的冲击距离,向下快速下放钻柱,反复挤胀变形套管,直到顺利通过为止。

(3)更换大一级差胀管器,再次挤胀,直到通径达到要求。

2.旋转碾压法

旋转碾压法利用钻具传递转盘扭转动力带动旋转碾压整形工具(偏心辊子和三锥辊子)转动,在一定的钻压下旋转对变形部位的套管整形碾压、挤胀,在不断的连续碾压、挤胀作用下,变形部位的套管逐渐恢复到原径向尺寸。三锥辊子结构如图5-23所示。

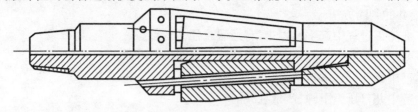

图5-23 三锥辊子结构示意图

3.旋转震击整形法

旋转震击整形法利用钻杆及配重钻铤传递转盘扭转动力,带动旋转震击器转动,因工具结构设计中整形头为一个螺旋形曲面,等分成3个高低不同的台肩,因此钻柱每转动一周,工具的锤体即对整形头有3次震击,从而对变形部位的套管产生3次冲击挤胀。

5.2.2.2　爆炸整形

爆炸整形复位最适合于变形、错断通径小于95 mm,机械整形无法实施的井况。原则上要求爆炸后无任何金属碎片产物落井,且整形效果达原套管径向尺寸的95%~105%。图5-24为爆炸整形装置结构图。

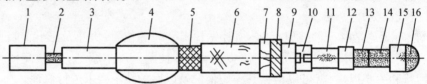

图5-24　爆炸整形装置结构示意图

1—磁定位器;2—安全电缆;3—加重杆;4—扶正器;5—胶塞;6—雷管室及雷管;7—压帽;
8—胶圈;9—接头;10—变扣接头;11,14—药柱;12,15—短接;13—炸药;16—导向丝堵

5.2.2.3　磨铣整形

对于套管由于射孔、腐蚀破坏后形成的卷边和毛刺以及套管缩径比较严重的井及错断井,通常采用磨铣法打通道。磨铣打开通道后通常需要进行套管补贴、下入衬管、注水泥封固等以加固套管修复段。常用的磨铣工具主要有长锥面铣锥、短锥面铣锥、螺旋线型铣柱等,磨鞋体的铺焊部分有直线型、斜线型和螺旋线型3种。遇有套管中度或严重变形并已产生破裂的情况,使用一般的胀管器修复效果不大时,可使用锥形磨鞋进行整修,把突出部分磨掉,并从坏套管处挤入水泥浆进行封固。

近几年来,针对不同的套损情况,在套管打通道技术上开发出系列新式修套工具,如图5-25所示。

5.2.3　套管补贴

5.2.3.1　套管补贴原理及工具

1.套管补贴的原理

套管补贴装置是在耐高压橡胶筒(即封隔器)上套着波纹管,波纹管靠两端的卡环固定,上连树脂缸和扶正器,下连用于平衡压力的喷嘴。套管补贴工具结构如图5-26所示。进行套管补贴时,将套管补贴器下到套管损坏位置,憋压使胶筒膨胀,撑圆波纹管;靠波纹管口所在树脂缸里挤出的环氧树脂黏合剂使波纹管紧贴于套管损坏处;泄压,活动钻具,等候树脂固化24 h后试泵起钻。

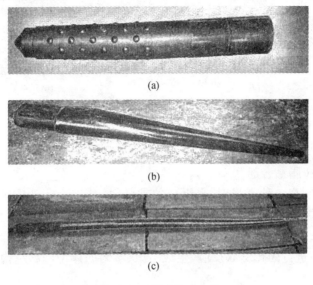

图5-25 新式修套工具

(a)滚珠整形器;(b)偏心胀管器;(c)探针式铣锥

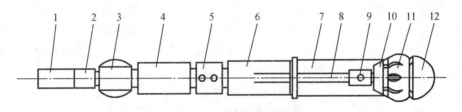

图5-26 补贴工具结构示意图

1—油管;2—短接;3—滑阀;4—震击器;5—水力锚;6—液缸;7—波纹管;
8—拉杆加长杆;9—安全接头;10—刚性胀头;11—弹性胀头;12—导向头

遇有套管破损段较长情况,采用长波纹管补贴法较适宜。其具体方法是用两个封隔器接带眼的传压管,根据波纹管的要求连成任意长度,两端先用胶皮筒胀起,然后打开中间定压阀,靠水压胀开全部波纹管。

2. 补贴套管封隔器

补贴套管用的封隔器具有水力压差式封隔器的性能,憋压时胶筒胀大,泄压时胶筒收缩。此封隔器胶筒长、耐压高、直径小,适应性强,还可以多次使用。

3. 波纹管

补贴套管用的波纹管应具有一定的耐腐蚀性,特别要求其塑形和韧性要好,最理想的是用普通低合金结构钢按《金属材料弯曲试验方法》(GB/T 232—2010)冷拔成壁厚为2.5~3 mm的无缝钢管。在未拉波纹管之前,无缝钢管的外径比所贴补套管的内径小3~5 mm,经过退火处理后,用波纹管拉制器将其拉制成具有10个槽的波纹管,波纹管外径要求比贴补套管的内径小8 mm以上,以便顺利进行起下。波纹管截面示意图及外形图如图5-27所示。

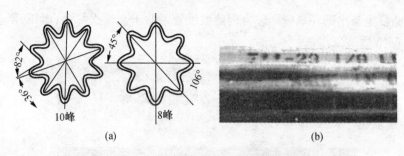

图 5 – 27 波纹管截面示意图及外形图

(a)示意图;(b)外形图

4. 改性的环氧树脂黏合剂

环氧树脂黏合剂是一种高强度、多组分的黏合剂,对各种材料都有良好的黏合性能。环氧树脂黏合剂主要由环氧树脂和固化剂两大组分组成,其中环氧树脂本身是一种热塑性线性结构的化合物,不能直接做黏合剂,必须加入固化剂和增韧剂、稀释剂、填料等改性材料,并在一定条件下进行固化交联反应,生成不熔、不溶的体型网状结构后,才有实际使用价值。

该黏合剂黏合能力强,固化后具有收缩小、耐腐蚀、耐热性、耐化学药品及有机溶剂的性能。同时,环氧树脂在不加入固化剂时可长期储存,而且使用方便。但是,未改性的环氧树脂耐热性及韧性差、较脆,固化前不耐油、不耐水,尤其是遇水后只要 1 min 就变白而自动脱落。

为确保贴补套管获得成功,预先应在地面进行试验。多次地面模拟试验证明,在空气中贴补效果最好,在原油和蜡中贴补就差些。封隔器胶筒以 12 MPa 压力将原油、蜡和杂质等挤到胶皮筒两端及破裂处,贴补后套管耐压 8 MPa 以上。

5. 滑阀

滑阀上扶正器的弹簧片与套管内壁紧密贴合,下井工作时,滑阀上端与油管柱相连,下端与震击器相连。由于套管壁与扶正器的摩擦作用,在上提或下放管柱时,滑阀分别处于关闭或打开状态,起切断或连通油管与油套环空的作用。图 5 – 28 为滑阀示意图。

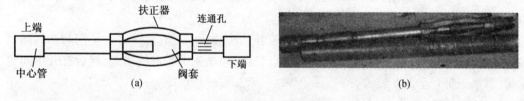

图 5 – 28 滑阀示意图

(a)结构图;(b)外形图

6. 震击器

开式震击器接在滑阀下部、水力锚上部。其作用是当水力锚失效,锚爪不能收回,或胀头等工具遇卡阻提不动时,向下震击解卡,以保证管柱及补贴工具在泄压后可以自由上、下活动。图 5 – 29 为开式震击器结构示意图。

7. 水力锚

水力锚的主要作用是在补贴波纹管入井到补贴井段后,在补贴工具开始工作时,固定波纹管在某一位置保持相对不动,使波纹管定位,以便保证补贴部位的准确。图 5 – 30 为水力锚示意图。

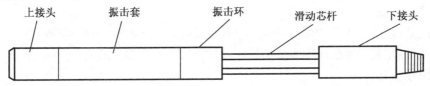

图 5 - 29 开式震击器结构示意图

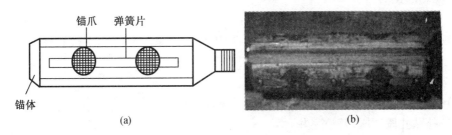

(a)   (b)

图 5 - 30 水力锚示意图

（a）结构图；（b）外形图

8. 双作用液压缸

双作用液压缸的主要作用是将液压力转变成活塞拉杆的机械上提力,实现胀头上行胀开、胀圆波纹管,完成补贴动作。图 5 - 31 为双作用液压缸结构示意图。

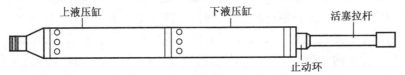

图 5 - 31 双作用液压缸结构示意图

9. 胀头部分

胀头部分的主要作用是将液压缸活塞及活塞拉杆的上提力变成刚性胀头和弹性胀头的上提力,对相对定位的波纹管做功。刚性胀头呈锥状,首先进入波纹管并将其初步胀圆胀大成喇叭口状。随后进入的弹性胀头呈瓣球状的工作面再次接触被胀成喇叭口状的波纹管,使其被充分胀圆胀大,紧紧地贴补在套管内壁上,完成补贴。由于活塞上升行程只有1 500 mm,所以一次只完成 1 500 mm 的波纹管补贴,故而需一个行程完成后上提1 500 mm 行程再次拉开活塞拉杆,完成第二行程补贴。如此反复,直到全部完成。胀头部分的结构图和外形图如图 5 - 32 所示。

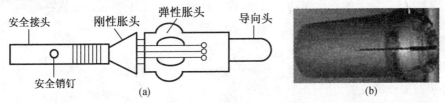

(a)   (b)

图 5 - 32 胀头部分示意图

（a）结构图；（b）外形图

5.2.3.2　套管补贴施工工序及具体补贴方法

1. 套管补贴施工工序

(1)通井:按所下工具的最大外径确定通井规的外径和长度,通井到预定位置。

(2)找漏:用封隔器憋压的方法和磁性定位器确定套管损坏的位置。

(3)模拟通井。

(4)计算补贴管柱深度,连接补贴工具。

(5)配制固化剂。

(6)下补贴管柱。

(7)补贴:管柱下入目标位置,开泵循环工作液1~2周,正常后,上提管柱1.5 m,关闭滑阀。

(8)候凝固化。

(9)检测补贴深度位置。

(10)补贴井段试压,替喷完井。

2. 具体补贴方法

常用补贴方法有连续憋压法和憋压连续上提法两种。

(1)连续憋压法补贴

连续憋压法补贴的具体步骤为:工作液循环正常后,关闭滑阀,管柱内憋压。升压应缓慢,升压程序为10 MPa—15 MPa—25 MPa—28 MPa—32 MPa,一般不使用35 MPa的最高工作压力,当压力点达25.2 MPa时,稳压2~5 min。最后达32 MPa时,应至少稳压5 min。一般情况下,压力达32 MPa时补贴已经完成,即活塞拉杆第一个1.5 m行程回缩完成,已将波纹管胀大胀圆约1.5 m长距离。32 MPa压力稳压完成后放净管柱内压力,缓慢上提管柱,悬重应与补前管柱相同,或再次拉开活塞拉杆,有2~3 kN(200~300 kg)的悬重增加。上提行程不超过1.5 m,但也不应低于1.4 m,使活塞拉杆第二次被拉出,做好第二行程的憋压补贴。上提1.5 m行程正常后,即可开泵憋压按上述升压程序完成第二行程的补贴。重复上述憋压、放空、上提1.5 m程序,一直将入井波纹管完全胀开胀圆,完成补贴。

(2)憋压连续上提法补贴

憋压连续上提法补贴就是第一行程需经水力锚定位波纹管,靠液缸将液压力转变为胀头的机械上提动作,实现对波纹管的胀挤。

该方法的具体步骤为:波纹管下到补贴井段后,用憋压法完成第一行程的补贴,之后放净管柱内压力,缓慢上提管柱,在1.5 m的空载行程(即再次拉开活塞拉杆的行程)内,管柱悬重应无明显变化;当行程已达1.5 m时,管柱悬重已开始增加。一般情况下,当悬重增加较明显,已超过管柱净悬重10 kN以上时,说明第一行程补贴已发生作用,上提补贴已开始,即胀头已对波纹管余下的长度做功,此时保持100 kN以内的上提负荷完成补贴。

5.2.3.3　套管补贴工艺技术在修井工程上的应用

1. 修井类补贴

修井类补贴的主要内容是补漏。在施工中应抓住以下要点:

(1)掌握漏点的位置、几何形状和面积。

(2)由于波纹管厚度为3 mm,其强度有限,故漏点面积超过10 cm^2,或裂缝长度超过50 cm,宽度超过2 cm时,应采取其他修井工艺。

(3)套管补贴后,由于贴补一层波纹管,其内径缩小6~7 mm,故在进行补贴施工设计时,应考虑到此点对于此井以后的修井作业和生产工艺的影响。

2. 工艺性补贴

工艺性补贴主要是封堵炮眼。考虑到一般套管经过射孔后其内径要扩大 2~3 mm 的因素,又考虑到补贴工艺中胀头选用是根据补贴套管内径确定的,为了保证胀头能正常工作又不影响补贴段的质量,需采取如下措施:

(1)在应补贴的射孔段位置的波纹管外壁上加贴 1 mm 厚的玻璃丝布。

(2)射孔段的实际扩径数值决定贴补玻璃丝布的层数。

(3)下井管柱必须丈量准确,下入位置必须准确。

(4)用磁性定位进行测井校对,确认下入位置无误时方可进行补贴。

3. 二次补贴

所谓二次补贴,就是指同一井口已经补贴过一次,由于又发现新的套损点或其他工艺需要还需进行一次补贴。

如果二次补贴的补贴段位置在已补贴段的下部,为了能使弹性胀头顺利通过已补贴段,应使弹性胀头处于被压缩超过 2.8 mm 的状态下通过已补贴段。在套管补贴工具的设计中已充分考虑到这个问题,并制订了相应的措施。

(1)用胀头卡紧器卡住弹性胀头的圆球工作面,用扳手分别将相对两瓣卡紧,当圆球工作面压缩 7 mm 时,它头部的小台肩就可塞进刚性胀头下部的小圆槽内而被锁住。

(2)二次补贴前应准确掌握已补贴段的内径及其他情况。

(3)当工具和波纹管即将下到已补贴段时,应缓慢下放管柱和工具。

(4)当二次补贴结束后,管柱的上提速度要慢,直至指重表读数回到管柱及工具的正常悬重为止,然后可按正常管柱起出。

5.2.4 套管更换

利用套铣钻头、套铣筒、套铣方钻杆等配套钻具,在钻压、转速、循环排量 3 个参数合理匹配的情况下,以优质取套工作液造壁防坍塌、防喷、防卡、防断脱、防丢(鱼头),进行组合切割、适时取套、示踪保鱼(下断口)、修鱼(下断口)、找正等措施技术,完成对套管外水泥帽、水泥环、岩壁及管外封隔器等的分级套铣、钻扩、磨铣,取出被套铣套管,下入新套管串补接或对扣,最后固井完井。

5.2.4.1 套铣综合措施

1. 适时取套

适时取套就是每套铣一定深度后,将被套铣套管从套铣筒中取出来,以免因被套铣套管过长而弯曲,严重磨损套铣筒造成循环不畅、内片钻的发生。适时取套一般每套铣 80~120 m 取套一次。

两种取套方法如下:

(1)机械式内割刀切割打捞法

采用机械式内割刀取套,当卡瓦在预定深度坐牢时,支撑点和刀片之间的距离非常短,可以避免割刀在井下切割套管时可能造成的导体弯曲、刀片震碎。割刀下井过程中刀片不会自动张开切割套管,割刀可以根据需要收缩到刀架内,也可以在某一预定深度重新打开,操作安全且省时间,几分钟之内就可以把欲替换的损坏套管割断。

（2）倒扣打捞法

倒扣打捞又分为单管柱倒扣和同心管柱倒扣。同心管柱倒扣时，井内需要下入内、外两套管柱。

2. 示踪保鱼

示踪保鱼就是在全部套铣过程中始终保持被套铣套管，鱼头（下端口）不被丢掉。管柱示踪法一般在断口上部套管被全部取出前进行，即断口以上还剩有 30～50 m 套管时，在套铣筒内对断口处进行修整，使断口尽量复位、扩径。然后用 2 级压缩式封隔器直接相连，接在油管柱或钻杆柱尾端，封隔器尾部接尾管、丝堵。

将管柱下入被套铣套管内，封隔器通过断口（如封隔器通过断口有困难，可改用套管捞矛通过断口）使上封隔器距离断口 3～5 m，上封隔器以上管柱长度应小于井内套管长度 2～3 m，以确保套铣过断口后打捞套管有一定余量。

3. 修鱼找正

修鱼找正措施是在套铣到断口附近（一般为 2～4 m）为下一步新套管的补接或对扣而采取的重要技术措施，特别是针对断口通径较小，错断部位又有原井落物卡阻的井况，修鱼找正措施就显得极为重要。一般在修鱼找正后应将断口以下不规则的部分割掉，然后修理好切口，以确保补接的顺利进行。

修鱼找正措施应根据套管技术状况即套损程度和有无原井落物卡阻情况而定。一般对断口通径较大无落物卡阻的井况，以及断口通径较小又有原井落物卡阻的井况分别采取不同措施。

（1）断口通径较大无落物时

可用铣锥或梨形胀管器修整断口，使断口复位，断口光滑平整。如断口以下弯曲，不能与上部原套管轴线保持重合，则应用整形器修整复位或用铣锥磨铣断口以下套管，裁弯取直，扩大断口通径，将井眼处理通畅、铅直，然后下丢手示踪管柱示踪。图 5-33 为修整断口示意图。

（2）断口通径较小又有原井落物

套铣钻头套铣过下断口 2～3 m 后，循环工作液 2～3 周，然后处理断口以上套管并将套管全部取出。这种取套用打捞法实施，将套管内的原井落物带出部分，余下的落物可在套铣筒内打捞处理。当下断口含在套铣筒内时，务必将原井落物处理干净。如处理不尽，则应继续套铣到下断口以下 10～20 m，然后打捞套管并倒出这部分套管，带出套管内落物。如断口不规则，断口以下有弯曲，则应磨铣处理，裁弯取直，然后修整鱼头，下入示踪管柱示踪。图 5-34 为套铣过断口示意图。

5.2.4.2 施工步骤

1. 套铣前的准备

（1）压井，起原井管柱。

（2）核实套损点形状与深度。

（3）下示踪管柱，丢手，填砂。

（4）打导管，安装钻台。

（5）选配套铣钻具，配制套铣工作液。

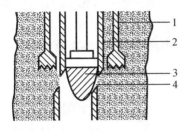

图5-33 修整断口示意图

1—套铣钻头;2—套管上端口以上;

3—梨形胀管器;4—断口、下断口断面

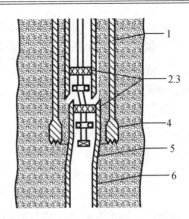

图5-34 套铣过断口示意图

1—套铣筒;2、3—原井落物;4—套铣钻头;

5—断口以下偏移套管;

6—断口弯曲部位以下与原井眼铅直套管

2.套铣取套

(1)套铣管外水泥帽。

(2)加深套铣。

(3)适时取套。

(4)套铣水泥封固井段。

(5)套铣断口或管外封隔器。

(6)修整鱼头。

3.补接、固井与完井

(1)核探断口。

(2)补接。

(3)固井。

(4)测井。

(5)钻水泥塞,冲砂,捞封隔器。

(6)全井或补接井段试压。

(7)完井。

5.2.5 套管侧钻

侧钻工艺技术初期发展于钻井事故的处理,20世纪初应用于修井领域,成为恢复油井产能的一项重要工艺技术。它是钻井技术、定向井技术和水平井技术在油田开发过程中的特殊应用。我国的侧钻工艺技术始于20世纪50年代,但限于当时的设备及技术条件没有得到广泛应用。20世纪90年代初,新疆、辽河等油田率先开展了套管内开窗侧钻工艺技术研究与应用,并得到了大力推广,由简单的换井底侧钻技术发展到定向侧钻、水平侧钻、侧钻分支井等多项工艺技术。侧钻工艺技术也由最初的恢复油井产能发展成为增储上产、提高油田采收率的一项重要措施。目前侧钻工艺技术分为两大类:修井侧钻和钻井侧钻。

修井侧钻是从工艺角度上解决油田老区块上具有开发价值的变形井、事故井恢复产能的重要手段,它包括自由侧钻和定向侧钻。

钻井侧钻是从油藏工程及地质的角度,为满足油田开发井网调整、老井综合治理、区块剩余油开采、提高泄油面积、降低开发成本要求而发展起来的侧钻工艺技术,它包括大位移侧钻、水平侧钻和分支侧钻。

在这里仅对修井侧钻工艺进行介绍。侧钻是指通过浅层(350~450 cm)取套作业将原井内一部分套管取出,然后在原井裸眼一定深度利用侧斜工具按设计的方位侧钻,避开下部井眼和套管,重新钻出新井眼,根据设计的井眼轨迹中靶,再下入新套管串固井的修井方法。

5.2.5.1　套管开窗定向侧钻工艺概述

套管开窗定向侧钻井是对井身轨迹中的井斜、方位、水平位移都有明确要求,从固导斜器开始到裸眼钻进的全过程均按预定设计方向进行,直至钻达目的层,使侧钻井井身轨迹在施工全过程中都能得到有效控制的侧钻方式。

套管开窗定向侧钻工艺技术施工流程如下:设备安装—提结构—通井、洗井—挤灰封堵原射孔井段(或打底灰)—开窗—裸眼钻进—完井电测—下尾管、固井—测声幅—完井试压—完井收尾。

套管开窗定向侧钻井井身结构如图5-35所示。

目前套管开窗工艺技术主要有两种方法:磨铣开窗和锻铣开窗。

5.2.5.2　磨铣开窗工艺

1. 工艺原理及特点

磨铣开窗侧钻原理是在设计井段下入导斜器,再用多功能铣锥将套管磨穿形成窗口,然后再用钻头钻出新井眼,其原理如图5-36所示。

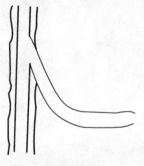

图5-35　套管开窗定向侧钻井井身结构示意图　　**图5-36　磨铣开窗侧钻原理示意图**

磨铣开窗侧钻的优点是侧钻开窗井段短,通常为2~3 m,一次能穿过多层套管,切屑量少,容易侧钻出新井眼。缺点是下井工具多,工艺复杂;若窗口不光滑,会给下一步作业造成困难,且存在导斜器转动或移动的风险。

2. 常用工具

（1）导斜器

导斜器在侧钻中取导斜和造斜作用,它是一个带一定斜度(一般为3°~4°)的半圆柱体,顶部厚约20 mm,斜面长2 m以上,硬度与套管相似,布氏硬度HB为260~360。开窗时使导斜器与套管均匀切削,窗口比较规则均衡。导斜器的主要形式有注灰插入式、直接注灰(带水眼)固定式和卡瓦式,目前常用液压卡瓦式导斜器。

液压卡瓦式导斜器由送斜器、斜向器、坐封结构以及防漏总成组成,如图5-37所示。

其中送斜器是将斜向器送到预计深度,通过液压打压方法座封,用倒扣的方法分类送斜器与斜向器,座封结构上有横向卡瓦3个,纵向卡瓦3个,主要用于固定斜向器,防止其向下移动和旋转。

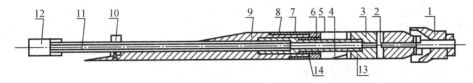

图5-37 液压卡瓦式导斜器结构示意图

1—防漏装置;2—钢球;3—活塞;4—主卡瓦;5—液缸;6—锁紧套;7—中心管;
8—上卡瓦;9—斜轨;10—扶正块;11—送入管;12—送入接头;13—活塞固定销钉;14—销紧球

(2)多功能铣锥

多功能铣锥由4级不同锥度的锥体构成。最下面一级锥体的锥度为20°~30°,具有底部切削刀,其作用是引导铣锥开窗,防止铣锥提前滑出套管。第二级锥体的锥度为6°~10°,刀刃长度最长,是磨铣套管进行开窗的主要工作段。第三级锥体的锥度与导斜器斜度基本相同,其作用是稳定铣锥,扩大窗口。最上一级锥体的锥度为0°,主要作用是修整窗口。

3.施工工序

(1)开窗位置选择

套管磨铣侧钻的开窗位置选择一般遵循以下原则:

①开窗部位以上套管完好,无变形及漏失。

②套管外水泥封固良好。

③选在完好套管本体处,避开套管接箍。

④避开事故井段及复杂地层和坚硬地层。

⑤窗口位置还应考虑定向侧钻井身剖面的结构安排。

此外,窗口长度依据以下公式确定:

$$L = (d_{cin} + \delta_{ca} - \delta_{cb} - d_b)/\tan \alpha \qquad (5-4)$$

式中　L——窗口长度,mm;

　　　d_{cin}——套管内径,mm;

　　　δ_{ca}——套管壁厚,mm;

　　　δ_{cb}——导尖厚度,mm;

　　　d_b——复式铣锥引子端最大直径,mm;

　　　α——导斜器倾角,(°)。

(2)原井眼准备

确定好开窗位置后,首先要进行通井、洗井。通井要通到开窗点以下30~50 m。必要时还要用陀螺仪复测原井井斜数据,以便更准确地确定新井眼的方位和位移。做完井筒准备后,注水泥封堵老井眼,水泥凝固后,下钻探灰面,试压,并钻水泥塞到预定位置。

(3)导斜器定向与固定

根据井眼尺寸、井深、井斜等参数确定合适的导斜器总成及相应的固定方法。导斜器定向有两种方法:一是在地面用罗盘定向,下钻画线对中法;二是利用陀螺仪进行定向。

在地面连接好导斜器,对各部件认真检查,将工具下到预计深度,下陀螺仪进行定向(或在地面用罗盘定向);开泵打压 20 ~ 25 MPa,卡瓦牙张开坐封,加压 3 ~ 4 tf 确认导斜器坐封后,正转钻具 20 ~ 30 圈,倒开中心管,上提管柱取出送斜器,然后下入多功能铣锥进行开窗施工。

（4）套管开窗

套管开窗是套管侧钻施工中的重要环节。它是利用铣锥沿导斜器的斜面均匀磨铣套管及导斜器,在套管上开出一个斜长圆滑的窗口,以便于侧钻过程中钻头、钻具、测径仪器、套管等的顺利起下。窗口质量的好坏对下一步施工影响很大。

套管开窗一般分为以下三个阶段:

①初始阶段:铣锥接触导斜器顶部至铣锥根部开始切削套管。这一阶段必须轻压慢转,使铣锥先铣出一个比较圆滑的孔洞。

此阶段钻铣参数一般要控制在适当范围,即钻压 W 为 0 ~ 5 kN;转速 N 为 20 ~ 30 r/min;排量 Q 为 10 L/s;泵压 p 为 10 ~ 12 MPa。

②骑套阶段:从铣锥根部开始接触套管内壁到底圆刚刚铣穿套管内壁。此阶段容易出现死点,因此应采取中压快转的技术措施,以保证铣锥沿套管外壁均匀钻进,保证窗口长度。

此阶段钻铣参数也应有适当范围,即钻压 W 为 20 ~ 40 kN;转速 N 为 40 ~ 60 r/min;排量 Q 为 10 L/s;泵压 p 为 10 ~ 12 MPa。

③出套阶段:从铣锥底圆铣穿套管到铣锥最大直径全部铣过套管,这是保证下窗口圆滑的关键段。在此段稍一加压就会滑到井壁,因此要定点快速悬空铣进,其长度至少要等于一个铣锥长度。

此阶段钻铣参数要控制在如下的适当范围,即钻压 W 为 10 ~ 20 kN;转速 N 为 40 ~ 60 r/min;排量 Q 为 10 L/s;泵压 p 为 10 ~ 12 MPa。

（5）注意事项

①开窗前必须对地面设备、泥浆性能、指示仪表、井下钻具进行全面检查,保证其性能合乎要求,并保证钻井泵排量,使井底岩屑充分循环出来,保持井底清洁,避免铁屑的重复切削。

②开窗时送钻要均匀,避免出现死点现象。一旦出现死点,则应下入梨形铣鞋或磨鞋及时消除。

③更换铣锥时应保持其直径一致,更换大小不一的铣锥时应由小到大,以免出现台阶使铣进困难。

④修套时铣锥容易悬空,高转速铣进容易脱扣,因此必须上紧钻具螺纹。对下井钻具严格检查,防止断掉钻具事故的发生。

5.2.5.3 锻铣开窗工艺

1. 工艺原理及特点

锻铣开窗侧钻原理是在设计位置将原井眼的一段套管用锻铣工具铣掉,锻铣长度通常为 20 ~ 30 m,以避免套管磁场对随钻仪器的影响,然后在该井段注水泥,再利用侧钻钻具定向钻出新井眼。锻铣开窗侧钻原理如图 5 – 38 所示。

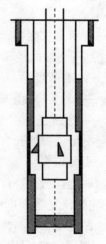

图 5 – 38　锻铣开窗侧钻原理示意图

锻铣开窗侧钻的优点:工艺简单,易于掌握,可靠性强,可全方位定向侧钻,一旦侧钻失败,易于补救;对下步钻井和后期作业较安全。缺点:需要打水泥塞,套管锻铣段长,切削量大,施工周期长,不能一次切削多层套管。

2. 施工工序

套管锻铣工具与套管水力式内割刀的结构和工作原理相同,作业时首先将工具下到断后,在调压机构作用下,泵压会有下降显示,刀片骑在套管断面上。此时均匀送钻加压,即可进行钻铣作业。图5-39为套管锻铣器结构示意图。

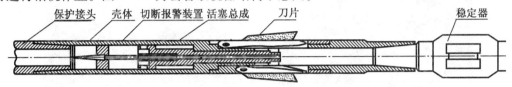

图5-39 套管锻铣器结构示意图

(1)锻铣前的准备工作

造斜点的选择要尽量减少老井段套管报废长度,选择易开窗且地层相对稳定的井段,充分发挥工具应有的造斜能力;锻铣起始点要避开套管接箍,选在套管接箍以下5~6 m处;锻铣刀片下井前要做张开试验,防止在下钻时因刀片张开遇阻而损坏刀片。

(2)锻铣时的注意事项

锻铣时要配置高黏度高切力的钻井液,保证钻井液有足够的悬浮和携带能力;锻铣操作要平稳,送钻要均匀,每锻铣0.5~1 m时要停止锻铣,循环25~30 min钻井液,然后停泵让锻铣工具进入套管1~2 m,以检查刀臂是否被卡;每次下入新刀片时,应在前次锻铣井段划眼;锻铣过程中要收集铁屑,分析返出量与锻铣套管长度是否相符,若返出量少,则要停止锻铣,循环一周,必要时提高钻井液黏度及切力。

(3)锻铣完成后的工作

测井前要充分大排量洗井,清除残余铁屑。如果测井发现锻铣井段黏有大量铁屑或留有薄层套管,应再次下锻铣工具进行划眼,以免对测量仪器产生磁干扰。注水泥塞要求管住下到锻铣段下部50 m,水泥塞应有足够的强度和韧性,一般在固井水泥中加纤维。水泥凝固后即可进行定向侧钻。

5.2.5.4 侧钻裸眼钻进

1. 钻头

套管开窗侧钻井由于井眼井身结构的限制,钻头的选择比较有限,常用的有单牙轮钻头、PDC钻头(聚晶金刚石复合片钻头)和PDC偏心扩眼钻头等。

小井眼钻井由于其环空间小,给钻井、固井作业带来一系列问题,如环空压耗较大、井底水力作用能量较低、卡钻机会增大、固井质量不能保证等。目前普通的做法为:钻达目的层后,下扩眼钻头进行扩眼;在油层段及复杂地层采用偏心钻头进行扩眼,以利于钻井、固井作业顺利进行。

(1)单牙轮钻头

单牙轮钻头(图5-40)在绕运动着的牙轮轴做相对运动,对井底岩石产生冲击和压入作用的同时,牙轮表面相对井底有很大的滑移运动,对地层产生切削作用,因而单牙轮钻头兼有三牙轮钻头和PDC钻头的优点。单牙轮钻头由于只有一个轴承,因而轴承面积相对较大,同时单牙轮钻头是减速钻头,牙轮转速低于钻头转速,一般只有钻头转速的 40% ~ 80%,因而单牙轮钻头轴承使用寿命相对较长。

（2）PDC 钻头

PDC 钻头（图 5 - 41）的破岩机理主要是依靠钻头复合片的切削作用,适用于低钻压、高转速钻进,因而适合配合井下动力钻具,满足动力钻具对钻头高转速的要求。

图 5 - 40　单牙轮钻头　　　　　　　　　　图 5 - 41　PDC 钻头

（3）PDC 偏心扩眼钻头

PDC 偏心扩眼钻头（图 5 - 42）具有两条中心轴线,即所钻井眼的中心轴线和正常通径的井眼轴线。

PDC 偏心扩眼钻头的工作原理是:利用底部的切削齿钻出导眼,靠侧翼进行扩眼,钻出大于钻头直径的新井眼,由于偏心钻头的不对称性,要求与之搭配的钻具最好为钟摆钻具,尽量不使用扶正器。

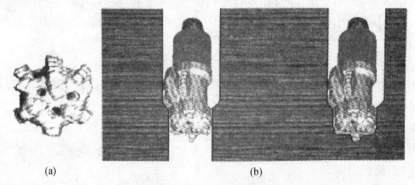

(a)　　　　　　　　　　　　　　　　　(b)

图 5 - 42　PDC 偏心扩眼钻头

(a)钻头外形图;(b)钻头工作示意图

2. 钻具组合设计

钻具组合的优选是井眼轨迹控制的重要组成部分。正确选择和合理使用钻具组合,既可提高钻井速度及井身轨迹控制精度,又可获得曲率均匀、光滑的井眼,避免造成起下钻及钻进阻卡、划出新眼、发生黏卡及键槽卡钻等复杂情况。显然,所选出的钻具组合不仅要满足井眼轨迹控制的要求,还要满足强度、通过度和安全钻井的要求。

（1）钻具组合选择原则

钻具组合设计应满足以下几个方面的要求:满足设计造斜率的要求;满足造斜马达在直井段或斜直段的通过度要求;满足随钻测量工具的要求;钻柱摩阻最佳;优先选用成熟的

钻具组合;满足强度要求;有利于减少起下钻次数;必须有较大的可靠性及实用性;根据井身剖面选择钻具组合。

（2）钻具结构

①初始阶段钻具结构

在开窗完成后进行裸眼钻进,当钻头到窗口处时,要慢放慢提平稳操作,下到预定深度后慢慢开动转盘,要求转速为 20～30 r/min,无憋跳现象后可进行正常钻进 20 m。

钻具组合:牙轮钻头 + 钻铤 6 根 + 钻杆。初始阶段钻具结构如图 5 - 43 所示。

图 5 - 43　初始阶段钻具结构示意图

1—钻头;2—钻铤;3—钻杆

②造斜钻进钻具结构

根据地质设计的靶心位移,一般要进行造斜阶段。

造斜钻进钻具组合:PDC 钻头 + ϕ95 mm 单弯螺杆 + 定位接头 + 无磁钻铤 1 根 + 钻铤 5 根 + 钻杆。造斜钻进钻具结构如图 5 - 44 所示。

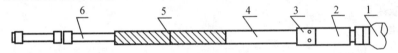

图 5 - 44　造斜钻进结构示意图

1—钻头;2—螺杆;3—定位接头;4—无磁钻铤;5—钻铤;6—钻杆

（3）稳斜钻进钻具结构

稳斜钻具:一般稳定器为 3 个,使钻铤刚度增大,可以保持原井眼轴线钻进,放置在钻头以上 1.3 m、7.6 m、19 m 处左右,也就是满眼钻井。稳定器外径应等于井眼外径,过小则不起扶正作用。

稳斜钻进钻具组合:牙轮钻头 + 扶正器 + 短钻铤 + 稳定器 + 托盘接头 + 无磁钻铤 1 根 + 稳定器 + 钻铤 5 根 + 钻杆。稳斜钻进钻具组合如图 5 - 45 所示。

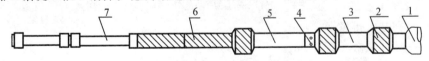

图 5 - 45　稳斜钻进钻具结构示意图

1—钻头;2—扶正器;3—短钻铤;4—托盘接头;5—无磁钻铤;6—钻铤;7—钻杆

3. 井身质量控制

定向钻进中随钻测量至关重要,它负责监控井身质量。目前国内常用的随钻监测方法主要有两种:一种是使用无线随钻仪;另一种是有线随钻仪。无线随钻仪使用成本较高,因此定向侧钻中普遍使用有线随钻仪进行监控。

井身质量的控制是依靠导向动力钻具来完成的。具有一定造斜能力的导向动力钻具,其改变井斜和方位的大小及两者的分配关系是通过调节导向动力钻具的装置角 ω_0 来实现的。使用有线随钻监测仪时,在井斜角小于6°时一般采用磁性高边(即以磁北方向为起边);当井斜角大于6°时,磁性高边误差相对较大,需要采用重力高边(即以井斜方向为起边)来监控导向钻具的装置角。

装置角 ω_0 与井斜、方位变化关系的计算式为

$$\Delta\alpha = \Delta\alpha_0\cos\omega_0 \tag{5-5}$$

$$\Delta\varphi = \Delta\alpha_0\sin\omega_0/\sin 2\alpha \tag{5-6}$$

式中　$\Delta\alpha_0$——工具造斜率,(°)/10 m;

　　　$\Delta\alpha$——井斜变化率,(°)/10 m;

　　　$\Delta\varphi$——方位变化率,(°)/10 m;

　　　ω_0——导斜器装置角,(°);

　　　α——井斜角,(°)。

4. 钻进参数选择

(1)钻压的确定

钻压一般应视钻遇地层硬度、岩层构造情况、钻头及钻进方式而确定,同时钻压不应超过钻铤在钻井液中重力的80%~90%及钻头自身所能承受最大钻压的90%。用井下动力钻具钻进时,钻压一般为15~25 kN,最大不超过30 kN。在采用转盘式旋转钻进过程中,一般单牙轮钻头钻进时钻压控制为30~40 kN最佳,最大不超过50 kN;PDC钻头钻压为20 kN钻进效果最佳。

(2)转速的确定

侧钻井井眼尺寸小,裸眼钻进受窗口及裸眼井径的限制扭矩比较大,因而转速不可过高,单牙轮钻头一般应控制在60~80 r/min比较合适,PDC钻头一般应控制在80~120 r/min。

(3)排量的确定

排量过大,环空工作液成紊流状态,会产生冲刷强力,破坏岩壁滤饼的形成,在较松散的砂泥岩地层易发生井壁坍塌;排量过小,工作液携带岩屑性能降低,易发生沉砂卡钻事故。因此,侧钻工作液的上返速度应介于紊流与层流之间,即不完全层流状态,同时在井下动力钻进时排量的选择要保证动力马达处于最佳状态。

钻井泵排量的计算公式为

$$Q = \pi D^2 PNnK/4 \tag{5-7}$$

式中　Q——钻井泵排量,m^3/min;

　　　D——钻井泵缸套直径,m;

　　　P——钻井泵活塞冲程,m;

　　　N——钻井泵活塞冲次,次/分;

　　　n——缸套数量,个;

　　　K——钻井泵上水系数(一般取0.85)。

5. 侧钻井钻井液的特殊要求

(1)能够在较低的排量下有效清洗井底,悬浮和携带岩屑。

(2)具有较低的滤失量、良好的造壁性以及较强的防塌能力。

(3)具有良好的润滑性能和较低摩擦力,确保压力传递和降低扭矩。

(4)具有较强的防井漏能力,方便针对性地实施油气层保护技术。

5.2.5.5 侧钻完井

1. 固井前期准备

(1)通井。测井后为预防井眼情况发生变化,下套管前必须通井。凡起下遇阻卡位置、狗腿角严重井段均需进行划眼。划眼时要大排量循环钻井液,清除井内岩屑,钻井液必须循环一周以上。

(2)钻井液的性能要能满足安全顺利下套管和注水泥施工的要求,避免固井前大幅度改变钻井液性能。

(3)对于有漏失层的井,要先堵好漏层,然后下套管。

(4)下套管。$\phi7$ in 套管侧钻井中一般下入 $\phi5$ in 套管完井;$\phi5.5$ in 侧钻井中一般下入 $\phi4$ in 套管完井。$\phi4$ in 套管分为有节箍和无接箍两种。由于 $\phi5.5$ in 套管侧钻井环空间隙比较小,为了保证环空水泥环的厚度及固井质量,部分油田在 $\phi5.5$ in 侧钻井中下入 $\phi3.5$ in 套管完井;如胜利油田及江苏油田都使 $\phi3.5$ in 套管完井。

尾管串结构(自下而上):引鞋 + 旋流短节 + 浮箍(内含阻流板) + 尾管 + 空心胶塞 + 悬挂器总成。

完井管柱结构如图 5 - 46 所示。

2. 固井工艺

侧钻井尾管固井方法有 3 种:一是直接注水泥方法;二是内管柱插入式注水泥固井;三是复合胶塞碰压式固井。

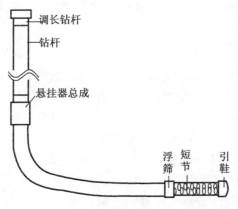

图 5 - 46 完井管柱结构示意图

直接注水泥法:由于需要钻尾管内的灰塞,目前很少使用。

内管柱插入式注水泥固井工艺技术:在尾管底部安装一个双向阻流板,内管柱随尾管下入井底,固井替水泥前将一个钢球投入坐在双向阻流板上,然后循环替出尾管内水泥浆。该项技术尾管内不留水泥塞,节省了钻水泥塞时间和费用,同时避免了因钻水泥塞对水泥环造成破坏。该方法的完井管柱结构如图 5 - 47 所示。

复合胶塞碰压式固井工艺技术:该项工艺技术需要在悬挂器下部连接一个空心胶塞,将尾管串与钻杆相连,下入井内设计深度后倒开悬挂器中心管,然后加压 10 ~ 15 kN 使其密封。注完设计量水泥后,将小胶塞投入钻杆内,在泵压的作用下将小胶塞推入悬挂器中大胶塞处,堵塞住大胶塞的孔道,使两个胶塞合二为一,然后在泵压作用下继续下行,直至接触阻流板,完成固井作业。上提中心管反洗井,洗出喇叭口以上多余的水泥浆。该项固井工艺的特点是固完井后免去钻多余水泥的工序。该方法的完井管柱结构如图 5-48 所示。

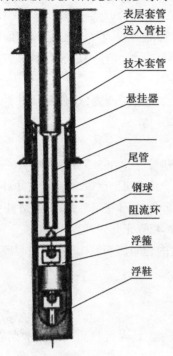

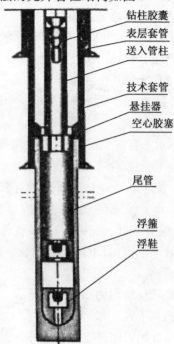

| 表层套管 |
| 送入管柱 |
| 技术套管 |
| 悬挂器 |
| 尾管 |
| 钢球 |
| 阻流环 |
| 浮箍 |
| 浮鞋 |

| 钻柱胶囊 |
| 表层套管 |
| 送入管柱 |
| 技术套管 |
| 悬挂器 |
| 空心胶塞 |
| 尾管 |
| 浮箍 |
| 浮鞋 |

图 5-47　内管柱双向阻流管完井管柱结构示意图　　　**图 5-48　尾管碰压固井完井管柱结构示意图**

5.2.6　侧钻水平井

侧钻水平井同侧定向井相比,其最大的特点是侧钻水平井有一个水平段。按照造斜曲率半径的不同侧钻水平井又分为侧钻长半径、中半径、短半径、超短半径水平井。而短半径与超短半径水平井钻井需要特殊的非常规工具,长半径与中半径水平井钻井不需要特殊的非常规工具,而使用常规工具,因此又将其称为常规侧钻水平井。

侧钻水平井技术作为老油田调整挖潜提高采收率的重要手段,已在世界范围得到广泛应用。

5.2.6.1　侧钻水平井套管开窗方式选择

侧钻水平井开窗方式有两种:一是磨铣开窗;二是锻铣开窗。

一般对于长半径及中半径侧钻水平井,两种开窗方式都可以,对于短半径及超短半径侧钻水平井则采用锻铣开窗方式。锻铣开窗钻具组合如下:引锥(或领眼磨鞋)+锻铣工具+钻铤 1~2 根+稳定器+钻铤 3 根+减震器+钻铤 5 根+随钻震击器+加重钻杆+钻杆,如图 5-49 所示。

5.2.6.2　侧钻水平井钻井工艺技术

1. 钻头的选择

图 5-49　内管柱双向阻流管完井管柱

钻头的选型就是要使钻头与地层相匹配,满足井眼轨迹控制和提高钻速的需要。由于不同类型的钻头有不同的破岩机理,因此,钻头选型应按地层岩性、厚度、深度及钻头特性等进行恰当的选配。钻头的选型可采用两种方法:统计分析法和随钻预测法。

由于侧钻水平井自身的特点,钻头易出事故,并且出现事故后处理难度较大,因此,合理地选择和使用钻头就显得特别重要。对于牙轮钻头而言,在高转速、大曲率和侧向力状态下运转,会导致牙掌与钻头急剧磨损,造成牙轮轴承先期损坏,钻头寿命锐减,这样极易发生钻头事故,因此应尽量避免使用牙轮钻头。但是在地层含砾石且较为松软时,使用牙轮钻头的安全性又高于 PDC 钻头。总之,应根据具体情况具体分析。在选用牙轮钻头时,应选用高效优质具有保径作用的牙轮外头,使用过程中应根据岩性、机械钻速、进尺等综合分析,确保钻头余新大于 40%。

2. 钻具组合设计

侧钻水平井在钻进时处于水平段与曲线段的钻柱常处于压缩状态,故不宜采用常规钻杆,同时水平井的曲线段曲率较大,且曲线段与水平井段的摩阻也较大,故不宜采用常规钻铤。因此,在钻水平井时,常采用加重钻杆或耐压钻杆。根据造斜率的要求,可选用单弯或同向双弯螺杆钻具。

钻具组合设计如下:钻头 + 单(双)弯螺杆 + 定位接头 + 无磁抗压钻杆 + 斜坡钻杆 + 加重钻杆 + 钻杆。

3. 轨迹控制技术

侧钻水平井轨迹实时跟踪主要有:有线随钻和无线随钻两种方法。对于短半径及超短半径侧钻水平井,多采用无线随钻测量技术。

由于侧钻水平井造斜段短,造斜率又高,钻进过程中的轨迹控制十分困难,有时需要扭几次方向才能使钻进方向与设计方向一致。为了保证顺利施工,应注意以下几点:

(1)造斜段所使用的钻具组合的造斜率要高,一般在 $1°/m$ 左右。在造斜点方位和水平段方位不一致时,为了使钻具容易通过造斜段或扭向段,应避免单纯的扭向或单纯的增斜,尽量使扭向和增斜协调进行,即把扭方向与增斜合理地结合在一起,以保持钻进过程中井眼的平滑连续。

(2)由于侧钻水平井的造斜段较短,施工中井斜与方位的调整余量很小,因此,对井眼轨迹进行实时跟踪,预测应做到尽量精确,严格控制垂深及实钻曲线超前或滞后的程度,不得盲目钻进。

(3)水平段钻进的重点是钻具组合要有稳斜和调整井斜及方位的能力。当造斜段扭方位工作量较大时,在确保入靶的情况下,可把一少部分扭方位余量留在水平段进行消化。这样,一方面可以减少造斜段的扭方位压力,另一方面又可使钻出的井眼平滑连续,有利于顺利施工。

5.2.6.3 侧钻水平井完井工艺技术

1. 侧钻水平井完井方式选择依据

(1)能获得最大的油气产量和最小的其他液体产量。

(2)能取得最大的经济效益。

(3)有利于延长油井寿命。

(4)能进行二次完井或进行增产措施。

(5)有利于修井及油井的生产管理。

(6)能很好控制地层大量出砂。

2. 侧钻水平井完井方式

侧钻水平井完井方式主要有 4 种,即裸眼完井、固井、裸眼砾石充填完井以及筛管完井。

从使用的效果看,筛管完井效果最好。图 5－50 至图 5－52 为水平井不同完井方式示意图。

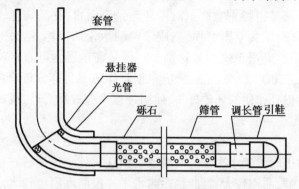

图 5－50　水平井砾石充填完井示意图

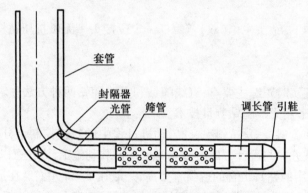

图 5－51　水平井不固井筛管完井示意图

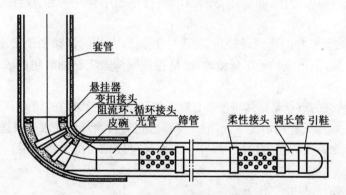

图 5－52　水平井筛管完井示意图

第6章 打捞作业

打捞是指针对油、气、水井井内管柱遇卡,工具、仪器及管柱等掉落井内等现象,采用相应的打捞工具捞出井下落物的工艺方法。对井下落物、遇卡等实施打捞处理的整个工艺过程称为打捞作业。打捞作业是修井作业中非常重要的一个分支,尤其在大修工程中占有相当大的比例。

6.1 打捞工艺技术

6.1.1 技术术语与施工原则

在油气水井的开发生产、维护过程中,由于生产所处的区域地质因素,开发前期的工艺水平、工程设计、开发资金因素,采油或注水工艺水平、生产井的管理水平,各类新工艺、新工具的试验因素,各种增产措施及油层改造措施等,都可能造成生产井不能正常工作。特别是由于井下落物和各类卡钻,使生产井停产,有时还会造成油气水井报废。因此,打捞作业已成为油田的一项重要工作,而采用科学合理的打捞工艺,迅速有效地处理井下事故,是保障油田正常生产的一项重要措施。

6.1.1.1 打捞作业技术术语

(1)井:以勘探开发石油和天然气为目的,利用机械设备在地层中钻出的有一定深度的圆柱形孔眼。

(2)井身结构:包括井中套管的层数及各层套管的直径、下入深度和管外水泥返高,以及相应各井段钻进所用钻头直径。井身结构是钻井施工设计基础。

(3)生产井:以采油采气为目的而钻的井。

(4)注入井:以向油气藏注水或注气等为目的而钻的井。

(5)直井:井眼轴线大体沿铅垂方向,其井斜角、井底水平位移和全角变率均在限定范围内的井。

(6)定向井:按照探井或生产井的目的和要求,沿着特定的方向和轨迹所达预定目的层位的井。按井深剖面可包括垂直段、增斜段和稳斜段等直到井底井眼。

(7)水平井:先钻一直井段或斜井段,在目的层位井斜角达到或接近90°,并且有一定水平长度的井。

(8)探井:指以了解地层的年代、岩性、厚度、生储盖的组合和区域地质构造、地质剖面局部构造为目的,或在确定的有利圈闭上和已发现油气圈闭上,以发现油气藏,进一步探明含油气边界和储量,以及了解油气层结构为目的所钻各种井,包括地层探井、预探井、详探井和地质浅井。

(9)开发井:指为开发油气田所钻的各种采油采气井、注水注气井,或在已开发油气田内,为保持一定的产量并研究开发过程中地下情况的变化所钻的调整井、补充井、扩边井和检查资料井等。

（10）完井：从井孔完钻后到移交试油或投产前的工作，包括电测、井壁取心、通井划眼、下套管、注水泥固井、测声幅、钻水泥塞和试压等一系列工序。

（11）完井方法：油气井井筒与油气层的连通方式，以及为实现特定连通方式所采用的井底结构形式和有关的技术措施。

（12）裸眼完井：目的层部位不下套管与筛管的完井方法。

（13）射孔完井：钻开油气层后，将油气层套管下至井底，并在套管与井壁间注入水泥，且有一定的返高，当水泥凝固后，对油气层射孔，使油气层和井筒连通的完井方法。

（14）筛管完井：钻穿油气层后，把带筛管的套管下入到油气层部位，然后注水泥封隔油气层顶界以上的环形空间的完井方法。

（15）砾石充填完井：下扩孔钻头钻穿油气层，在对应油气层的部位下入筛管，并在筛管与井眼的环形空间充填砾石，最后封隔筛管以上环形空间的完井方法。

（16）表层套管：为防止井眼上部地表疏松层的垮塌和上部地层水的浸入以及安装井口防喷器装置而下的套管。

（17）技术套管：为保证钻井顺利到达目的层并有利于中途测试，对目的层上部的易塌地层及复杂地层进行封隔而下入的套管。

（18）生产套管：为保持正常生产和井下作业而下入井眼内的最里层套管。

（19）人工井底：井底水泥塞顶面位置。其深度从转楹面算起。

（20）水泥返高：固井时从管外上返的水泥浆凝固形成水泥环后的顶界面位置。

（21）井下作业：为维持和改善油、气、水井正常生产能力，所采取的各种井下技术措施的统称。

（22）大修：利用一定的工具，采用一定的措施处理油水井事故，恢复油水井正常生产的作业过程。

6.1.1.2　专业技术术语

（1）管柱：下入井中的油管或钻杆及工具的总称。

（2）落鱼：凡是掉入井内的部分管类、杆类等落物统称落鱼。

（3）鱼顶：又称鱼头，指落鱼的顶部。

（4）鱼长：指落鱼的长度。

（5）方余：方钻杆在方补心以上的长度称为方余。

（6）卡点：管柱或落鱼被卡位置的上限深度。

（7）测卡：确定卡点深度的工艺过程。一般常用测卡仪器测卡和公式计算两种方法。

（8）解卡：解除各种管柱或落鱼卡阻的施工过程。

（9）悬重：指工艺管柱下入井内后，反映在拉力表或指重表上的重力。

（10）钻压：修井施工中钻磨铣、打印、打捞、切制等措施时，工艺管柱下放施加给钻头、印模、打捞工具、割刀等工具的载荷。

（11）卡距：指相邻两个封隔卡点间的距离。

卡距 = 下封隔器上段长度 + 上封隔器下段长度 + 两封隔之间的工具长度（如配产器、配水器、喷砂器等）+ 两封隔器之间的油管长度。

（12）套管技术状况：指套管本身的完好程度，如径向尺寸变化、腐蚀孔洞、固井质量、落物情况等。

（13）压井作业：是指在自喷井和注水井作业时，先用水泥车把压井液加压泵入井内，在井内压井液的液压柱压力略高于油层静压时而把井压住,使油层内的油、气(或水)不致喷出(或流出)地面。这时可进行拆卸井口、起下管柱等井下作业。

(14)压井液:压井液是压井作业中所必需的一种液体。压井时,根据地层压力的大小选择不同密度的压井液,如:清水、盐水、钻井液等。选择合适的压井液是压井成功的关键,压井液密度小了压不住井,密度过大会把井压塌、压死,影响油层生产能力。

(15)灌注法压井:往井筒内灌注一段压井液就可以把井压住。此法多用在井底压力不高,井下作业工作简单,作业时间不长的井上。

(16)循环法压井:它是把配好的压井液泵入井内进行循环,将密度较大的压井液替入井筒,从而把井压住。这种方法现场应用较多。循环压井法又分为正循环和反循环两种。

(17)反循环压井:压井液从油套管环形空间泵入,从油管返出叫反循环压井。此方法多用于压力高、产量大的井上。因为在反循环压井的初期,井内油、气从油管中大量喷出,当压井液到达油管鞋时,则可用出口闸门控制其喷出量,所以不会使压井液气侵,容易提高压井效果。

(18)正循环压井:压井液从油管泵入,从油套环形空间返出叫正循环压井。对于低压、气量较大的油井一般采用正循环压井。这种方法是:先把井内气体放空,造成暂时的停喷,然后再压井。这样,压井液受到气侵的可能性小,也可以防止漏失。

(19)挤注法压井:即井口只留压井液的进口,其余管路全部被堵死,以高压挤入压井液,把井内的油、气、水挤回地层,以达到压井的目的。这种方法是在不能用循环法,又不能用灌注法压井的情况下采用。如:砂堵、蜡堵或因其他事故不能进行循环的高压井等。其缺点是:压井时可能将脏物(砂泥等)挤入油层,对油层不利。

(20)喷水降压法:喷水降压是指注水井作业时将注入地层的水大量放喷,使井口压力降低,便于拆卸井口,进行井下作业。但是这样一来,地层压力下降,注水补充的部分能量也前功尽弃了,而且对于各层放出来的水量无法知道,从而使各油层内油、水动态难以掌握。因此,一般不采用此法。

(21)不压井、不放喷作业:指自喷井不压井、注水井不放喷进行起下管柱作业,简称不压井作业,也称加压起下作业。它是使用一套控制装置来克服管柱的上顶力,在井内保持高压的情况下实现安全起下管柱。不压井作业控制装置由三部分组成,即井口控制部分(控制油、套环形空间)、加压部分和油管密封部分。使用不压井作业技术在自喷油井和注水井上进行井下作业时,不需要用钻井液等压井和放喷降压,从而保护了油层,避免了因放喷而损耗地层能量。

(22)油管堵塞器与工作筒:油管堵塞器是在不压井、不放喷起下管柱时,用来堵塞(密封)油管的工具。它由工作筒和堵塞器组成。工作筒由工作筒主体、限位卡箍、密封短节组成。工作筒两端均为油管扣。

(23)释放:封隔器下入井内预定位置时,让封隔器的胶皮筒张开,起封隔上下层的作用。

(24)卸压:当需要更换井下封隔器或管柱时,应使封隔器胶筒收缩到释放前的状态,便于从井筒中起出管柱。

(25)验证:封隔器下入井内预定位置进行释放后,检查各封隔器是否已全部释放并封隔了油层。

(26)油管三丈量、三对口:在井下作业施工时,为了确保组装管柱准确无误,要求对下井油管和工具进行三丈量(两人以上丈量三次)、三对口(实物、资料、设计要对口),以提高施工效率,保证施工质量。

(27)封堵:封堵也称堵水。在油田开采过程中,由于水层窜槽或注入水突进,使一些油井过早见水或遭水淹。为了清除或减少水淹造成的危害所采取的封堵出水层段的井下工艺措施,叫作封堵或堵水。

(28)非选择性堵水:非选择性堵水是将封堵剂挤入油井的出水层,凝固成一种不透水的人工隔板,或叫人工井壁,以阻挡地层水流入井底。

(29)水玻璃堵水:它是利用水玻璃和氯化钙作用生成的硅酸钙和膨胀硅胶来封堵砂粒间的孔隙,从而达到堵水的目的。

(30)封隔器堵水:封隔器堵水就是利用封隔器将出水层与油层隔开,达到堵水目的。

(31)选择性堵水:选择性堵水是将具有选择性的堵水剂挤入油井中的出水层,使其与出水层中的水发生作用,产生一种固态或胶态的阻碍物,以阻止油层水流入井底。

(32)油基水泥浆堵水:就是把用油品与干水泥配制的油基水泥浆挤入出水段层后,由于水泥本身的亲水性,油基水泥浆中的油品被水置换,使水泥与水化合而凝固将水层堵死。

(33)乳化石蜡堵水:它是将乳化石蜡溶液挤入出水油层,再挤入一定数量的破乳剂。在水层中,破乳后的硬脂酸和石蜡则凝固在水层砂粒表面,堵塞了出水层;在油层中,破乳后的硬脂酸和石蜡则呈小颗粒状悬浮在原油中,而能随油流排出地面。

(34)窜槽:在多油层油田开采中,各层段沿油井套管与水泥环或水泥环与井壁之间的串通,叫窜槽或管外窜槽。

(35)验串:验串也叫找串。它是利用封隔器、同位素、声幅测井等方法,来验证套管外各油、水层间是否串通,以及串通的层位。

(36)封隔器找串:它是用两个封隔器卡住某个层的上下部位,再以不同压力从油管挤入液体,观察套管压力变化,或溢流量变化,即可判断是否窜槽以及串通量的大小。

(37)同位素找串:指利用往地层内挤入含放射性的液体所取得的放射性曲线,与油井的自然放射性曲线作比较,来鉴别地层是否串通。放射性强度有明显增加的井段,说明有串通。

(38)封串:指对已找到的窜槽,采取各种井下工艺措施,封住窜槽,叫封串。

(39)探砂面:在油井管理中,根据出砂情况,相隔一定的时间用光油管在井筒内试探砂柱顶面的位置,以提供冲砂的依据。根据油管下入深度和人工井底深度可算出砂柱面的高度。这种确定砂柱高度的工艺措施叫探砂面。

(40)冲砂:冲砂是利用高速液流将井底的砂堵冲散,并将砂泥带出地面,将油层射孔部分清洗干净,从而恢复油井的产量或水井的注入量。

(41)冲管冲砂:它是把小直径的管子下入油管内进行冲砂。其优点是:操作方便,不动油管可以冲至井底。

(42)人工井壁防砂:指把具有特殊性能的水泥或化学剂挤入地层,这些物质凝固后形成一层既坚固又有一定渗透性的人工井壁,达到防止油层出砂的目的。

(43)检泵:抽油泵在生产过程中,常会发生各种故障,例如砂卡、蜡卡、抽油杆脱落、零件磨损等。此外,还经常需要加深和提高泵挂深度、改变泵径等。现场把解除上述故障和调整参数的工作统称为检泵。

(44)套管刮蜡:套管刮蜡是将螺旋式刮蜡器接在油管柱下部,下入井中,然后上起并活动油管,把套管壁上蜡刮掉;同时利用液体循环把刮下来的蜡带出地面。

(45)水力喷砂:水力喷砂是用油管将喷射器下至预定位置,再用压裂车往井内泵入携砂液体,当携砂液通过喷砂器的喷嘴时,以高速的流束射出,利用射流中砂粒的冲击力切割和摩削套管和水泥环,以此达到沟通井筒和地层的目的。

(46)打捞:就是用打捞工具来捞取井下落物。

(47)公锥:是打捞钻杆或油管及其他管件落物的一种简单的打捞工具。

(48)母维:是用来打捞井下落物(如钻杆、油管本体)的一种工具。

(49)油管打捞矛:打捞矛是从管子内壁打捞管类落物的一种工具。

(50)卡瓦打捞筒:卡瓦打捞筒是卡住钻杆、油管、接箍或接头的外壁而打捞油管、钻杆的一种打捞工具。

(51)活页式打捞器:它是打捞抽油杆的一种工具。活页式打捞器是由接头、主体、活页和引鞋组成。

(52)磁铁打捞器:它可用来打捞钳牙、卡瓦牙、椰头、阀球座等小物件。它是由接头、壳体、顶部磁极、永久磁极、底部磁极、青铜套和铣鞋等组成。

(53)一把抓:它是用来打捞单独落井的小物件,如钢球、钳牙、卡瓦等。一把抓是用薄壁管做成的。

(54)内铣鞋与外铣鞋:内铣鞋与外铣鞋均是打捞工具的一种辅助工具。当井下落物被打捞的表面受损坏不能打捞时,用内铣鞋和外铣鞋进行修理后,磨出和铣出新表面,方可捞出。

打捞并不是一种常规或常用技术,但从某种程度上来讲,每钻5口井可能就有1口井,每修5口井可能就有4口井需要打捞。由于打捞的费用(其中包括占用修井机折旧生产、服务成本)很高,因此必须谨慎行事并做出判断。多年来所研制出的打捞工具和发展形成的打捞工艺技术,几乎使任何井下事故的处理都成为可能,但打捞所需费用可能会阻止打捞的实施。鉴于动用修井机的费用加上打捞所需特殊作业费用很高,所以必须做出正确的判断,并在占有全部现有资料的基础上做出决策。

6.1.1.3 打捞施工的基本原则

1. 基本原则

打捞的目的是处理井下事故,恢复井内正常状态,保证井筒畅通,以满足作业、增产措施及注采等工作的需要。

打捞作业应遵循的基本原则是:

(1)保护油层不受伤害和破坏。

(2)不损坏油层套管(或不破坏井身结构)。

(3)井下事故的处理必须是越处理越简单、落物越少。

(4)处理井下事故的设备能力、人员素质、工艺方案等必须满足工作需要,不得因处理井下事故而造成人员伤害、设备损坏、环境污染等事故。

2. 重点工作

(1)查清井况,做到"四清"

①历史情况清。上修前要查清采油(气)、注水、试油(气)、修井、增产措施、含水及周围水井影响的程度等问题,并明确施工目的。

②鱼头状况清。目前鱼头形状、规范、是否靠边、有无残缺等状态要搞清。

③复杂情况清。鱼顶周围套管是否损坏、损坏程度如何、井内是否出砂、鱼头是否砂埋、鱼头内外是否还有其他落物等;遇卡管柱结构、造成卡钻的原因要搞清楚。

④井下数据清。送修数据、下井管柱及捞出落鱼长度等数据与井深或鱼头位置是否相符,若有差异,分析产生原因等。打捞作业要依据这"四清"制订具体打捞方案。

(2)正确选用工具

选择合适的打捞工具是打捞成功的关键之一,必须考虑套管规范、鱼头尺寸、形状、工具下井的安全性、可靠性等。在上述前提下,尽可能选用结构简单、操作方便、灵活的工具,针对某些特殊井况,系列工具往往满足不了打捞需要。在这种情况下,还必须加工一些特殊工具,只有这样,才能为解决各种复杂井况提供必要条件。

(3)制订科学合理的打捞解卡方案

科学合理的打捞方案是复杂井处理的关键,同一种工具操作方法和辅助措施不同,捞获效果明显不同。如果方法不当,不仅影响打捞的成功率,甚至有可能造成新的事故。对于特殊井况,需要承担一定的风险,这就需要制订科学的、合理的、严密的措施方案,以顺利完成事故的处理。

(4)充分发挥人的主观能动作用

打捞作业中值得注意的是,进行打捞之前必须做好井控防喷工作。

6.1.2 打捞的基本准则

虽然所有的打捞工作都是相近的,没有两次是完全相同的,但各种情况下的大量打捞实践还是确定了一些有用的基本准则。本节讨论的这些准则,无论把它们应用在哪里,都有助于确保打捞工作取得成功的可能性最大。

6.1.2.1 评价

首先是评价卡点位置,是什么东西卡在井筒的哪个部位了,打捞出来的可能性有多大。其次还需评价该井的所有历史记录以及整个油田的相关历史记录。多收集、听取打捞工具监督人员、工具推销商、钻井采油队长、工程师以及钻井工人们的意见,考虑各种可以应用的方案和替代方法。

总的原则应该是采用安全且被实践证明了的方法。对于一个给定的打捞作业,可能有几个可行的方案,但是被实践证明过的方法能确保出现意外的可能性最小。需要指出的是,还要考虑每一步施工(无论成败)对下一步施工的影响。此外,记录工具在井筒中的轨迹、使用情况以及产生的结果,是十分重要的。

6.1.2.2 沟通和交流

有效的沟通是成功的关键,任何时候都不能忽视。在打捞作业之前及施工中,所有参与人员都要遵循如下步骤:

(1)收集全面、准确的关于落鱼位置的信息资料。

(2)及时通知打捞公司,让他们调查问题、运送适当的工具和准备多套解决方案。

(3)确保所有的参与人员清楚地知道落鱼的位置情况,并对将要采用的打捞处理方案达成一致意见。

(4)在进行打捞施工时,要保证所有的参与人员完全了解施工过程,并提供概述性的进展报告,内容包括打捞是否成功、碰到了什么问题、对问题的分析、采取的改进方案以及需要的额外设备等。

6.1.2.3 搜集资料

下面列出了在打捞过程中需要考虑的一些关键因素以及需要收集、记录的资料信息。全面、准确地记录各种数据非常重要,不要对收集资料信息设置限制。如果某条信息有用,就应该收集、记录它。只有所有参与打捞作业的人员都掌握了足够多的资料,才能确保打捞工作的成功。

(1)弄清楚落鱼的内径、外径和长度,并要绘制草图,进行标注。要特别注意有小的内空通道的设备,因为可能需要球体或仪器通过其中。

(2)与打捞工作涉及的所有人员充分讨论打捞工作。

(3)知道每一次打捞管柱和工具的限制条件。

(4)确保钻柱重量指示仪完好精确。

(5)用井筒标记(如封隔器)、套环或自由点指示(如卡管)确定落鱼的顶部位置,当无法使用自由点指示时,用拉伸测量作交叉检查。

(6)管柱在拉伸时可能表现为自由状态,但加上扭矩后就不在自由状态了。裸眼中打捞作业时,推荐采用扭矩自由点法。

(7)如果井况允许,可以将自由点指示与爆炸解卡相结合进行施工。

(8)解卡倒扣时,在卡点以上留1或2根连接的自由管,这样能更容易到达落鱼顶部。

(9)假如自由点在套管井或裸眼井底外大约100 m以内,解卡打捞就要进入到套管中。如果设备掉到了套管鞋以下的裸眼井段,是不可能打捞成功的。

(10)如果卡点已知,可在稍直井段中进行倒扣,但同时要考虑地层岩性的类型。

(11)确定井筒的深度、条件及工具短接的尺寸。这些数据决定在倒扣工具上施加多大的倒扣扭矩。推荐每1 000 ft深度倒3/4转。下入井下工具的尺寸如图6-1所示。

(12)如果钻杆(落鱼)的尺寸减小,则需要施加的倒扣剩余扭矩量将增加。如倒 $2\frac{7}{8}$ in 外径的钻杆,每1 000 ft可能需要旋转1圈(转)。

(13)如果不能使用爆炸解卡设备,人工解卡是唯一的选择了。

(14)打捞电缆时,如果可能,使用防喷管。

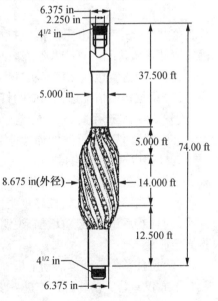

图6-1 井下工具尺寸示意图

6.1.2.4 记录管柱标签

如果必须把钻杆下入井中,就意味着需要依靠打捞作业。要避免用于打捞作业的钻杆或钻铤与现场的其他钻杆混杂不清。应该记录短接的数量,一些有经验的打捞工具操作工人称此为"out and in"打捞。测量所有下入井中的工具短接,测量、汇总所有起出的工件,总的差值应等于工具与落鱼顶的距离(也是必须下入或起出的量)。如果确定落鱼顶的位置有困难,对这项工作要做双倍检查。

6.1.2.5 不要旋转打捞管柱

应用钻柱或工作管柱进行作业时,为了加快打捞速度在井筒中频繁地旋转管柱将导致连接处卸扣脱节。在打捞施工中,更是不能旋转管柱,因为这样做可能会丢失落鱼。频繁旋转打捞工具,如打捞筒、打捞锚、磁铁、捞屑篮或洗井筒,将导致落鱼重新掉回到井底。

6.1.2.6 不要从钢丝打捞筒中拔出电缆

为了能够施加拉力,大多数电缆都通过钢丝打捞筒剪切装置与工具或设备相连。对于有些工具,这意味着能够被回收,但这是一件危险的事情,特别是在裸眼井中下井工具带有放射源时。回收这些工具最可靠的方法是在工具表面处剪断电缆并拆除。如果电缆从钢丝打捞筒中被拉出,必须用能够击穿金属罐的抓启装置回收井下设备,并允许放射物质污染井中流体。

用钢丝绳打捞电缆或抽汲绳也是不可取的办法。打捞这些线类落鱼应该用油管传输打捞,因为钢丝会被搞乱而且还要考虑起出其本身的问题。

6.1.3 打捞工艺技术要求

6.1.3.1 打捞工艺技术要求

1. 落物打捞工艺技术

井下落物是油水井在生产或作业过程中,由于操作不当或疏忽大意而造成的工具或物件丢落井下。这种无卡阻的落鱼打捞,方法较简单,操作也容易。落物打捞前应首先调查落实清楚落鱼状况。对无卡阻落物的打捞步骤方法如下:

(1)打印落实鱼顶几何形状、尺寸、落鱼深度。

(2)根据印痕情况选择相应的打捞工具及管柱结构。

①外螺纹型选用筒类、母锥类打捞工具。

②内螺纹型选用矛类、公锥类打捞工具。

③杆类应选用筒类打捞工具。

(3)连接打捞工具管柱入井。

(4)抓捞落鱼,注意管柱悬重变化,抓捞时,不可全悬重抓捞。

(5)抓捞后试提,悬重增加,说明已抓获,可以起管柱。悬重无显示、无增加,应重新抓捞直至抓获。

(6)捞住落物后即可活动上提。当负荷正常后,可适当加快起钻速度。

下面仅对管类落物打捞作进一步介绍。管类落物包括油管、钻杆、管类工具、配水(产)器、封隔器、套铣筒等。

2. 打捞施工前应考虑的几个问题

(1)落实井况

①了解被打捞井的地质、钻井、采油资料,搞清井身结构、套管完好情况、井下有无早期落物等。

②搞清落井原因,分析落井后有无变形可能及井下卡埋等情况。

③计算鱼顶深度,判断清楚鱼顶的规范、形状和特征。对鱼顶情况不清时,要用铅模或其他工具下井探明(必要时应冲洗鱼顶)。

(2)制订打捞方案

①绘出打捞工艺管柱示意图。

②制订出施工工序细则及打捞过程中的注意事项。

③根据打捞时可能达到的最大负荷加固井架。

④制订安全防卡措施,捞住鱼顶后,若井下遇卡仍可以脱手。

(3)选择下井工具

根据鱼顶的规范、形状和所制订的打捞方案选择合适的下井工具。下井工具的外径和套管内径之间间隙要大于或等于 6 mm。若受鱼顶尺寸限制,两者直径间隙小于 6 mm 时,应在下该工具之前,下入外径与长度不小于该工具的通径规进行通井至鱼顶以上 1 ~ 2 m。下井工具的外表面一般不准带刃、镶焊硬质合金或敷焊钨钢粉。必要时,其紧接工具上部须带有大于工具外径的接箍或扶正器(铣鞋除外)。公锥、捞矛等打捞工具在大直径套管中打捞时,必须带有引管和引鞋及其他定心找中装置。若在处理鱼顶或打捞中需循环洗井时,则选择的工具必须带有水眼,优先选用可退式打捞工具。当受条件限制选用不可退式工具时,下井管柱必须配有安全接头。工具下井前必须进行严格检查,做到规格尺寸与设计统一、强度可靠、螺纹完好、部件灵活。

3.打捞管柱的组合

打捞管类落鱼时,现场常用的打捞管柱组合如下(自上而下):钻杆(油管)、上击器、安全接头、打捞工具。

根据选择的打捞工具不同分别称为:公锥打捞管柱、母锥打捞管柱、滑块捞矛打捞管柱、可退式捞矛打捞管柱、卡瓦打捞筒打捞管柱、开窗捞筒打捞管柱。对于自由下落的落物可以不接上击器,鱼顶偏的落物要视情况下扶正器和引鞋。

打捞时,判断是否捞上落鱼的方法是:

(1)校对造扣方入。

(2)观察指重表悬重变化。

(3)对比打捞前后泵压。

(4)造扣后,上提钻具若干米再下放,观察钻具深度的变化。

一般捞上落鱼后放不到原来的深度。

6.1.3.2 大修内容及组织方法

1.油水井故障的原因

油水井出现故障的原因很多,但归纳可分为潜在因素和后天因素两类。潜在因素有地质和钻井两种原因;后天因素有油井工作制度及作业不当两种原因。

由于地层构造、内部胶结、孔隙中流体等因素可以造成油井出砂、出水、结蜡、结钙、套管变形,甚至穿孔、错断等后果;由于钻井井身结构的设计不合理、固井质量不合格、完井套管质量差等因素,会造成套管破漏、断裂,造成不同层位之间相互窜通等后果;由于油井工作制度不合理,造成采油强度或注水强度过大,引起压力激动,注采结构不合理,造成油井出水、出砂、套管变形损坏卡钻后果;作业不当是由于设计方案差,入井流体与地层配伍性差、腐蚀性强,各类作业时违反技术标准或操作规程,造成掉、落、卡或对井身的伤害。

无论任何井下故障,都将影响油井产能,严重时可造成停产,还可能影响其他油井生产。

2.大修工作的内容

大修与小修同属于井下作业,但从工作内容上既有联系,又有区别,这里我们单从工作内容上给予区别。

小修工作内容:冲砂、清蜡、检泵、换结构、简单打捞(下打捞工具2次以内)、注水泥等。

大修工作内容:井下故障诊断、复杂打捞(下打捞工具3次以上)、验封窜、找堵漏、找堵水、防砂、回采、修套管、过引鞋加深钻井、套管内侧钻、挤封油水层、油水井报废等工作。

随着油田不断开发,大修工艺技术的提高,大修作业内容也将不断完善。

3. 大修井送修程序及施工组织

大修送修程序有定向送修和招标送修两种。

(1)定向送修

根据所需大修井的技术要求,送修方认为只有某承修方可以完成,一般采用此种方式。此送修程序为:

①油公司作出油水井大修送修书。

②送修书送给某承修公司。

③双方技术人员对送修书提出的要求交换意见。

④承修方作出大修井地质设计和工程设计。

⑤双方现场井口交接(送修方交,承修方接)并在井口交接书上签字。

(2)招标送修

此方式是送修方针对一口井或一批井,在查清每口井井内情况,目的和要求明确,为了提高修井质量,缩短施工时间,降低不必要的作业费用,对有能力的承修公司,进行招标的一种形式。

此程序为:

①油公司发出招标公告。

②承修公司按公告要求获取招标文件。

③承修公司按招标文件要求作出标书。

④按要求参加招标会。

⑤中标后签订合同。

⑥按合同履行各自职责。

(3)施工组织

接井后,整个施工组织以井队为主,力争独立完成。首先作出地质、工程设计,由主管部门审批后对全队人员进行技术交底。然后按设计要求,勘察路线,平整井场,准备材料,组织搬迁、安装,建立通信渠道,按设计及技术标准组织好每道工序的施工,最终按合同要求交井。

在此过程中,井队应每天由队长组织召开生产会,对当天工作进行小结,互通信息,共同研究下步措施。作业劳动组织及工序衔接安排,重大问题及时向管理部门反映并提出本队意见,井况有变时及时与油公司联系。每班应建立严格的交接班制度,交接班前后应由班长组织全班人员召开班会,班前会其主要内容应包括:当班安全工作、当班主要工作、技术要求,工作分工及相互配合,时间不宜超过30 min。下班时召开班后会对当班工作进行小结。

此外,各管理部门应及时掌握和了解各井施工情况,全力支持井队工作,帮助井队解决困难。

6.1.4 解卡打捞工艺技术

卡钻是指油气水井在生产或作业过程中,由于操作不当或某种原因造成的井下管柱或井下工具在井下被卡住,按正常方式不能上提的一种井下事故。解卡打捞工艺技术是一项综合性工艺技术。目前多指井内落鱼难于打捞,常规打捞措施较难奏效,如配产配注工艺管柱中的工具失灵卡阻、电潜泵井的电缆脱落堆积卡阻、套管损坏的套管卡阻等,需要采取切制、倒扣、震击、套铣、钻磨等综合措施处理。这种复杂井况的综合处理方法通称为解卡打捞工艺技术。

目前随着油气田开发时间的不断增长,卡钻造成的各类事故时有发生,使井内情况变得非常复杂。难于用常规方法进行落物解卡打捞的井连年增多,迫使油气水井的生产不能正常进行,甚至还会使油气水井报废,严重影响油田稳产和开发方案的顺利实施。因此,处理这种复杂井况的解卡打捞工艺技术显得越来越重要。

6.1.4.1 卡阻(钻)事故类型

卡阻事故有由于油气水井生产过程中造成的油管或井下工具被卡,如砂卡、蜡卡等;有由于井下作业不当造成的卡钻,如落物卡、水泥(凝固)卡、套管卡等;有因井下下入了设计不当或制造质量差的井下工具造成的卡阻,如封隔器不能正常解封造成的卡阻等。了解井下卡阻事故类型,对于解卡打捞工艺技术的实施效果有着重要的作用。

目前,根据油水井套管技术状况和井内工艺管柱结构、采油工艺方法等,可将井下卡阻分成以下几种类型。

1.砂、蜡卡阻型

这种类型多指井内出砂严重、结蜡严重,原油凝结严重,将井内工艺管柱的工具卡埋而使之受阻,如图6-2所示。

相对于蜡卡,在实际生产中砂卡要普遍得多。对于砂卡,其造成原因分析如下:

(1)油井生产过程中,油层砂子随着油流进入套管,逐渐沉淀而使砂面上升,埋住封隔器或一部分油管;在注水过程中由于压力不平稳,或停注过程中的"倒流"现象,使砂子进入套管,造成砂卡。

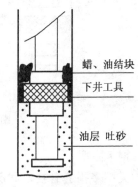

图6-2 砂、蜡、死油卡阻示意图

(2)冲砂时泵的排量不足,使液体上返速度过小,不足以将砂子带到地面上来,砂子下沉造成砂卡。

(3)压裂时油管下得过深,含砂比过大,排量过小,压裂后放压过猛等,均能造成砂卡。

(4)其他原因,如填砂、注水井喷水降压时喷速过大等,也能造成砂卡。

2.小物件卡阻型

这种类型多指井内落入小物件如钳牙、钢球、螺帽、吊卡销子、喷砂器弹簧折断脱落等,使工具受阻而提不动,如图6-3所示。

3.电缆脱落、卡子崩落堆积卡阻电潜泵

电潜泵因其产量高而深受油田青睐,而检泵、换泵,或因机泵套损等问题,常使电潜泵井发生电缆拔断、卡子脱落而卡机组,使之难于打捞。

4.井下工具卡阻型

这种类型多指井内各种工艺管柱中的下井工具,如封隔器、水力锚、支撑卡瓦等失效而使工具坐封原位不能活动,致使管柱受阻而提不动,如图 6-5 所示。

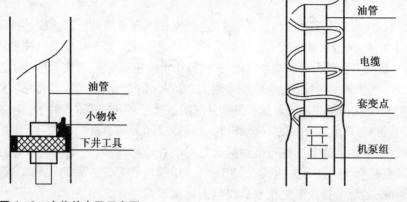

图 6-3　小物件卡阻示意图　　　　图 6-4　电缆脱落卡阻示意图

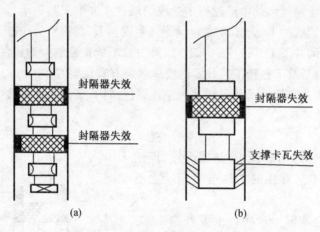

(a)　　　　　　　　　　　(b)

图 6-5　井下工具失效卡阻示意图

5.套损卡阻型

　　这种类型多指套管技术状况较差,出现变形、破裂、错断等,使工艺管柱中的大直径工具受卡阻而提不动,这种井况目前日渐增多,是油田修井的重点,如图 6-6 所示。

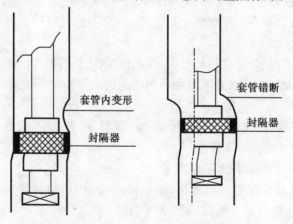

图 6-6　套管卡阻型示意图

6.其他复杂的卡阻型

其他类型的卡阻,一般指以上各种卡阻类型以外的卡阻,如水泥固凝卡、化学堵剂凝固卡、工具失效及砂埋卡阻等。

对于水泥卡钻有如下原因:

(1)注完水泥塞后,没有及时上提油管至预定水泥塞面以上进行反冲洗或冲洗不干净,致使油管与套管环隙多余水泥浆凝固而卡钻。

(2)憋压法挤水泥时没有检查上部套管的破损,使水泥浆上行至套管破损位置流入套管内,造成卡钻。

(3)挤注水泥时间过长或催凝剂用量过大,使水泥浆在施工过程中凝固。

(4)井下温度过高,对水泥又未加处理,或井下遇到高压盐水层,使水泥浆性能变坏,以致早期凝固。

(5)注水泥浆时,由于计算错误或发生别的故障造成油管或封隔器被固定在井中。

(6)在注水泥后,未等井内水泥凝固,盲目探水泥面,误认为注水泥失败,此时既不上提管柱,又不洗井,造成卡钻。

(7)挤注水泥候凝过程中,由于井口渗漏,使水泥浆上返,造成井下管柱固封。

6.1.4.2 综合处理措施

综合处理措施是指解卡打捞工艺技术实施中,采取两种或两种以上不同方法,如活动管柱法无效后采取的割出卡点以上管柱,然后打捞以下落鱼并采取震击解卡,或分段分部倒、捞解卡等,直到解除卡阻、全部捞出落鱼。一旦发生卡钻事故,切不可盲目操作,以免卡钻事故更加严重,应认真分析研究,确定卡钻事故的原因、遇卡位置及类型,及时妥善处理。

综合处理措施主要由下列各项工艺方法组成,而某些单项工艺方法也可独立完成解卡打捞作业。

1.检测探明鱼顶状态或套管技术状况

印模法为常用的一种机械检测技术,通常使用各种规格的铅模、胶模、蜡模或泥模等来完成对鱼顶的检测。印模法检测在打捞解卡施工中的重点是核定落鱼深度、鱼顶几何形状和尺寸,为打捞措施的制订和打捞工具的选择及管柱结构的组合提供依据。印模法机械检测也适用于套管变形、错断、破裂等套损程度及深度位置等套管技术状况的检测。

2.卡点预测

(1)公式计算法

井下工艺管柱遇卡有各种原因,而准确地测得卡点深度,对于打捞解卡是非常重要的。卡点计算需与现场施工结合,经一定的提拉载荷后,测得被卡管柱在某一提拉负荷下的伸长量,然后再按式(6-1)计算:

$$H = \frac{E \cdot A \cdot L}{W} \qquad (6-1)$$

式中　H——卡点深度,m;

　　　E——钢材弹性系数,MPa,一般油管 $E = 2.06 \times 10^5$ MPa;

　　　A——被卡管柱截面积,m²;

　　　L——管柱在上提负荷下的三次平均伸长量,m;

　　　W——平均(3次)上提负荷,kN。

例如某井 $2\frac{7}{8}$ in 油管,壁厚 9 mm,钢级 J-55,分层配注管柱,尾管下至 1 523.5 m,4

级 K344 – 12 封隔器,3 级偏心配产器。管柱遇卡不动,试用理论计算法计算管柱遇卡深度。试上提平均负荷 300 kN,管柱平均伸长 1.15 m,则代入式(6 – 1)得:

$$A = \frac{\pi}{4}(D^2 - d^2) = 1\ 808.64\ \text{mm}^2$$

$$H = \frac{2.06 \times 10^{11} \times 1\ 808.64 \times 10^{-6} \times 1.15}{300 \times 10^3}\ \text{mm} = 1\ 428.2\ \text{mm}$$

(2)测卡仪器测卡点法

测卡仪器测卡点法是近几年引进测卡车和仪器后发展起来的新的测卡技术。它大大提高了打捞解卡的成功率和减少了施工时间,特别是测得的卡点直观、准确、可靠。

具体做法如下:用 2 ~ 3 m 长方钻杆连接井内被卡管柱,将测卡仪器通过井架天车、地滑轮后下入井内管柱中直至遇阻。然后上提被卡管柱或扭转被卡管柱,在最少 3 个不同提拉负荷或转动圈数下,测卡仪器即可将被卡管柱的卡点深度直观、准确地在地面接收面板上显示出来。

用测卡仪测管柱卡点应注意:应先进行理论公式计算或经验公式计算,预算出卡点大约位置,然后下入测卡仪器使其处于最佳状态(不受拉伸状态)。仪器入井遇阻后,慢慢上提至预算卡点附近,一般在预算卡点上、下 2 ~ 4 m 范围内测卡效果最为理想。

3.活动管柱法

活动管柱法即在原井管柱(即原被卡工艺管柱)许用提拉负荷下反复提拉、下放,使卡点处产生疲劳破坏,达到解除卡阻。在活动管柱过程中,应注意,上提负荷应保持在管柱许用拉力内,尽量不使管柱拔断脱落;在下放时,应采用快速下放,使管柱急速回缩,给卡点以震击力,以此解除卡阻。

活动管柱法在原被卡工艺管柱拔断脱落,捞出断脱处以上管柱后,仍需下钻具继续进行活动,而此时应用强度更高的钻杆,可将上提负荷适当增加,以不拉断打捞管柱,在井架负荷许可的条件下,大力上提,快速下放,一般多能见效。

4.取出卡点以上管柱法

在活动管柱(指原被卡管柱)无效后,完整地取出卡点以上管柱,为下步震击解卡、套铣解卡、钻磨解卡等措施的实施做好准备。取出卡点以上管柱的方法主要是切割、爆炸松扣和机械倒扣。

5.震击解卡法

在被卡管柱卡点以上管柱全部取出后又经大力上下活动管柱而仍无明显作用后,可对被卡的落鱼进行震击解卡,包括向上震击和向下震击。震击力的来源主要靠震击工具来实现,通常由提放管柱产生的拉伸变形能来产生震击力。震击解卡作业必须在抓获落鱼后方可实施,常用管柱结构(自上而下)为钻杆柱、配重钻铤、液体加速器、钻铤、震击器(根据震击方向适当选用液压上击器、开式下击器或润滑式下击器)、安全接头、打捞工具(可退式或可退可倒扣式捞矛、捞筒类工具),这种震击方法比较适用于砂、蜡卡,小物件卡,下井工具的密封胶件失效卡等,尤适用于砂、蜡卡和小物件卡。

6.浸泡解卡

对卡点位置注入相应的解卡剂,浸泡一定的时间后,将卡点溶解,以达到解卡的目的。浸泡解卡适用于水泥卡、蜡卡、滤饼卡等。

7. 钻磨铣套法

钻磨铣套法就是在以上解卡无效或无明显作用后常采取的最后有效法。所谓最后有效法就是所有较先进的措施方法都用上了但仍无解卡作用而不得不采用的最古老的破坏性解卡方法,即采用各种钻头、磨铣鞋、套铣筒等硬性工具对被卡落鱼进行破坏性处理,如对电缆、钢丝绳、下井工具、水泥固封等进行钻磨、套铣、清除掉卡阻处的落鱼,以解除卡阻。虽然这对某些落井工具有破坏作用和对套管可能产生磨损,但对一口井的产能恢复或可维持一定产能,采取这种最无奈而又有效的方法来解除卡阻是很有必要的。

以上各种处理措施可以单独使用,也可以组合使用,组合采用这些措施中的某两项或两项以上的就是所谓综合处理措施。值得注意的是,解卡打捞关键是解卡,卡点解除后,打捞则将非常容易。而卡点的解除,卡点预测、测卡非常必要。

落鱼的几何形状、尺寸和深度位置必须检测核实准确,这样才能为下一步措施的采取提供准确可靠的依据。另外,钻磨铣套解卡应严格限制使用,一经采取后,必须慎重实施且应采取套铣保护措施,以免增加新的套损的可能。

6.1.5 电动潜油泵打捞工艺技术

电泵采油技术已成为当今石油开发的重要手段之一,特别是进入高含水阶段的大产能老油田,采用电泵采油是任何机械采油方法无法比拟的。随着电泵井的增加,作业过程中卡泵、电缆击穿、脱落、掉泵、砂卡电泵、套管变形卡泵等事故不断发生,且电泵结构复杂、外径大,加上电缆因素,人们曾一度被打捞电泵问题所困扰。以往对这种类型的复杂故障井,处理措施较单一,配套的专用工具也较少,往往采取倒扣、打捞电缆、磨铣电缆、机泵组等,并且施工周期较长,电潜泵解卡打捞工艺技术因此而产生并迅速发展、配套和完善。目前,由于引进、研制了测卡仪、油管爆炸切割弹、机泵组专用捞筒、电缆捞钩、高强度快速磨铣工具、震击工具及综合配套切割、整形工具等,可以成功地处理砂、蜡、油卡,小物件卡,套损卡、电缆堆积卡等各种较复杂的井况,而电潜泵故障井处理专用工具的合理开发应用,还将使电潜泵故障井处理技术更快更好地向前发展。

6.1.5.1 电潜泵井下事故原因

在众多的电潜泵生产井中,由于机泵组工作寿命问题、电缆事故问题、调整工作制度和参数等问题,往往需进行起泵等起下管柱作业。由于泵挂深度不同、泵径不同、套管规格不同、井的开发时间不同,往往出现油蜡集结卡阻泵组,油层吐砂卡理工艺尾管、套管变形,错断等卡阻机泵组,以及上提管柱时,电缆不能同步而拔断脱等,这些复杂的卡阻现象使电潜泵不能顺利地起出更换而造成严重事故使井停产,长时间不能利用,严重地能响油田稳产及油田开发方案的顺利实施。这些复杂的卡阻事故可以归纳为如下几种原因。

1. 间隙很小易卡泵

中国油井的油层套管多为 $\phi140$ mm($5\frac{1}{2}$ in),内径 $\phi121 \sim 124.5$ mm,而电泵机组最大外径为 $\phi116$ mm,套管与电泵之间的间隙只有 $4 \sim 5$ mm,若油层出砂,就很容易产生砂卡。

2. 连接环节薄弱

电泵机组之间的相互连接均为 8 条 $\phi8$ mm 螺栓,在起泵时,若有卡泵现象,容易从此处拉断,造成事故。

3. 电缆击穿

由于电缆质量问题,或因长期使用而老化,或电缆受到腐蚀等因素影响,容易发生击穿,起泵时电缆断掉、滑脱,甚至堆积而发生井下事故。

4. 与一般机泵井相同的事故

油管滑扣、套管卡泵、砂卡、落物卡等所有造成其他泵卡、落井的事故,同样会造成电泵落井事故。

6.1.5.2　故障处理方式及步骤

电潜泵故障井的处理,严格说应属解卡打捞范畴。但因电潜泵井情况特别复杂,比普通自喷井、机采井的解卡打捞难度大,采取的措施基本是综合性的先进措施。因此将电潜泵故障井处理单列为一项工艺技术也是符合客观实际的。

目前对电潜泵故障井的处理应采取慎重态度,一般需对故障类型进行调查落实,然后根据故障类型、卡阻特点、现有设备、设施、专用工具、工艺技术配套情况等采取综合技术措施进行处理。措施的一般原则是:打捞为主,铣、磨、修为辅,常规和专用工具结合,大段割取油管、电缆,整体处理机泵组。

根据前面介绍的故障类型,结合电潜泵故障井处理的经验、教训,基本可以将电潜泵卡阻严重程度分成一般卡阻(砂卡、蜡油卡、小物件卡)、电缆堆积卡阻、套损卡阻三种情况,而在这三种类型中又可分成电缆脱落堆积卡阻和电缆未脱落的其他卡阻(砂、蜡、小物件、套损卡等)两种类型。因此较复杂的卡阻类型基本上可采取以下几种综合措施进行处理。

1. 压井

压井是采用设备从地面往井里注入密度适当的流体,使井筒里的液体在井底造成的回压与地层的压力相平衡,恢复和重建压力平衡的作业。压井是其他作业的前提,其目的是暂时使井内流体在修井过程中不喷出,方便作业。

因电缆泵故障井处理时间一般较长,而管柱的泄油阀深度距油层中部较远,即压井深度不够,因此为施工安全起见,一般在选择压井液密度时,相对增大附加量。可按式(6-2)计算:

$$p_{wk} = \frac{p_{ws} \times 102}{D_0}(1 + 50\%) \tag{6-2}$$

式中　ρ_{wk}——压井液密度,g/cm^3;

　　　p_{ws}——施工井近三个月内所测静压,MPa;

　　　D_0——油层中部深度,m。

压井液黏度应不超过 70 s,含砂不超过 2%,稳定性能应达 48 h 内 45 ℃下失水低于 4 mL,无干涸松散现象发生。

压井时应用循环法压井,严格限制挤注法压井。

2. 安装作业井口

压井后卸掉采油井口,安装作业井口,安装钻台及转盘,同时在井口 3~5 m 处安装电缆缠绕滚筒,并将地面电缆缠绕在滚筒上。

3. 试提

松开顶丝后直接用提升短节对扣试提原井管柱。

试提时,最高负荷不超过油管许用提拉负荷,不得将油管柱在试提时拔脱扣而使电缆在不必要断脱处断脱。

试提负荷一般不超过300 kN,即油管螺纹的滑脱负荷。

试提行程达1～1.5 m悬重无明显变化(300 kN以内),可停止试提,倒出油管挂。

试提行程较短(0.5 m以内),悬重上升较快(200～300 kN),说明管柱有卡阻,应停止试提,再放回管柱,卸掉油管挂。

4.测试卡点

测试卡点深度位置对于处理机泵卡阻有重大作用,一般可先行用公式法预算卡点深度,然后用测卡仪器测试卡点深度,两者结果的综合即可得到准确的卡点深度。

5.卡点以上管柱与电缆处理

(1)聚能切割弹爆炸切割卡点以上管柱

根据所预算和测试的卡点深度,用爆炸方法将卡点以上管柱及电缆割断,一次同步取出卡点以上油管和电缆。

用2～3 m长方钻杆连接井内被卡管柱将聚能切割炸弹用电缆下至卡点以上2～4 m位置避开接箍,然后校正深度无误后,以一定提拉负荷上提管柱,并使电缆也受一定提拉,引爆雷管,炸药即可切制断卡点以上管柱,同时,断口处喷出的残余高压高温气体,将使被拉伸的电缆造成一定伤害。

切割后,正旋管柱10～20圈,使电缆尽量多地在管柱上缠绕,然后上提起出卡点以上管柱,电缆与管柱应同步起出。

注意,提拉负荷不得过大也不能过小,否则将达不到预想效果。提拉过大还会爆炸,管柱上弹过快过多顶弯油管,也可能使电缆在其他部位断脱或多处断脱,所以应严格按提拉公式计算结果进行提拉。

(2)机械内割刀割取卡点以上管柱

用$2\frac{7}{8}$ in机械式内割刀切割卡点以上管柱,切割点应避开接箍。若卡点在机泵组,则在机泵组以上油管部位1～2 m处切割;卡点在油管柱上,则在卡点以上2～4 m处切割。切割断后,应正旋管柱10～20圈缠绕电缆,然后上提管柱,尽量使电缆在管柱断口处拔断脱落。同步起出管柱、电缆。

(3)倒扣取出卡点以上管柱

倒扣法取出卡点以上管柱,应在电缆已脱落堆积下对管柱倒扣,否则电缆将同管柱一同反向旋转缠绕油管。将使倒扣增加困难或无法倒扣。

应根据卡点深度,正确选择中和点深度倒扣,一次尽量多地取出卡点以上管柱。

6.卡阻点井段的处理

卡阻点以上管柱,电缆切割后,砂卡型、套损型、小物件卡阻型可同步起出管柱与电缆。

死油死蜡卡阻型,切割后用热洗方法化蜡,循环挤入洗井液,一般可使用清水,温度70～80 ℃,使死油、死蜡完全溶化,并被冲出,之后同步起出被割断的卡点以上管柱和电缆。

对砂卡、小物件卡、套损卡阻机泵组的井况,同步起出割断的管柱和电缆后,做如下处理:

(1)冲砂、打捞残余电缆。

(2)打捞处理机泵组卡阻点以上部分下井工具。

(3)打印落实、核定鱼顶状况及套损状况。

7. 机泵组卡阻处理

砂卡型卡阻机泵组是油气田电潜泵井多发故障，在处理这种故障井时应做到如下几点：

(1)冲砂。卡阻点以上的管柱和电缆处理打捞干净后，大排量正循环冲砂，必要时用长套铣筒套铣冲砂使卡阻点以上沉砂冲洗干净。

(2)打捞处理机泵组以上的下井工具、油管。

(3)打捞机泵组。在打捞机泵组以上的工具、油管时，应注意在机泵组以上留1或2件下井工具或油管短节，为下一步打捞震击留有抓捞部位。

(4)大力活动、震击解卡。下入打捞、震击组合管柱捞取机泵组后，先大力向上提拉活动管柱，不能解卡时，可向上震击或向下震击解卡。组合管柱结构(自上而下)为：

①上击管柱为钻杆柱、液压加速器、配重钻铤、液压上击器、可退式打捞工具；

②下击管柱为钻杆柱、配重钻铤、开式下击器或润滑式下击器、可退式打捞工具。

一般情况下，大力活动管柱与震击解卡，对砂卡型卡阻机泵组都能达到明显作用。

8. 小物件卡阻处理

小物件卡阻机泵组，如小螺栓、小螺母、电缆卡子等的卡阻，也属常见型卡阻，特别是电缆脱落堆积后更易造成电缆卡子堆积环空而卡阻机泵组。处理这种井况应做到：

(1)卡阻点深度清楚、准确，机泵组以上电缆、油管柱、下井工具打捞处理干净。

(2)用薄壁高强度套铣筒套铣环空卡阻的电缆卡子、小物件。

(3)小物件或卡子不多时，可试用震击解卡。

(4)套铣或震击效果不明显或无效时，最后使用磨铣钻方法。磨铣掉少部分机泵组，为解体或整体打捞创造条件。

9. 套损型卡阻的处理

套管变形、破裂、错断等类型的卡阻机泵组，在油田属多见类型。处理这种类型的卡阻，应做到：

(1)捞净卡阻点以上电缆、油管、下井工具。

(2)下击机泵组，让出套损部位。

(3)打印核实套损部位套损程度、深度等情况。

(4)根据套损状况选择相应的修整措施及工具对套损部位进行修整扩径。

①对变形状况，选用梨形胀管器或长锥面胀管器等整形复位。

②对破裂状况，选用胀管器顿击，使破裂口径向外扩，恢复通径或选用锥形铣鞋修磨破裂口，使此井段恢复直径尺寸。

③对错断状况，视错断通径大小与错断类型(活动或固定形)适当选用整形器复位或锥形铣鞋修磨复位。

④对变形、错断的卡阻，还可采用燃爆整形扩径，打通卡阻点以上通道，为下步捞取机泵组创造必要条件。

当以上处理措施都不能见到明显效果时，可最后采取磨铣钻套的方法磨铣机泵组解除卡阻。

套损卡阻处理后实施通井：

(1)机泵组处理完成后，用通径规或铅模通井至防砂工艺尾管以上1~2 m或通至尾管顶部。

（2）必要时捞出防砂工艺尾管通井至人工井底。

（3）冲砂至人工井底或工艺尾管顶端。最后完井，按地质方案设计要求下入完井管柱，安装采油井口，替喷完井。

6.1.6 深井超深井小井眼打捞工艺技术

6.1.6.1 概述

随着石油需求的日益加大，21 世纪的石油工业面临着增加石油后备储量的压力。中国地质情况复杂，储层埋藏深，勘探开发费用高，但为了开采油气资源，就要钻井，钻穿各种地层。随着钻井技术的不断发展和钻井设备的更新换代，同时为了勘探开发新的储层，深井和超深井的数量逐渐增多，井眼尺寸越来越小，井身结构也越来越烦琐，下部井段套管经常采用 5 in 或 $5\frac{1}{2}$ in 尾管，甚至更小。

迄今为止，小井眼钻井活动已遍及世界，如美国、法国、德国、英国、加拿大和委内瑞拉等 80 多个国家。20 世纪 90 年代以来，小井眼钻井技术已成为国外经济钻井技术的热点之一，世界钻小井眼井的数量呈不断增长趋势。近年来，随着工艺技术的不断进步，国外在打捞工具的研制和打捞工艺方面随之取得了长足的进步。打捞工具上，除了不断改进和优化打捞工具的结构与材料之外，还开发与完善了组合打捞工具，并将连续油管作业设施应用于打捞作业。此外，国外厂商还将高科技应用于打捞工具的研究中，开发了井下视频电视测卡仪和井下打捞专家系统等。

20 世纪 90 年代以来，中国小井眼钻井技术作为一种经济型钻井技术取得了不断的进步和发展。随着钻井量与采油作业量的日益增加，小井眼解卡打捞技术的应用范围也不断扩大。近些年来，中国塔里木、大庆、胜利、大港等油田都在进行小井眼打捞工艺技术的尝试与实践，正处于萌芽与发展阶段。目前中国大井眼解卡打捞技术已基本为成型工艺，而小井眼解卡打捞才刚起步，打捞工具材质不过关且未规格系列化，事故处理手段相对匮乏，深井超深井打捞经验更少。显然，深井超深井小井眼的事故处理代表以后打捞技术的发展方向。

所谓深井超深井，按国际通用概念，深度在 4 500 m 以上为深井，超过 6 000 m 属超深井，超过 9 000 m 的属特深井范围。中国新疆地区深井超深井较多。对于深井超深井，几乎每一项打捞作业都有其特殊性。因此需要对打捞程序的每一个环节进行仔细分析并作出判断。

深井最明显的特点是：井底温度高、压力高、相对井眼小。打捞工艺与常规井相似，但具体情况和难易程度不同。其主要表现为：

（1）高温、高压、高气油比对修井液的影响。由于深井井下温度高、地层压力大、油层气油比高，对修井液的要求也相应要高。目前高密度修井液用于 3 000 m 以内的井其性能比较稳定，能满足作业要求，但对 3 000 m 以上高压、高温、高气油比的井，在井内的稳定性就比较差。对于深井使用密度 1.6 g/cm³ 以上修井液施工时，在井内很短时间性能就发生变化，严重时修井液在井内出现沉淀，容易造成井况复杂化，从而降低大修效率，增加修井成本。

（2）深井井身结构对打捞作业的影响。目前中国新疆油田绝大部分深井选用 φ139.7 mm 油层套管完井，从开发的角度讲，选用 φ139.7 mm 油层套管完井成本相应较低，但是对后期采油、油井维修以及打捞作业均带来诸多不便。因为进行打捞作业时,随着井深增加,钻具长度及质量也随着增加。首先,打捞钻具在满足自身及被捞落物重力的基础上还要克服钻具及被捞落物在井内的摩擦阻力,因此深井钻具的钢级、尺寸就与常规井有所不同。根据新疆油田的现状,目前在 $\phi139.7$ mm 套管内只能选用 $\phi73$ mm 钻杆、$\phi105$ mm 钻铤。使用打捞工具最大尺寸在 $\phi116$ mm 以内。目前深井打捞作业的钻具组合是以 $\phi73$ mm 钻杆为主,因为打捞作业主要是以紧扣、上下大吨位提拉活动、造扣、倒扣等方法来实现的,上述尺寸的钻杆在深井打捞作业中易发生断钻具、钻杆粘扣、接箍内螺纹被拧成喇叭口等事故。

(3)井身质量对打捞作业的影响。当深井井身质量差时,由于井眼轴线的方位变化、井斜变化,造成井壁对管柱的摩阻及井内管柱的弹性弯曲,管柱自重影响等较常规井都更明显,使得深井超深井打捞时的操作、判断也不同于常规井,比较困难、复杂。

所谓小井眼是相对常规的井眼而言的,目前,国际上还没有小井眼的通用概念,而比较普遍的定义是:90%的井眼直径小于 7 in 或 70%的井眼直径小于 6 in 的井称为小井眼井。小井眼打捞相对困难,由于小井眼钻探深,起下钻时间较长,如果措施、扭矩及其施工参数的选择不当,工具质量不过关等,往往会造成跑空钻,不仅耽误时间,甚至会使事故更加复杂化。

6.1.6.2 深井超深井小井眼打捞技术难点

深井超深井小井眼事故处理无非是从管内打捞、管柱外径打捞、套铣、倒扣、爆炸松扣、磨铣等几种处理方式。对光管柱来说,由于受到井深、环空、落鱼本身强度以及打捞管柱强度的限制,采用管内打捞的成功率较低,而采用管柱外打捞又受到环空和常规打捞工具的限制。大多无法采用常规的管外打捞作业,套铣也受到环空间隙和落鱼外径的很大限制,倒扣作业又难以保证从卡点处倒开,爆炸松扣对于钻具来说多可实现,可对油管,特别是油管外尚有电缆时就很难实现,且有损坏套管的潜在可能。在以上措施难以实现时往往进行磨铣作业,但因受环空和落鱼内外径的影响,在磨铣过程中常因磨铣的碎屑无法及时循环带到地面而在井内沉降,最终导致卡钻。深井小井眼事故处理难度和风险都很大,稍有不慎,就有可能造成事故进一步复杂,甚至可能导致该井报废。概括起来,深井小井眼事故具有以下主要特点:

(1)作业环空间隙狭小,摩阻大,对工具性能要求苛刻,工具选择余地小,处理手段比较单一。这是受套管通径的影响。对 5 in 或 $5\frac{1}{2}$ in 套管来讲,其通径分别为 105 mm 和 181 mm,这就要求所使用的打捞工具外径不能大于这一尺寸。

(2)作业用小钻具强度低,易导致事故进一步恶化。目前国产的小尺寸打捞工具由于受材质和热处理工艺的影响,其强度难以满足深井打捞作业的要求,易导致事故的复杂化。为增加工具本身的强度,一般采用增大工具尺寸来实现,如增加捞筒的壁厚,可这又反过来减小了可打捞落鱼的范围,对环空间隙小、落鱼尺寸又较大的情况就很难实现。

(3)钻具、工具、落鱼水眼小,难于进行常规的爆炸松扣和切割作业。落鱼水眼易堵死,难以建立正常循环。

(4)小钻具易变形,在深井作业中判断方入比较困难,加上开式下击器与超级震击器行程的影响,对方入的准确判断就更困难了。经常出现一些无法用正常方式去解释的现象或假象,给制订事故处理方案和现场操作带来很大困难。

(5)钻具水眼小,沿程损耗大,泵压高,排量小,携屑困难,尤其是钻磨作业中形成的铁屑,易发生处理钻具再次卡钻或堵水眼事故等。

6.1.6.3 镁粉切割工艺技术

深井超深井小井眼中经常发生卡钻、断钻具、卡电缆、卡封隔器和电泵等,传统处理事故的方式主要有用公锥或捞矛进行水眼内打捞,用卡瓦打捞筒从管柱外打捞、套铣、转盘倒扣、测卡、爆炸松扣和磨铣等,必要时也采取切割手段。

而对于管柱多点被卡,或油管柱外表附带电泵电缆等,这些传统方式就会受到很大的限制,施工周期长,效率低下。

对于这类事故,管内切割、分段处理是目前最常用的处理方式之一。目前,国内常用的切割方式有切割弹切割和机械切割两种。由于被卡管柱一般为 $3\frac{1}{2}$ in 以下的钻具和油管,水眼直径较小,国产内切割工具往往受其安全稳定性和送入方式等方面的限制,难以满足施工要求。因此,油田迫切需要采用性能较好、操作简便的内切割工具。

近年来,美国 Weatherford 公司已成功研制了镁粉切割工具。镁粉切割技术是当今世界上最先进的切割技术之一,在国外各油田已逐步推广。该项技术在国内的首次引进和应用,并取得了明显的社会和经济效益,为各油田处理井下事故开辟了一条新路。

1. 镁粉切割工具介绍

(1) 分类

Weatherford 公司研割的 RCT(RadialCuttingTorch)切割工具分为:

①高聚能镁粉火炬切割系列工具(RCT);

②高压高聚能镁粉火炬切割系列工具(HP - RCT):RCT + 转换工具。

(2) 管串基本结构

RCT 工具基本结构如图 6-7 所示。

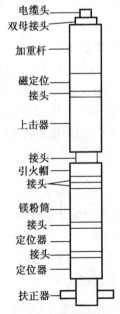

图 6-7 RCT 工具结构示意图

（3）镁粉切割工具规格

镁粉切割工具规格参数见表6-1。

表6-1　镁粉切割工具规格参数

序号	名称
1	1 inRCT 切割头,切割管柱尺寸范围:$1\frac{1}{2}\sim1\frac{3}{4}$ in,适用于所有厚壁的管柱
2	$1\frac{3}{8}$ inRCT 切割头,切割管柱尺寸范围:$2\frac{3}{8}$ in,适用于所有厚壁的管柱
3	$1\frac{1}{2}$ inRCT 切割头,切割管柱尺寸范围:$\frac{3}{8}$ in,适用于所有厚壁的管柱
4	$1\frac{11}{16}$ inRCT 切割头,切割管柱尺寸范围:$\frac{7}{8}$ in,适用于所有厚壁的管柱
5	2 inRCT 切割头,切割管柱尺寸范围:$\frac{1}{3}$ in,适用于所有厚壁的管柱
6	$2\frac{1}{2}$ inRCT 切割头,切割管柱尺寸范围:$\frac{1}{2}$ in,适用于所有厚壁的管柱
7	$2\frac{15}{16}$ inRCT 切割头,切割管柱尺寸范围:4 in,适用于所有厚壁的管柱
8	$3\frac{3}{8}$ inRCT 切割头,切割管柱尺寸范围:$5\frac{1}{2}$ in,适用于所有厚壁的管柱

将在地面装配好的 RCT 切割工具,用电缆送达管内预定位置,通过电缆传输额定电流到热发生器,热发生器内的电阻器被加热后温度升高,随后热发生器产生的热量点燃导火索,然后通过混合粉末释放的氧来燃烧大部分负荷镁粉。这一过程的副产品是以高能熔化等离子形式存在的热能。这种热能导致切割工具内压增加,一旦压力超过井筒液柱压力,喷嘴上的滑动套筒就会下滑,使喷嘴暴露在管径中,高能等离子体通过喷嘴释放离子,使90% 离子作用在管内壁上,切割作业开始。这时它的切割能力是喷砂设备的 6 000 倍,它就像富含高温和腐蚀物的原子微粒一样射向切割区。正是这种腐蚀物使得 RCT 切割工具即使在远离管壁的情况下仍有较高的效率,切割过程在 25 ms 内完成。切割结束后,工具将通过电缆起出,其中的压力平衡器和热发生器可清洗后重复使用。

2. 镁粉切割作业环境

高聚能镁粉火炬切割系列工具（RCT）的井下工作条件:

工作压力:10 000 lb/in^2。工作温度:500 ℉。

高压高聚能镁粉火炬切割系列工具（HP - RCT）是在常规切割工具上加装转换装置,其井下工作条件:

工作压力:150 001 h/in^2。工作温度:500 ℉。

3. 镁粉切割工具的特点

镁粉切割工具适用于落鱼环空较小、无法套铣且落鱼通径较小、常规内割刀无法下入时的事故处理。它的主要特点有:

（1）镁粉切割管串的外径较小,最大外径是 42.5 mm,适用范围较广,适应于 7% in 及其以下所有尺寸的油、套管,以及 $3\frac{1}{2}$ in 钻杆、$4\frac{3}{6}$ in 钻铤管内切割。切割不同的管柱时,通过更换镁粉桶即可。

(2)无须监测,跟踪及废物处理,无危害性。

(3)无须特殊的装载许可,可运输到任何海上石油平台、陆地作业现场。

(4)无爆炸性,同时在作业时无须无线电静默管制。

(5)无须特殊的装载工具箱,它本身所有的成分都是安全的,具有良好的稳定性。

(6)便于进行打捞作业,切割完油管后,鱼头较规则,打捞直径不变形,无膨胀及喇叭口等现象,如图 6-8 所示,有效缩短事故处理时间。

图 6-8　切割口形状对比示意图

(7)RCT 切割工具管串的下入工具比较简单,通常使用测井或测卡车电缆送入;操作方便,通过电流点火引燃点火帽即可实施切割。

(8)RCT 切割工具的承压能力较高,可在 10 000 ~ 150 001 h/in^2 压力下工作。

(9)与普通内割刀相比,RCT 切割工具的安全性较高,不会发生因割刀刀头掉落而使事故进一步复杂化。

4.镁粉切割与其他处理手段的对比

(1)倒扣作业。倒扣作业难以保证从卡点附近倒开,且容易使事故进一步复杂化。

(2)爆炸松扣。爆炸松扣可以实现打捞管柱的目的,但同时会将油管外的电缆切断,使打捞电缆的次数增加,延长打捞作业周期。

(3)机械式内割刀。目前国内有些厂家已生产出尺寸较小的内割刀,但因受到管柱水眼的限制,在深井小井眼事故处理过程中还没有得到实际验证,且因其送入和传递扭矩需用 1in 抽油杆或 $1\frac{1}{2}$ in 油管,其强度是否适应深井作业的要求还有待验证。

5.镁粉切割作业施工方法

(1)施工准备。清理好井场,上绞车、准备镁粉切割工具。

(2)测卡点深度。用测卡车或提拉方法测出管柱卡点,求出卡点深度。根据卡点深度,在卡点上部 1 ~ 2 m 选择合适的切割点。此时,要考虑是否从钻具的最薄弱点即最易切断处切割,避开接箍等较难切割的位置。

(3)下入镁粉切割工具。确认电缆线路接通后,用绞车将装配好的镁粉切割工具送入预定的位置。送入过程中操作应平稳。

(4)上提钻具 15 ~ 20 m,以使切断后能在拉力作用下断开,以免在高温下再次粘接。

(5)接通电源,点火切割。切割过程非常快,0.25 m/s 内即可完成切割作业。

(6)起出电缆及切割工具,观察镁粉杆四周是否有烧焦痕迹,进一步验证切割效果。

（7）拆卸切割工具，上提、起出被切割管柱。

6.镁粉切割注意事项

（1）卡点深度应计算准确，切割位置选择得当。

（2）若被卡管柱水眼不通，则需要在切割位置下（上）50 cm 左右开水眼，以循环钻井液。可射孔或者用切割弹切孔。

（3）在装镁粉时，要严格按照规章操作，以防爆炸。全井场要停电、关手机，禁止机动车运行。

镁粉切割工艺技术是深井超深井小井眼事故处理最有效的方式之一。该技术在深井油田有较好的推广应用价值。

6.1.7 其他打捞工艺技术

6.1.7.1 套铣鱼颈工艺技术

卡钻事故发生后，经活动钻具、转动、震击、浸泡解卡剂等均无效果，就只能进行倒扣或爆炸松扣，将卡点以上钻具起出后，对卡点以下钻具、工具进行套铣。如落鱼较短，一次套铣完成后，即可进行打捞；若落鱼较长，只能进行分段套铣、分段倒扣、打捞。在深井小井眼套铣打捞作业更为困难，因此，目前已成功开发研用套铣鱼颈工艺技术。

套铣鱼颈工艺实际上就是利用高效套铣鞋对落鱼鱼头进行套铣，使鱼头外径减小，保证现有卡瓦打捞筒能够有效抓住落鱼。例如：利用 ϕ104.8 mm 套铣鞋在原鱼顶上部套铣进尺 0.3 ~ 0.5 m，将鱼顶外径由原来的 ϕ89 mm 缩小到 ϕ79.4 mm，下 ϕ104.8 m 薄壁捞筒进行倒扣或震击落鱼作业。套铣鱼颈工艺是一项非常实用的小井眼打捞工艺技术，能为小井眼落鱼外打捞创造良好的作业条件。

1.套铣鱼颈工艺的技术要求及特点

（1）套铣鞋工具工艺考究。

①管壁薄，管体强度高。

②内触刃焊接要把握好火候、圆度、通径尺寸。

③必须在套铣鞋内合适位置焊接确认标记等。

（2）套铣时，严格控制施工参数，套铣速度控制在 0.1 m/h 左右。

（3）根据进尺、套铣鞋内触刃磨损情况及确认标记综合判断鱼径是否成功。

（4）卡瓦打捞筒壁要尽量薄，并且强度一定要高。

（5）套铣后鱼径光滑，尺寸准确是其最大特点。

2.套铣前的准备工作

（1）套铣管入井前，对设备进行全面检查保养，保证设备处于完好状态，仪器、仪表灵敏可靠。

（2）用与钻进同尺寸钻头通井，井眼畅通无阻时，方可进行套铣作业。

（3）套铣作业时钻井液性能必须达到设计要求，可加入一定量的防卡剂，以利于施工安全。

（4）当井下漏失比较严重时，必须堵住漏层，方能进行套铣作业。

（5）套铣管管体及螺纹在车间均须严格探伤，若发现螺纹碰扁、密封台肩损坏、管体咬伤深度在 2 mm 以上、长度在 50 mm 以上，套铣管单根长度的直线度大于 5 mm 以上、管体不圆度在 2 mm 以上等问题一律不得下井。

（6）套铣管卸车时要用吊车，不能滚卸。上下钻台用游车及大门绷绳，并戴好护丝。

3. 套铣时的钻具结构

第一种:铣鞋 + 套铣管 + 大小头 + 安全接头(或配合接头) + 下击器 + 上击器(配加重钻杆)。

第二种:铣鞋 + 套铣管 + 大小头 + 安全接头(或配合接头) + 加重钻杆 + 钻杆 + 方钻杆。

4. 套铣参数

套铣参数的选择,应以最小的蹩跳、最快的套铣进尺、井下最安全作为选择的标准,

推荐套铣参数为:钻压 20 ~ 70 kN,排量 20 ~ 40 L/s,转速 40 ~ 60 r/min。

6.1.7.2 文丘里接头在磨铣作业过程中的应用技术

深井超深井小井眼事故处理过程中,经常需要进行磨铣作业,而因受环空的限制,如若不采用辅助设备,磨屑很容易把钻具卡住,使事故进一步复杂化。文丘里接头特别适用于深井小井眼磨铣作业,它配合磨鞋使用,可有效清洁井内环空,预防磨屑堆积致卡。

1. 文丘里接头基本结构

文丘里接头结构示意图如图 6 - 9 所示。

2. 文丘里接头工作原理

文丘里接头的工作原理如图 6 - 10 所示。当管路中液体流经文丘里喷嘴时,液流断面收缩,在收缩断面处流速增加,压力降低,使喷嘴前后产生压差,形成负压抽汲效果。

正是利用文丘里接头自身结构特点,使钻井液由接头的喷嘴水眼高速流出,形成负压抽汲作用,迫使钻井液在环空内携带磨铣碎屑及杂物向磨铣鞋底部快速流动,进入磨鞋水眼及管内,经过滤网过滤,钻井液继续循环,碎屑留在滤网下钻铤水眼内,以此来清洁环空,防止堆积。

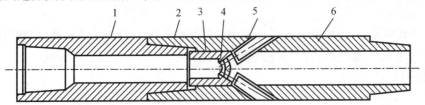

图 6 - 9 文丘里接头结构示意图
1—上部接头;2—装配筒;3—喷嘴;4—腈环;5—出流管;6—下部接头

另外,在深井超深井小井眼作业中,钻具扭矩的传递也是一个非常重要的问题。转盘圈数过多,可能拧断钻具;圈数过少,扭矩可能无法充分传递到落鱼上,达不到预期处理效果。为此,经过多年现场实践得出:每次转动转盘 5 圈左右时,刹住转盘,用 B 型大钳憋住方钻杆,以 5 t 幅度上提、下放,往复活动钻具,有效、平稳地向下传递扭矩。根据现场经验,与连续旋转方式相比,这种方式可节约 1/3 ~ 1/2 旋转圈数,效果非常理想。

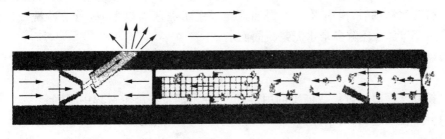

图 6 - 10 文丘里接头工作原理示意图

6.2 小件落物打捞

6.2.1 落物卡钻的原因

在打捞落物时常常遇到落物被卡阻的现象,在落物被卡阻的情况下打捞落物就是解卡打捞。

卡钻是指油水井在生产或作业过程中,由于某些原因造成的井下管柱被卡,按正常方式不能起出的一种井下事故。卡钻事故常常使油水井的生产不能正常进行,严重时会导致油水井报废,给油田造成重大的经济损失。因而如何妥善处理卡钻事故,对维护油田生产和提高作业水平非常重要。

卡钻事故可分为砂卡、水泥凝固卡、落物卡钻和套损卡钻4种类型,下面分别介绍其形成的原因。

6.2.1.1 砂卡的原因

砂卡的特征是管柱提不动、放不下、转不动。

1. 造成砂卡的原因

(1)油井生产过程中,油层砂子随着油流进入套管,逐渐沉淀使砂面上升,埋住封隔器或一部分油管;在注水过程中由于压力不平稳,或停注过程中的"倒流"现象,使砂子进入套管,造成砂卡。

(2)冲砂时泵的排量不足,液体上返速度小,不足以将砂子带到地面,倒罐或接单根时,砂子下沉造成砂卡。

(3)压裂时油管下得过深,含砂比过大,排量过小,压裂后放压过猛等,均能造成砂卡。

(4)其他原因,如填砂、注水井喷水降压时喷速过大等,也能造成卡砂。

2. 预防砂卡的措施

从造成砂卡的原因来看,要避免砂卡的产生,需采取以下预防措施:

(1)对出砂较严重的生产井,要尽早采取防砂措施,或及时进行冲砂处理,防止砂卡。

(2)冲砂时泵的排量要达到规定数值,以保持将砂带至地面。在例罐或接单根时,动作要快,防止砂子下沉造成砂卡。

(3)压裂施工作业中,要严格按照施工要求执行,避免油管下得过深、含砂比过大、排量过小及压裂后放压过猛等现象发生。

(4)在填砂、注水井喷水降压时注意填砂量的确定,操作中要防止喷水降压过猛。

6.2.1.2 水泥凝固卡钻的原因

1. 水泥凝固卡钻的原因

(1)打完水泥塞后,没有及时上提油管至预定水泥塞面以上,进行反冲洗或冲洗不干净,致使油管与套管环隙多余水泥浆凝固而卡钻。

(2)憋压法挤水泥时没有检查上部套管的破损,使水泥浆上行至套管破损位置返出,造成卡钻。

(3)挤注水泥时间过长或催凝剂用量过大,使水泥浆在施工过程中凝固。

(4)井下温度过高,对水泥又未加处理,或井下遇到低压盐水层,使水泥浆性能变坏,以致早期凝固。

（5）打水泥浆时,由于计算错误或发生别的故障造成油管或封隔器凝固在井中。

2. 预防水泥凝固卡钻的措施

（1）打完水泥塞后要及时、准确上提油管至水泥塞面以上,确保冲洗干净。

（2）憋压挤水泥前,一定要检查套管是否完好。

（3）挤注水泥时要确保水泥浆在规定时间内尽快挤入,催凝剂的用量一定要适当。

（4）井下温度较高,或可能遇到高压盐水层时,一定要确保注水泥过程中不发生其他事故,万一发生其他事故,而又不能及时处理时,要立即上提油管,防止油管被固住。

6.2.1.3 落物卡钻的原因

造成落物卡钻的原因多数是由于从井口掉下小的物件,如钳牙、卡瓦、井口螺丝、撬杠、扳手等,将井下工具（封隔器、套铣筒等）卡住。

预防落物卡钻最主要是在起下油管或钻杆时,对所有工具、部件要详细检查。对有损坏的工具要及时修复或更换,井口要装防掉板。油管起完后,坐上井口或盖上帆布。

6.2.1.4 套损卡钻的原因

1. 套管卡钻的原因

（1）由于对井下情况掌握不清,误将工具下过套管破损处,造成卡钻。

（2）对规章制度执行不严,技术措施不恰当,均会因套管损坏而卡钻。如注水井喷水降压时,由于放压过猛,可能会使套管错断。

2. 预防套管卡钻的措施

（1）测井或分层作业前,要用通井规通井。

（2）起下钻时,如有卡钻或遇阻现象,要下铅模打印探明情况,必要时,对可疑点进行侧面打印。

（3）如套管有损坏,必须将其修好后,方可再进行其他作业。

6.2.2 解卡打捞工具及操作

在落物卡阻的情况下,处理卡阻的过程就是解卡打捞。解卡和打捞是密不可分的,解卡为了打捞,是手段,将卡阻的落物捞出来才是最终的目的。解卡工作不可盲目,以免使卡阻更严重,应认真分析研究,确定卡阻原因、遇卡位置及类型,妥善处理。

6.2.2.1 常用工具

1. 液压上击器

液压上击器（以下简称上击器）,主要用于处理深井的砂卡、盐水和矿物结晶卡、胶皮卡、封隔器卡以及小型落物卡等。尤其在井架负荷小,不能大负荷提拉钻具时,上击器的解卡能力更显得优越。该工具加接加速器后也适用于浅井。

液压上击器主要由上接头、芯轴、撞击锤、上缸体、中缸体、活塞、活塞环、导管、下缸体及密封装置等组成,如图6-11所示。

上击器的工作过程可分为拉伸储能阶段、卸荷释放能量阶段、撞击阶段、复位阶段4个阶段。

（1）拉伸储能阶段

上提钻具时,因被打捞管柱遇卡,钻具只能带动芯轴、活塞和活塞环上移。由于活塞环上的缝隙小,溢流量很少,因此钻具被拉长,就储存了变形能。

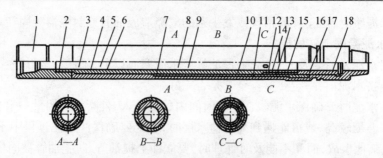

图 6-11　液压式上击器结构示意图

1—上接头;2—芯轴;3,5,7,8,11,16—密封圈;4—放油塞;6—中壳体;
10—撞击锤;12—挡圈;13—保护圈;14—活塞;15—活塞环;17—导管;18—下接头

（2）卸荷释放能量阶段

尽管活塞环缝隙小，溢流量少，但活塞仍可缓缓上移。经过一段时间后，活塞移至卸荷槽位置，受压液体立刻卸荷。受拉伸长的钻具快速收缩，使芯轴快速上行，弹性变形能变成钻具向上运动的动能。

（3）撞击阶段

急速上行的芯轴带动撞击锤，猛烈撞击上缸体的下端面，与上缸体连在一起的落鱼受到一个上击力。

（4）复位阶段

撞击结束后，下放钻具卸荷，中缸体下腔内的液体沿活塞上的油道毫无阻力地返回上腔内至下击器全部关闭，等待下次撞击。

液压上击器技术规范见表 6-2。

表 6-2　液压式上击器技术规范

规格 型号	外径 /mm	内径 /mm	接头 螺纹	冲程 /mm	推荐使用钻铤重量/kg	最大上提负荷/kN	震击时计算负荷/kN	最大扭矩 /(N·m)	推荐最大工作负荷/kN
YSQ-95	9	38	NC26(2A10)	100	1542~2087	260	1442	15500	204.5
YSQ-108	108	49	NC31(210)	106	1588~2132	265	1923	31200	206.7
YSQ-121	121	51	NC38(310)	129	2540~3402	423	2282	34900	331.2

2. 开式下击器

开式下击器与打捞钻具配套使用，抓获落鱼后，可以下击解除卡阻，可以配合倒扣作业。与内割刀配套使用时，可给割刀一个不变的进给钻压。与倒扣器配套使用时，可补偿倒扣后螺纹上升的行程。与钻磨铣管柱配套可以恒定进给钻压，这是开式下击器的最大优点。

开式下击器由上接头、外筒、芯轴、芯轴外套、抗挤压环、挡圈、O 形密封圈、紧固螺钉等组成，如图 6-12 所示。

下击器的工作过程可以看成是一个能量相互转化的过程。上提钻柱时，下击器被拉开，上部钻柱被提升一个冲程的高度（一般为 500~1 500 mm）具有了势能。进一步向上提拉，钻柱产生弹性伸长，储备了变形能。急速下放钻柱，在重力和弹性力的作用下，钻柱向下作加速运动，势能和变形能转化为动能。当下击器达到关闭位置时，势能和变形能完全转化为动能,并达到最大值,随即产生向下撞击作用。

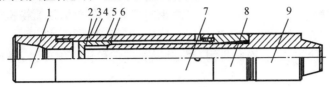

图6-12 开式下击器结构示意图

1—上接头;2—抗挤环;3—O形密封圈;4—挡圈;5—撞击套;6—紧固螺钉;7—外筒;8—芯轴外套;9—芯轴

开式下击器技术规范见表6-3。

表6-3 开式下击器技术规范

规格型号	外径尺寸/mm	街头螺纹代号	性能参数			
			冲程/mm	许用拉力/kN	水眼直径/mm	许用扭矩/(N·m)
XJ-K95	$\phi95 \sim 1413$	$2\frac{7}{8}$REG(230)	508	1 250	38	11 700
XJ-K108	$\phi108 \sim 1606$	NC31(210)	808	1 550	49	22 800
XJ-K121	$\phi121 \sim 1606$	NC31(210)	508	1 960	51	19 900
XJ-K140	$\phi146 \sim 1850$	NC50(410)	508	2 100	51	43 766

3. 套铣筒

套铣筒是与套铣鞋联合使用的套铣工具,其功能除旋转钻进套铣之外,还可以用来进行冲砂、冲盐、热洗解堵等作用。

套铣筒基本结构如图6-13所示。

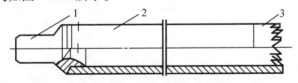

图6-13 套铣筒结构示意图

1—上接头;2—筒体;3—铣鞋

套铣筒的技术规范见表6-4。

表6-4 套铣筒技术规范

规格型号	外径/mm	内径/mm	壁厚/mm	最小使用井眼/mm	最大套铣尺寸/mm
TXG114	114.3	97.18	8.56	120.65	80.90
TXG127	127.0	108.62	9.19	146.05	101.60
TXG140	139.7	121.36	9.17	152.4	117.48
TXG146-1	146.05	130.21	7.92	161.93	127.00
TXG146-2	146.05	128.05	9.00	161.93	120.65

4. 倒扣器

倒扣器是一种变向传动装置,由于这种变向装置没有专门的抓捞机构,必须同特殊形式的打捞筒、打捞矛、公锥或母锥等工具联合使用,以便倒扣和打捞。

倒扣器主要由接头总成、换向机构、锚定机构、锁定机构等组成,如图6-14所示。

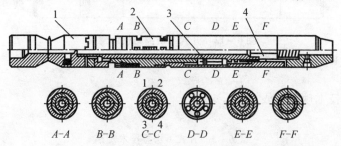

图6-14 倒扣器结构示意图
1—接头总成;2—锚定机构;3—换向机构;4—锁定机构

当倒扣器下部的抓捞工具抓获落物并上提一定负荷确定已抓牢时,正旋转管柱,倒扣器的锚定板张开,与套管壁咬合,此时继续旋转管柱,倒扣器中的一组行星齿轮工作,除自转(随钻柱)外,还带动支承套公转。由于外筒上有内齿,将钻杆的转向变为左旋,倒扣开始发生,随着钻柱的不断转动,倒扣则不断进行,直至将螺纹倒开。此时旋转扭矩消失,钻柱悬重有所增加,倒扣完成之后,左旋钻柱2~3圈,锚定板收拢,可以起出倒扣管柱及倒开捞获的管柱。

倒扣器技术规范见表6-5。

表6-5 倒扣器技术规范

项目名称型号		DKQ95	DKQ103	DKQ148		DKQ196
外径/mm		95	103	148		196
内径/mm		16	25	29		29
长度/mm		1829	2642	3073		3037
锚定套管尺寸(内径)/mm		99.6~127	108.6~150.4	152.5~205	216.8~228.7	216~258
抗拉极限负荷/kN		400	660	890	890	1780
扭矩值/(N·m)	输出	5423	13558	18982	18982	29828
	输入	9653	24133	33787	33787	53093
井内锁定工具压力/MPa		1.1	3.4	3.4	3.4	3.4

5. 倒扣捞矛

倒扣捞矛同倒扣捞筒一样可用于打捞、倒扣。倒扣捞矛由上接头、矛杆、花键套、限位块、定位螺钉、卡瓦等零件组成,如图6-15所示。

倒扣捞矛与其他打捞工具一样,靠两个零件在斜面或锥面上相对移动胀紧或松开落鱼,靠键和键槽传递力矩,或正转或倒扣。

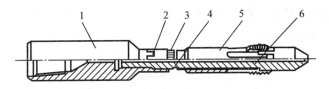

图6-15 倒扣捞矛结构示意图

1—上接头;2—矛杆;3—花键套;4—限位块;5—定位螺钉;6—卡瓦

倒扣捞矛技术规范见表6-6。

表6-6 倒扣捞矛技术规范

规格型号	外形尺寸/mm	接头螺纹	打捞尺寸/mm	许用拉力/kN	许用扭矩/(N·m)
DLM - T48	95×600	NC26	39.7~41.9	250	3 304
DLM - T60	100×620	$2\frac{7}{8}$REG	49.7~50.9	392	5 761
DLM - T73	114×670	NC31	61.5~77.9	600	7 732
DLM - T89	138×750	NC38	75.4~91	712	14 710
DLM - T102	145×800	NC38	88.2~102.8	833	17 161
DLM - T114	160×820	NC50	99.8~102.8	902	18 436

6. 倒扣捞筒

倒扣捞筒既可用于打捞、倒扣,又可释放落鱼,还能进行洗井液循环。在打捞作业中,倒扣捞筒是倒扣器的重要配套工具之一,同时也可同反扣钻杆配套使用。

倒扣捞筒由上接头、筒体、卡瓦、限位座、弹簧、密封装置和引鞋等零件组成,如图6-16所示。

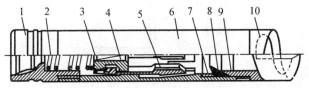

图6-16 倒扣捞筒结构示意图

倒扣捞筒的工作原理与其他打捞工具一样,靠两个零件在锥面或斜面上的相对运动夹紧或松开落鱼,靠键和键槽传递扭矩。倒扣捞筒在打捞和倒扣作业中,主要机构的动作过程是当内径略小于落鱼外径的卡瓦接触落鱼时,卡瓦与筒体开始产生相对滑动,卡瓦筒体锥面脱开,筒体继续下行,限位座顶在上接头下端面上迫使卡瓦外胀,落鱼引入。若停止下放,此时被胀大了的卡瓦对落鱼产生内夹紧力,紧紧咬住落鱼。上提钻具,筒体上行,卡瓦与筒体锥面贴合。随着上提力的增加,三块卡瓦内夹紧力也增大,使得三角形牙咬入落鱼外壁,继续上提就可实现打捞。如果此时对钻杆施以扭矩,扭矩通过筒体上的键传给卡瓦,使落鱼接头松扣,即实现倒扣。如果在井中要退出落鱼,收回工具,只要将钻具下击,使卡瓦与筒体锥面脱开,然后右旋,卡瓦最下端内倒角进入内倾斜面夹角中,此刻限位座上的凸台正卡在筒体上部的键槽上,筒体带动卡瓦一起转动,如果上提钻具即可退出落鱼。

倒扣捞筒技术规范见表6-7。

表6-7 倒扣捞筒技术规范

规格型号	外形尺寸 /(mm×mm)	街头螺纹	打捞尺寸/mm	许用提拉负荷/kN	许用倒扣扭矩	
					拉力/kN	扭矩/(N·m)
DLM-T48	95×650	$2\frac{7}{8}$REG	47~49.3	300	117.7	275.4
DLM-T60	105×720	NC31	59.7~61.3	400	147.1	305.9
DLM-T73	114×735	NC31	72~74.5	450	147.1	346.7
DLM-T89	134×750	NC31	88~91	550	166.7	407.9
DLM-T102	145×750	NC38	101~104	800	166.7	448.7
DLM-T114	160×820	NC46	113~115	1 000	176.5	611.8
DLM-T127	185×820	NC46	126~129	1 600	196.1	713.8
DLM-T140	200×850	NC46	139~142	1 800	196.1	815.8

7. 平底磨鞋

平底磨鞋是用底面所堆焊的 YD 合金或耐磨材料去研磨井下落物的工具,如磨碎钻杆钻具等落物。

平底磨鞋由磨鞋本体及所堆焊的 YD 合金或其他耐磨材料组成,如图6-17所示。磨鞋体从上至下有水眼,水眼可做成直通式或旁通式两种。

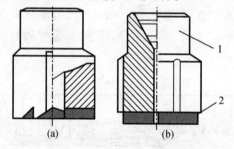

图6-17 平底磨鞋结构示意图
1—磨鞋体;2—YD 合金

平底磨鞋依其底面上 YD 合金和耐磨材料在钻压作用下,吃入并磨碎落物,磨屑随循环洗井液带出地面。

平底磨鞋技术规范见表6-8。

表6-8 平底磨鞋技术参数

规格型号	外形尺寸/mm	接头螺纹	使用规范及性能参数	
			最大磨削直径分段 D/mm	工作套管/in
PMB114	D×250	NC26(2A10)	94,95,96,97,98,99,101	$4\frac{1}{2}$
PMB127	D×250	NC31(210)	106,107,108,109,110,111,112	5
PMB140	D×230	NC31(210)	116,117,118,119,120,121,122,123,124	$5\frac{1}{2}$
PMB168	D×270	NC38(310)	145,146,147,148,149,150,151,152	$6\frac{5}{8}$
PMB178	D×280	NC38(310)	152,153,154,155,156,157,158,159	7

8.领眼磨鞋

领眼磨鞋可用于磨削有内孔,且在井下处于不定而晃动的落物,如钻杆、钻铤、油管等。

领眼磨鞋由磨鞋体、领眼锥体或圆柱体两部分组成,底面中央锥体或圆柱体起着固定鱼顶的作用,如图6-18所示。

领眼磨鞋主要是靠进入落物内的锥体或圆柱体将落物定位,然后随着钻具旋转,焊有YD合金的磨鞋磨削落物,磨削下的铁屑被修井液带到地面。

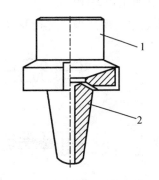

图6-18 领眼磨鞋结构示意图
1—磨鞋体;2—领眼锥体

6.2.2.2 解卡打捞操作步骤

1.测卡

卡钻事故发生后确定卡点位置即测卡对解卡来说是一项基础工作。测卡有两种方法即提拉测卡和测卡仪器测卡。

（1）提拉测卡

提拉测卡是利用原井下管柱测定其受某一提拉力时的伸长量,根据经验公式计算出卡点位置。

具体操作方法是:

①测卡时上提钻具,使其上提拉力比大于井下管柱的悬重,记下这时的拉力 P_1,并且在方钻杆上沿转盘平面作记号 L_1。

②再用较大的力上提(一般增大10~20 t)同样记下拉力 P_2 和方钻杆上的记号 L_2。

③计算两次上提力的差$(P_1 - P_1)$记为 ΔP,两次上提方钻杆的伸长量$(L_1 - L_2)$记为 ΔL。

④用大小不同的拉力提拉至少3次,测出每次提拉的 ΔP 和 ΔL。分别求平均值,然后可根据式(6-3)或式(6-4)求出卡点深度 L。

$$L = EF\Delta A\Delta L/\Delta P \qquad (6-3)$$

式中 F——被卡钻具的截面积,cm²;

E——钢材弹性系数,取 2 100 000 kg/cm²。

$$L = K\Delta A\Delta L/\Delta P \qquad\qquad (6-4)$$

式中，K 为经验系数，由表 6-9 查得。

表 6-9　计算系数 K 值表

管类	直径/mm	壁厚/mm	K	管类	直径/mm	壁厚/mm	K
钻杆	$2\frac{7}{8}$	9	380	油管	2	5	182
	$3\frac{1}{2}$	9	475		$2\frac{1}{2}$	5.5	245
		11	565		3	6.5	375

（2）测卡仪器测卡

卡点也可用测卡仪进行测定。测卡仪的结构如图 6-19 所示。

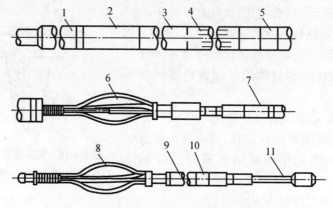

图 6-19　测卡仪结构示意图

1—电缆头；2—磁性定位器；3—加重杆；4—滑动接头；5—震荡器；6—上弹簧锚；
7—传感器；8—下弹簧锚；9—底部短接；10—爆炸接头；11—爆炸杆

测卡仪的技术参数见表 6-10。

表 6-10　测卡仪的技术参数

外径/mm	可测范围/mm	精度/(mm/m)	可用井温/℃	可耐压力/MPa	可测井深/m
50~114(2in~4in)油管	73~168(2in~6in)钻杆	0.01/1.5	150	45	3 500
166~203(3in~9in)钻铤	114~245(4in~9in)套管				

测卡仪的工作原理是：当管材在其弹性极限范围内受拉或受扭时，应变与受力或力矩呈一定的线性关系。被卡管柱在卡点以上的部分受力时，应变符合上述关系，而卡点以下部分，因为力（或力矩）传不到而无应变，因此，卡点位于无应变到有应变的显著变化部位。测卡仪能精确地测出 2.54×10^3 mm 的应变值，二次仪表能准确地接收、放大且明显地显示在仪表盘上，从而测出卡点。

测卡仪的使用方法及注意事项如下：

(1)调试地面仪表。先将调试装置与地面仪表连接好，再根据被卡管柱的规范，将调整装置上的拉伸应变表调到适当的读数后(应超过预施加给被卡管柱的最大提升力所产生的伸长应变)，把地面仪表的读数调到"100"，然后把指针拨转归零。同法调试地面仪的扭矩。这样才能保证测卡时既不损伤被卡管柱，又能准确测出正确的数据。

(2)先用试提管柱等方法估计被卡管柱卡点的大致位置，进而确定卡点以上管柱重力，并根据管柱的类型、规范确定上提管柱的附加力。

(3)将测卡仪下到预计卡点以上某一位置，然后自上而下逐点分别测拉伸与扭矩应变，一般测5~7点即可找到卡点。测试时先测拉伸应变，再测扭转应变。

(4)测拉伸应变，先松电缆使测卡滑动接头收缩一半，此时仪器处于自由状态，将表盘读数调整归零，再用确定的上提管柱拉力提管柱，观察仪表读数，并作好记录。

(5)测扭转应变，根据管柱的规范确定应施加于被卡管柱旋转圈数(经验数据是300 m的自由管柱转四分之三圈，一般管径大、壁厚的转的圈数少些)。先松电缆，使测卡仪处于自由状态，然后将地面仪器调整归零，再按已确定的旋转圈数缓慢平稳地转动管柱，观察每转一圈时地面仪表读数的变化，直至转完，记下读数值。然后控制管柱缓慢退回(倒转)，观察仪表读数的变化，以了解井中情况，这样逐点测试，直到找准卡点为止。

(6)被测管柱的内壁一定要干净，不得有滤饼、硬蜡等，以免影响测试精度。

(7)测卡仪的弹簧外径必须合适，以保证仪器正常工作。

(8)所用加重杆的质量要适当，要求既能保证仪器顺利起下，又能保证仪器处于自由状态，以利于顺利测试。

2. 震击

在卡点附近制造一定频率的震击，有助于被卡管柱的解卡。常用的震击器类工具有上击器、下击器。

使用液压上击器的操作步骤如下：

(1)上击器应按下列顺序组成钻具(自下而上)：捞筒(捞矛)＋安全接头＋上击器＋钻铤＋加速器＋钻杆(注意浅井和斜井须加接加速器)。

(2)上击器入井前须经试验架试验，检查上击器的性能，并填写资料卡片。上击器上、下腔中必须充满油，各部密封装置不得渗漏。

(3)检查下井工具规格是否符合要求，部件是否完好。

(4)测量各个下井工具的长度，计算方入。

(5)连接工具时必须涂抹螺纹油，用大钳紧扣。

(6)工具下至鱼顶以上1~2 m时，记录悬重。

(7)缓慢下放钻具使捞矛进入落鱼，并注意观察碰鱼方入和落鱼方入。

(8)下放钻具到指重表读数小于正常下放悬重100 kN左右，使上击器关闭。

上击器关闭过程，可在指重表上指示出来，指针会出现一段静止或回摆，说明上击器已经闭合。

(9)按需用负荷上提钻具，一般比正常上提钻具的悬重多提200~300 kN，刹住刹把。上击器震击瞬间，指重表指针摆动，钻台上可感到震动。

(10)井内提拉时，上提力从小到大逐渐增加，直至许用值。如果第一次震击不成功，则应逐步加大提拉力，或提高上提速度。如果不产生第二次震击，就应把钻具多放一些，完全关闭下击器。

(11)确定上击器能正常工作后,重复(8)(9)两步动作,使震击器反复震击,并且根据井下情况增大震击力,直到卡阻解除。

(12)起钻将被卡落物捞出。

(13)需要长时间震击时,每连续震击半小时,要停止震击 10 min,以便使震击器中液压油冷却。

(14)在操作中,震击器震击效果,除与上提速度有关外,主要由上提拉力决定。上提拉力受多方面因素的影响,实际操作中主要考虑上提、下放钻具存在的摩擦阻力,上提震击和下放关闭时应去掉这部分阻力,正确地确定提放吨数。

上击解卡作业中上提负荷的计算:理论上上提负荷是震击器上部的钻柱重力加上所需的震击力。但事实上这一负荷影响因素较大,实际传到震击器上的释放负荷与地面不同,这样就会使震击器在不同条件下震击,主要是深而弯曲的井摩擦阻力的影响。其次是指重表误差和震击时开泵循环的效应。实际上提负荷应根据式(6-5)计算。

$$G = G_1 - G_2 + G_3 + G_4 + G_6 \qquad (6-5)$$

式中　　G——上提负荷,kN;

　　　　G_1——原悬重(井内钻具重力),kN;

　　　　G_2——上击器以下钻柱的重力,kN;

　　　　G_3——震击器所需的震击力,kN;

　　　　G_4——钻井液阻力约为上提拉力的 5%,kN;

　　　　G_5——摩擦阻力,定向斜井影响大,为上提力的 10% ~20%,kN;

　　　　G_6——指重表误差(指重表本身精度决定),kN。

用开式下击器下击解卡操作步骤如下:

(1)使用下击器时应注意震击器要尽量靠近鱼顶,并且上部应有足够质量的钻铤。

(2)检查开式下击器是否好用。

(3)检查开式下击器规格是否符合要求。

(4)下击器装在打捞钻柱中,紧接在各种可退式打捞工具或安全接头之上。

(5)根据不同的需要可采用不同的操作方法,使下击器向下或向上产生不同方式的震击,以达到落鱼解卡或退出工具的目的。

(6)在井内向下连续震击。

上提钻柱,使下击器冲程全部拉开,并使钻柱产生适当的弹性伸长。迅速下放钻柱,当下击器接近关闭位置 150 mm 以内时刹车,停止下放。钻柱由于运动惯性产生弹性伸长,下击器迅速关闭,芯轴外套下端面与芯轴台肩发生连续撞击。除去摩擦阻力外,压在下击器上的钻压要大于事先调节的震击吨位,然后刹住刹把,观察下击器工作,下击器震击瞬间,指重表的指针摆动,井口可感到震动。

需要再次下击时,首先要使下击器重新打开,即上提钻具,直到指重表上所显示的悬重证明下击器已打开。再次下放钻具,直至解卡。

(7)在井内向下进行强力震击。

上提钻柱使下击器冲程全部拉开,钻柱产生一定的弹性伸长。迅速下放钻柱,下击器急速关闭,芯轴外套下端面撞在芯轴的台肩上,将一个很大的下击力传递给落鱼。这是下击器的主要用途和主要工作方式。

（8）在地面进行震击。

打捞工具（如可退式捞矛、可退式捞筒等）及落鱼提至地面，需要从落鱼中退出工具时，由于打捞过程中进行强力提拉，工具和落鱼咬得很紧，退出工具比较困难。在这种情况下，可在下击器以上留一定重力的钻具，并在芯轴外套和芯轴台肩面间放一支撑工具，然后放松吊卡，将支撑工具突然取出，下击器迅速关闭形成震击，可去除打捞工具在上提时形成的胀紧力，再旋转和上提就容易退出工具。

6.2.2.3 套铣倒扣解卡打捞

套铣倒扣主要用于处理水泥卡钻即焊管柱，有时也用于处理裸眼卡钻。具体做法是首先将卡点以上的管柱取出，然后用套铣筒套铣油、套管环形空间的水泥环或被卡管柱和井壁之间的环空，使被卡管柱解卡。然后下倒扣工具，倒出解卡的管柱。重复套铣倒扣操作，直到将井内落物全部捞出为止。

套铣倒扣常用工具有套铣筒、倒扣器、倒扣捞矛、倒扣捞筒等。

1. 套铣筒套铣解卡

套铣筒是与套铣鞋联合使用的套铣工具，其功能除旋转钻进套铣之外，还可以用来进行冲砂、冲盐、热洗解堵等作用。

套铣筒套铣解卡的操作步骤如下：

（1）铅模打印，检测井下鱼顶深度和形状。

（2）根据检测结果选用合适的套铣筒。

（3）测量套铣筒的长度，计算方入。

（4）将套铣筒与下井钻柱连接，并紧扣。

（5）工具下放到鱼顶以上 1 ~ 2 m 开泵循环，待循环正常后，将套铣筒下放至井底。

（6）启动转盘开始套铣，转盘转速控制在 50 ~ 80 r/min，钻压控制在 30 ~ 50 kN。

（7）进尺达到套铣筒的长度时，起钻。

（8）下捞矛、捞筒等倒扣工具倒出套铣解卡后的管柱。

（9）下套铣筒套铣继续套铣解卡，并重复倒扣直至落物全部捞出。

（10）套铣筒直径大，与套管环形空间间隙小，而且长度大，在井下容易形成卡钻事故，因而注意在操作中应使工具经常处于运动状态，停泵必须提钻，还应经常使其旋转并上下活动，直至恢复循环。

使用倒扣器倒扣打捞的操作步骤如下：

（1）与打捞工具的组接顺序（自下向上）为：倒扣捞筒（倒扣捞矛）、倒扣安全接头、倒扣下击器、倒扣器、正扣钻杆（油管）。

上述组接形式中，倒扣捞筒或倒扣捞矛用于抓捞落鱼，下击器用于补偿连接螺纹松扣时的上移量，安全接头用于落物无法释放时退出安全接头以上管柱。

（2）按使用说明书检查钢球尺寸。

（3）根据落鱼尺寸选择打捞工具，按组接顺序连接好工具管柱。

（4）将工具管柱下至鱼顶深度，记下悬重 G 值，开泵洗井，正常后停泵。

（5）直下或缓慢反转工具管柱入鱼，待指重表向下降 10 ~ 20 kN 时停止下放，在井口记下第一个记号。

（6）上提工具管柱，其负荷为 $Q = G + (20 ~ 30)$ 并在井口记下第二个记号（此时抓住落鱼，拉开下击器）。

（7）继续增加上提负荷。上提负荷大小视倒扣管柱长度而定,但不得超过说明书规定负荷。

（8）在保持上提负荷的前提下,慢慢正转工具管柱（使翼板锚定）。

（9）继续正转工具管柱（倒扣作业开始）。

（10）当发现工具管柱转速加快,扭矩减少,说明倒扣作业完成。

（11）反转工具管柱使锚定翼板收拢。

（12）起钻捞出落物。

（13）根据倒扣作业的某种情况,需要释放落鱼退出工具时,应按下列程序退出工具:

①反转工具管柱,关闭锚定翼板。

②下压工具管柱至井口第一个记号（关闭下击器）,使倒扣器正转 0.5 ~ 1 圈起钻。

如果仍不能退出工具,可投球憋压（有的倒扣器可直接憋压）锁定工具,边正转边上提卸开安全接头。

（14）注意事项。

①倒扣作业前井下情况必须清楚。如鱼顶形状、落鱼自然状态、鱼顶深度、套管和落鱼间的环形空间大小、鱼顶部位套管的完好情况等。对不规则鱼顶要修整,对变形套管要整形,而对倾斜状态下的落鱼可加接引鞋。

②倒扣器不可锚定在裸眼内或者破损套管内。如果鱼顶确系处于裸眼或破损套管处时,必须在倒扣器与下击器间加接反扣钻杆,使倒扣器锚定在完好套管内。

③倒扣器在下至鱼顶深度的过程中,切忌转动工具。一旦因钻柱旋转,使倒扣器锚定在套管内时,反转钻柱即可解除锚定。

④倒扣器工作前必须开泵洗井,循环不正常不得进行倒扣作业。

⑤锚定翼板上的每组合金块安装时必须保证在同一水平线上。校对方法可用一钢板尺检查,低者、高者均需更换。

使用倒扣捞筒倒扣打捞的操作步骤如下:

（1）铅模打印,检测鱼顶深度和状态。

（2）根据检测情况选用合适的打捞筒。

（3）检查倒扣捞筒各部件是否好用,并测量捞筒的长度和有效打捞长度。

（4）涂抹螺纹油与钻杆连接,并用大钳紧扣。下井管柱的扣型必须与落物扣型相反。

（5）下放工具距鱼顶 1 ~ 2 m 时开泵循环冲洗鱼头。待循环正常后 3 ~ 5 min 停泵,记录悬重。

（6）慢慢旋转并下放工具,待悬重回降后,停止旋转及下放。

（7）上提钻具,上提负荷为钻具重力加上卡点以上落物的重力,尽量使中和点接近卡点。

（8）用安全卡瓦紧贴转盘卡紧方钻杆,防止倒扣时方补心飞出。钻台上的人员全部撤离到安全位置。

（9）启动转盘,开始倒扣。倒扣过程需要一气呵成,不允许停顿,以免将落物倒散。

（10）当转盘负荷减小,钻柱转速加快时,说明倒扣完成,起钻。

（11）当需要退出落鱼时,钻具下击,使工具向右旋转 1/4 ~ 1/2 圈并上提钻具,即可退出落鱼。

（12）起出井口后,将倒扣捞筒和落物一起卸下,甩至地面,用管钳卸开上接头,将落物从捞筒上方拿出。

使用倒扣捞矛倒扣的操作过程如下：

（1）铅模打印，检测鱼顶深度和状态。

（2）根据检测情况选用合适的倒扣捞矛。

（3）检查倒扣捞矛各部件是否好用，并测量捞矛的整体长度和有效打捞长度。

（4）涂抹螺纹脂与钻杆连接，并用大钳紧扣。

（5）下放工具距鱼顶 1～2 m 时开泵循环冲洗鱼头。待循环稳定后停泵，记录悬重。

（6）慢慢旋转并下放工具，待悬重下降有打捞显示时，停止下放及旋转。

（7）缓慢上提钻具，上提负荷为钻具重力加上卡点以上落物的重力，尽量使中和点接近卡点。

（8）用安全卡瓦紧贴转盘卡紧方钻杆，防止倒扣时方补心飞出。钻台上的人员全部撤离到安全位置。

（9）启动转盘，开始倒扣。倒扣过程需要一气呵成，不允许停顿，以免将落物倒散。

（10）当转盘负荷减小，钻柱转速加快时，说明倒扣完成，起钻。

（11）当需要退出落鱼时，钻具下击，使工具向右旋转 1/4～1/2 圈并上提钻具，即可退出落鱼。

6.2.2.4　磨铣解卡打捞

当被卡管柱与套管之间有小件落物堆积而造成卡阻时，可用磨鞋将卡点上下的被卡管柱连同小件落物一起磨掉，解除卡阻。施工时，首先在油管上设标记卡点，然后用平底磨鞋或凹底磨鞋磨去管柱和水泥环。

磨铣时磨鞋上部应接扶正器。磨铣一段时间后，可用磁铁打捞器或反循环篮捞净碎铁屑。然后再继续磨铣。

用平底磨鞋磨铣解卡打捞的操作步骤加下：

（1）铅模打印，检测鱼顶深度和状态。

（2）根据检测情况选用合造的平底磨鞋。

（3）检查水眼是否畅通，YD 合金或耐磨材料不得超过本体直径。

（4）涂抹螺纹脂与钻杆连接，并用大钳紧扣。

（5）下放工具距鱼顶 1～2 m 时开泵循环冲洗鱼头。

（6）待井口返出洗井液流平稳之后，启动转盘慢慢下放钻具，使其接触落鱼进行磨削。转盘转速控制在 30～50 r/min，钻压控制在 10～30 kN。

（7）观察磨铣进尺，如过长时间无进尺，应分析原因，采取措施，防止磨坏套管。

（8）磨铣进尺达到 30～50 cm 时，停止磨铣。

（9）起钻，下铅模打印。如果小件落物消失，说明卡阻已经解除，可下打捞工具打捞；如果仍然存在小件落物，应再下磨鞋继续磨铣。

（10）也可下可退式打捞工具，进行试捞。如果没有解卡则退出打捞工具，继续磨铣。

用领眼磨鞋磨铣解卡的操作步骤如下：

（1）铅模打印，检测鱼顶深度和状态。

（2）根据检测情况选用合适的领眼磨鞋。

（3）检查水眼是否畅通，YD 合金或耐磨材料不得超过本体直径。

（4）涂抹螺纹脂与钻杆连接，并用大钳紧扣。

（5）下放工具距鱼顶 1~2 m 时开泵循环冲洗鱼头。

（6）待井口返出洗井液流平稳之后，启动转盘慢慢下放钻具，将领眼锥体插入鱼腔内，并使平面部分接触落鱼进行磨铣。转盘转速控制在 30~50 r/min，钻压控制在 10~30 kN。

（7）观察磨铣进尺，如过长时间无进尺，应分析原因，采取措施，防止磨坏套管。

（8）磨铣进尺达到 30~50 cm 时，停止磨铣。

（9）起钻，下铅模打印。如果小件落物消失，说明卡阻已经解除，可下打捞工具打捞；如果仍然存在小件落物，应再下磨鞋继续磨铣。

（10）也可下可退式打捞工具，进行试捞。如果没有解卡则退出打捞工具，继续磨铣。

6.2.3　整形打捞及操作

在打捞作业中常常会遇到这种情况：油水井套管发生套变，落物位于套变点以下。这种情况要想打捞落物，首先要对套变点进行整形，以保证打捞工具、打捞管柱和井底落物能够通过变点。这种情况下进行的打捞作业称之整形打捞。

6.2.3.1　冲胀整形打捞

1. 常用工具

（1）笔尖

笔尖是现场用来找通道的工具之一，常用于通径较小或没有通道的井况。直径有 2 in 和 $2\frac{7}{8}$ in 两种。长度一般在 2 m 以上，如图 6-20 所示。

图 6-20　笔尖结构示意图

（2）梨形胀管器

梨形胀管器简称胀管器，是用来修复井下套管较小变形的整形工具之一。梨形胀管器基本结构如图 6-21 所示。胀管器工作面外部车有循环用水槽，水槽分直式和螺旋式两种。可根据变形井段变形形状和尺寸选用。胀管器的斜锥体前端锥角一般应大于 30°。当锥角小于 25°时，大量现场经验证明胀管器锥体与套管接触部位易产生挤压粘连而发生卡钻事故。因此一般前端锥角大于 30°。

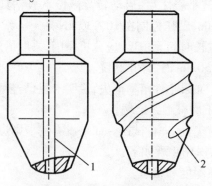

图 6-21　梨形胀管器结构示意图
1—直槽式；2—螺旋槽式

梨形胀管器整形原理是通过上提下放钻具,将钻柱的重力和加速度产生的冲击力经由梨形胀管器的工作面作用在套管变形部位,使套管逐渐恢复原始尺寸。

梨形胀管器工作面与套管变形部位接触的瞬间所产生的侧向分力 F 可由式(6-6)表示。

$$F = \frac{Mv^2}{4\tan \alpha/2} \tag{6-6}$$

式中　M——钻柱质量,kg;

　　　v——钻柱下放速度,m/s;

　　　α——胀管器锥角,(°)。

由此可知 F 与钻柱质量成正比,与下放速平方成正比,与锥角成反比。

使用梨形胀管器冲胀整形后可换用打捞工具将落物从变点以下捞出。

(3)长锥面胀管器

长锥面胀管器原理与梨形胀管器相同,只是形状上比梨形胀管器长,呈长锥形。整形范围大,下一次工具就可从 105 mm 整形至 120 mm,省去了梨形胀管器逐级整形的麻烦。

2. 冲胀整形打捞的操作步骤

(1)检测套管变形井段深度、变形尺寸、形状等井下技术状况。

(2)管柱结构(自下而上)为:冲胀整形工具、安全接头、钻杆柱。

(3)工具下至变形井段以上 1~2 m 时,开泵循环工作液、洗井,记录钻柱悬重。

(4)下放钻柱,预探变形井段顶点。在钻柱方余长度上做记号。

(5)根据钻柱及配备钻铤数量确定计算出上提的冲胀高度,以一定的下放速度下放钻柱冲击胀管。一般正常情况下上提冲胀距离不大于 2 m,当记号距井(自封面)10~30 m 时刹住车,利用钻柱惯性伸长使胀管器冲击、挤胀变形井段。如此反复,直至工具能顺利通过变形井段、上提无夹持力。

(6)冲胀力不够时,应增加开式下击器、增加钻铤根数来增大钻柱质量,不应提高冲胀距离和增加下放速度。

(7)胀管器是反向旋转的,如不及时紧扣,胀管器就会被卸掉。在整形过程中,每冲胀10~15 次应停下紧扣,避免胀管器脱落。

(8)冲击行程过长,下放速度太快,容易损坏管柱和设备。使用胀管器整形,操作人员必须严格按要求执行,才能避免损坏设备。

(9)变形点整形完成后,起出整形管柱。下打捞管柱将落物捞出。

6.2.3.2　磨铣整形打捞

磨铣整形打捞是在一定转速和钻压下,利用磨鞋、铣锥的硬质合金切削掉套管变形或错断部位通径小的部分,使套管畅通,整形扩径,然后下打捞工具打捞变点以下的落物。

1. 常用工具

(1)梨形磨鞋

梨形磨鞋可以用来磨削套管较小的局部变形,修整在下钻过程中,各种工具将接箍处套管造成的卷边及射孔时引起的毛刺、飞边,清整滞留在井壁上的矿物结晶及其他坚硬的杂物等,以恢复通径尺寸。

梨形磨鞋由磨鞋本体和焊接在其上的 YD 合金组成,本体上除过水槽及水眼处均堆焊很厚一层 YD 合金,焊后略成梨形而得名,如图 6-22 所示。

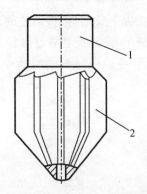

图 6-22　梨形磨鞋结构示意图
1—磨鞋本体；2—YD 合金

梨形磨鞋依靠前锥体上的 YD 合金铣切突出的变形套管内壁和滞留在套管内壁上的结晶矿物和其他杂质。其圆柱部分起定位扶正作用，铣下碎屑由洗井液返带出地面。技术规范见表 6-11。

表 6-11　梨形磨鞋技术参数

序号	D/mm	L/mm	A/mm	d/mm	接头螺纹	工作套管/in
1	90~102	233	80	25	NC26(2A10)	$4\frac{1}{2}$
2	104~112	250	80	25	NC31(210)	5
3	112~124	255	100	25	NC31(210)	$5\frac{1}{2}$
4	140~150	270	100	30	NC38(310)	$5\frac{3}{4}$
5	152~158	300	100	30	NC38(310)	$6\frac{5}{8}$

（2）笔尖铣锥

笔尖铣锥是在笔尖接箍下部，用钨钢等硬质合金铺焊成锥形而成的磨铣工具。它的优点是锥体以下部位可以插入通道，起到引子作用，确保通道不丢。

（3）长锥面铣锥

长锥面铣锥用以修整略有弯曲或轻度变形的套管、修整下衬管时遇阻的井段和用以修整断口错位不大的套管断脱井段。当上下套管断口错位不大于 40 mm 时，可用以将断口修直，便于下一步工作顺利进行，铣锥结构如图 6-23 所示。

图 6-23　长锥面铣锥结构示意图

当用梨形磨鞋磨削通过套管变形段之后,而其他工具管柱不能顺利通过时,可采用铣锥磨铣,因而其磨削作用是从套管径向方向磨削,可以增加套管的直度,故各级外径尺寸均相同,长度则逐级变化,以达到逐步修直的目的。铣锥技术规范与梨形磨鞋相同,但长度须按照表6-12选用。

表6-12 铣锥长度系数表

级数	一级	二级	三级	四级
长度/mm	0.3~0.5	0.5~1	1~1.8	1.8~2.5

2.磨铣解卡打捞的操作步骤

(1)铅模打印,检测鱼顶深度和状态。

(2)根据检测情况选用合适的磨铣工具。

(3)检查水眼是否畅通。

(4)涂抹螺纹脂与钻杆连接,并用大钳紧扣。

(5)下钻过程中要慢下,防止严重刮碰套管,下放工具距鱼顶1~2 m时开泵循环冲洗鱼头。

(6)待井口返出洗井液流平稳之后,启动转盘慢慢下放钻具,使其接触变点进行磨铣。转盘转速控制在30~50 r/min,钻压控制在10~20 kN。

(7)观察磨铣进尺,如出现单点磨铣,无进尺或进尺缓慢时,应及时分析采取相应措施。

(8)如钻具放空转速加快说明已经通过变点。可提起钻具至变点以上,重新磨铣反复在套变段划眼,如无卡阻说明整形工作已完成。

(9)起钻,下铅模打印。检测鱼顶状况及深度。

(10)根据检测结果,选用合适的打捞工具,打捞落物。

6.2.4 气井解卡打捞

气井油套压力高,解卡打捞作业需要高度重视安全问题。气井内的杆管类落物易腐蚀脱落,强度受到较大程度的损坏,给打捞造成极大的困难。气井打捞作业中用的压井液既要能够压住井又不能污染油气层,影响产能。因气井解卡打捞有其特殊性,故将专门编写一节内容。

6.2.4.1 气井卡钻类型和原因

气井工艺管柱的断脱与卡阻主要有以下三种类型:

(1)射孔试气联作管柱在射孔时由于射孔枪的严重变形而断脱与卡阻。

(2)气井压裂时由于替挤量不够、气层返砂、工具损坏失效、掉小件落物而断脱与卡阻。

(3)由于产出气体中一般含有 CO_2、H_2S 等腐蚀性气体,严重腐蚀生产管柱,造成管柱断脱卡阻。

6.2.4.2 气井解卡打捞作业特点和要求

气层易受污染,需要使用气井专用压井液进行压井。在压井方式选择上,首选循环压井,尽量避免采用挤注压井。

气井易井喷,要求能随时进行压井,同时需要安装井口控制装置。在作业过程中,各项操作要严格遵守安全规定。

气井内腐蚀断脱的油管强度低,常规的打捞工具不适应,需要使用专用打捞工具。

6.2.4.3 气井解卡打捞管柱和操作方法

气井解卡打捞管柱组合结构为:井底抓捞(或倒扣、套铣、切割等)工具、循环阀、安全接头、上击器、钻杆、方钻杆。其中的循环阀由上接头、循环孔、筒体、滑套、球座、密封圈、销钉组成,结构如图6-24所示。

气井解卡打捞管柱的特点是,在打捞工具的上面安装了循环阀。此阀平时关闭,使打捞管柱在打捞前和打捞过程中可进行套铣、冲洗和循环压井作业。在打捞工具抓获落物后,主循环通道堵塞而又出现井喷预兆时,可投球憋压剪断销钉,滑套下移,露出循环孔进行循环压井,保证了施工作业安全,减少了气层伤害,提高了打捞成功率。

由于气井易漏失压井液,为防止气层严重伤害,气井压井为动平衡压井,压力附加系数很低,在起下钻过程中下钻过快易使井底压差增大,使压井液进入气层产生污染,而起钻过快易产生活塞抽汲作用,降低井底压差,诱发井喷。因此,起下钻时进行限速,一般为2 m/min。起钻时要及时灌注压井液,防止井喷。

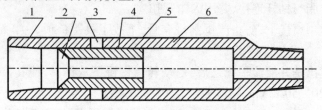

图6-24 循环阀结构示意图

1—上接头;2—球座;3—循环孔;4—密封圈;5—滑套;6—筒体

6.2.4.4 专用解卡打捞工具

1.套铣母锥

(1)应用范围:用于油管腐蚀严重、打捞空间堵塞的井况。

(2)结构:套铣母锥由套铣头、母锥体、接头组成。套铣头用YD硬质合金和铜焊条铺焊。母锥体较长,约为1 m,打捞尺寸分为$\phi62$ mm和$\phi76$ mm两种,结构如图6-25所示。

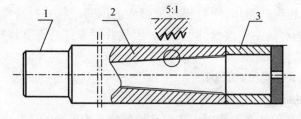

图6-25 套铣母锥结构示意图

1—上接头;2—母锥;3—套铣头

(3)原理:套铣头冲洗套铣,清理环空腐蚀油管体、沉积的铁锈和钻井液并使落物进入母锥体内。母锥体堆集的油管碎体块被压实,当继续套铣时,或者把下部管柱倒开,或者把下部腐蚀的油管扭断,把母锥体内的落物捞出。

2.套铣闭窗捞筒

(1)应用范围:用于油管腐蚀严重、断脱后段数较多、打捞空间堵塞井的打捞。

（2）结构：套铣闭窗捞筒由套铣头、闭窗筒体、接头组成。套铣头用YG硬质合金和铜焊条铺焊。闭窗筒体内有壁钩，打捞尺寸分为 $\phi62$ mm 和 $\phi76$ mm 两种，结构如图 6 - 26 所示。

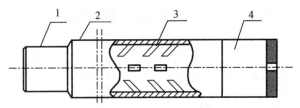

图 6 - 26 套铣闭窗结构示意图
1—上接头；2—工作筒体；3—内钩；4—套铣头

（3）原理：套铣头冲洗套铣，清理环空腐蚀油管体、沉积的铁锈和钻井液并使落物进入闭窗筒体内，当筒体内的油管碎体块满足打捞尺寸时，将被壁钩夹住，上提管柱将这段落物捞出。

6.2.4.5 安全防喷措施

气井修井时要制订一系列的安全防喷措施。当发现井喷预兆后，能及时控制环空和管内并能循环压井，保证施工安全。

压井前进出口管线按要求进行锚定和试压，井口漏气时应用铜制工具进行连接，以防使用时撞击产生火花。

倒闸门时应侧对闸门，慢开慢关。完毕后应观察24 h，判断确实压住井后才能卸采油树。按要求进行防喷器的检查、安装和试压。井场备足压井液，随时做好压井的准备。在起下钻前，应采用回压阀等内防喷工具控制管内液、气。在起下钻前，观察井口是否有溢流和气上窜显示，在确保安全的前提下方能进行起下钻。起钻时，必须及时向井内灌压井液，并要做好灌入记录。以升深2井为例。

（1）施工危险性大。目前井下套管已腐蚀穿孔，表层套管外地面及井口四通法兰处漏气，井口油套压力大于27 MPa，说明该井已经处于危险状态。如果井口处的油层套管短节腐蚀严重，承压能力下降，在压井过程中由于压力较高，此段套管断脱后，将导致采气树飞出伤人和井喷失控事故，后果不堪设想。

（2）压井成功率低。分析判断目前井内生产管柱已经腐蚀穿孔或断脱，甚至比上一次更严重，已经无法实施循环压井；如果油管内电缆堆积严重，插管封隔器密封，则无法实施挤注压井；实施液气置换法压井时，钻井液易气侵，压井成功率低。

（3）解卡打捞难度大。由于井下管柱腐蚀严重，甚至腐蚀成多段，堆积在井筒内，解卡打捞很困难。如果在打捞油管时电缆掉在套管环空且成团堆积，解卡打捞就更加困难。

（4）如果前期井眼处理不好，封堵报废难以实现。如果某些落物没有打捞出来，通道不畅通，气层的压井又高，封堵报废时挤注压力高，堵剂进入气层量少，效果难以保证。

1. 处理方法

（1）安全保障措施

升深2井原始地层压力32.25 MPa，地层温度118.8℃。关井时油压27.10 MPa，套压27.3 MPa。且井口漏气严重，如果处理不当易发生着火、爆炸、井喷失控等恶性事故。一旦施工中出现意外，现场施工所有人员、设备和周边群众、环境都将面临灾难性后果。因此施工中必须采取行之有效的安全保障措施。

①拆掉井场内所有工艺管线和建筑物,井场平整后,四周用警示带围好。设专人巡视井场,禁止无关人员进入。

②设专人检测井场周围500 m范围内可燃、有毒气体含量,建立交接班记录。在明显处设立风向标。

③修井机搬到井场后暂不就位,停在上风口,距井口50 m以上。

④井场内禁止使用手机、明火、电气焊等。需动用明火时,严格执行动用明火审批程序。井场照明用电采用防爆灯和防爆开关,用电线路经反复检查,严禁金属线裸露在外。进入井场的所有设备都加带防火帽。

⑤严格按照井控要求连接好压井放喷和节流管汇。接管线时使用铜质工具,以免产生火花。采气树用绷绳固定好。

⑥对进入井场人员进行安全培训与演练。对施工人员进行详细的施工设计交底。

⑦所有准备工作完成后,经大队、分公司、油公司验收合格后,方能施工。

⑧放喷和压井时安排专门人员点火、开肩闸门,其他人员远离井场。点火和开关闸门人员需穿防火服。

⑨选用70 MPa液压闸板防喷器,井控操作严格执行四、七动作和九项管理制度。

⑩下井管柱安装回压阀,方钻杆接下旋塞,起钻时每三柱灌一次修井液。

⑪井场备有消防车、教护车和医务人员。

⑫出现着火、中毒、烫伤事故,立即执行着火、中毒、烫伤紧急预案。如果出现其他事故,执行HSE(健康、安全、环境管理体系)两书一表中相应规定。

(2)技术措施

①施工准备:模拟训练和配套工作完成后,2004年7月22日搬至该井,一切施工准备工作完全按设计要求进行。8月2日,经油公司领导和专家验收和检查,一致认为施工准备工作完全符合设计要求,达到了点火降压施工的条件。

②点火降压:8月2日10时点火,经48 h压力由27 MPa降至6 MPa,为成功压井提供了前提和保证。

③压井:8月5日10时,用泵车正循环清水0.5 m³后,放喷管线火苗减小,出口见液,经计算分析,井下第4~5根油管已经腐蚀断脱或腐蚀穿孔,形成短路循环,无法实施循环压井,只好实施挤注压井。8月5日15时挤清水19.5 m³,挤密度1.40 kg/cm³的无固相压井液50 m³,挤密度193 kg/cm³的膨润土压井液35 m³,打开节流阀,溢流量逐渐减小,至无溢流。停工观察24 h井口仍无液体溢出,证明压井成功,可进行下一步施工。

④打捞:8月7日15时,起出油管4根和第5根油管接箍及外加大部分。

起出的4根油管本体上被腐蚀出很多孔洞,第4根油管中部已被腐蚀掉4/5,第5根油管自本体外加大部分腐蚀断脱。从起出的油管分析判断,井内油管已腐蚀严重,如图6-27所示,为此,选用设计的死钩和滑块捞矛组合工具、死钩和活钩组合工具、套铣母锥、套铣闭窗捞筒等和磨铣解卡打捞管柱共计套铣倒扣打捞58次,历时15天,捞出油管213根,常开阀、常闭阀各一个,扶正器两个,电缆1 600 m,封隔器以上落物全部捞出。捞出的油管有12根被电缆、电缆外铁丝和钻井液堵死。

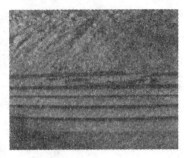

图6-27 油管腐蚀情况示意图

2.处理经验

气井修井危险性大,必须有全面细致的安全措施,保证施工安全。该井施工前详细制订了安全措施和紧急预案,并根据要求对施工队伍全体员工进行了为期15天的模拟训练,在思想上和技术上确保准确无误后才开使施工,安全工作做得非常到位。大庆油田天然气含有二氧化碳,对井内油管腐蚀非常严重,该井在进行打捞时要充分考虑了这一特点,设计了死钩和滑块捞矛组合工具、死钩和活钩组合工具、套铣母锥、套铣闭窗捞筒等工具管柱,保证了施工的顺利进行。

6.2.5 打捞应用实例

6.2.5.1 磨铣打捞放气管——以杏1-3-F38井为例

1.案由

杏1-3-F38井,2003年9月,取套施工,资料显示该井有放气管80 m,用ϕ290 m×ϕ160 m磨铣头磨铣到井深81.05 m时,发现有憋钻及异常情况,套铣无进尺。

2.原因分析

这是因为放气管偏离正常位置,进入套铣筒与井壁之间,套铣头同样偏离正常位置,骑在套管上,将套管磨断,导致鱼头丢失。

3.处理方法

9月18日下可退捞矛打捞鱼头,共捞出7根套管及1.47 m套管短节,证实第8根套管1.47 m处被切断。用笔尖找鱼头无效,起出套铣钻具。将磨铣钻头换成收鱼钻头,下钻收鱼,套铣至82 m时又发生憋钻及异常现象,无进尺。

9月20日下ϕ140 mm铅模打印,打印深度在57.08 m,铅模印痕为2 in放气管。在收鱼头过程中,放气管又进入套铣筒内;从81.05 m套铣至82 m过程中,放气管下部已经盘在套管或者鱼头上面。现有的打捞工具满足不了这种复杂井况的打捞,这种情况只有根据井底实际技术状况加工合适的打捞工具。

9月25日现场加工套管开窗捞筒。取1.5m长的一段ϕ140 mm套管,在底部1/3处,周向120°用气焊切割3个等腰三角形的三角块,用锤子砸向套管内部,形成开窗。用套管开窗捞筒打捞多次,捞出2 in放气管接箍1个。

9月27日现场加工带扶正的凹形磨鞋。取一个滑块捞矛,将捞矛杆紧贴接头切割掉,在其底面用钨钢块铺焊成凹形磨鞋,并在其外面罩上一个ϕ140 m套管筒子用以扶正,筒子前部焊接ϕ175mm引鞋。用加工好的凹形磨鞋磨铣1 m,下卡瓦捞筒打捞无效。

9月30日现场加工带扶正的公锥。将ϕ35 mm×ϕ100 mm×800 mm公锥,尖部割成导角,外焊扶正筒子,制成外扶正公锥。用外扶正公锥造扣打捞,捞出放气管 3 根。

10 月 2 日下收鱼钻头继续收鱼,没有进尺。用 ϕ290 mm 平底磨鞋磨铣,进尺 1 m 。深度 83 m 。起出后再下收鱼铣头收鱼,套铣至井深 84 m,打印证实已将鱼头收进套铣筒内。

4. 处理经验

取套过程中,磨铣放气管是一项复杂的工艺,稍有不慎就会发生丢鱼事故。放气管及被磨铣后的碎片常容易缠绕在套管上,给打捞工作带来麻烦,现有的打捞工具绝大多数都不能适应这种复杂情况,需要根据实际现场加工打捞工具。

由于对井下情况认识不足,该井在处理过程中加工了三个工具,前两个工具都没有起到多大作用,这说明打捞过程也是对井下情况逐渐认识的过程,当彻底弄清了井下情况,落物打捞就是很容易的事了。

6.2.5.2　取套打捞——以南 6 – 10 – 733 井为例

1. 案由

该井于 2001 年 1 月取套施工,资料显示井深 1 250 m,人工井底 1 246.85 m。1997 年施工发现在 649.16 m 处套管变形,最小通径 ϕ85 mm。关井至今。井内有油管 45 根,整筒泵一个,筛管 2 根,丝堵一个。

生产准备后,下铅模打印,落实变点深度,在 650 m 遇阻,印痕为套管错断印,最小通径为 ϕ60 mm,层位为泥岩。下笔尖找通道,失败。

2. 原因分析

1997 年套变深度为 649.16 m,2001 年打印在 650 m 遇阻,两者基本相符,但 1997 年最小通径 ϕ85 mm,而 2001 年却只有 ϕ60 mm,这是因为泥岩与水膨胀挤压套变点所至。下笔尖找通道失败,很有可能是因为断口是活动错断,笔尖不但没有插入断口,反而将断口挤到井壁一边去了。

3. 处理方法

采用先取套后打捞的方法施工。1 月 5 日,下 ϕ260 mm 套铣头套铣。8 日套至断点以上 641 m,9 日起出套铣筒,更换 ϕ320 mm 收鱼套铣头。10 日套铣至 645 m 时,泵压突然升高至 12 MPa,经反复活动管柱,充分循环,发现上返大量死蜡,泵压正常后,继续套铣。11 日套铣至 648 m 处,充分循环,捞出套铣筒内断点以上全部套管。14 日开始套铣收鱼,套铣至 650 m 断点处有轻微别钻现象,证明已碰到鱼头,继续套铣至 657 m 处,停止套铣。下铅模探鱼头,印痕为错断的套管印,证实鱼头已被收回。15 日继续套到 665 m,倒出断点以下第一个完好的套管接箍,17 日下套管对接成功。18 日下 ϕ58 mm 滑块捞矛打捞井内落物,捞出油管 45 根,整筒泵一个,筛管 2 根,丝堵一个。

4. 处理经验

正常取套施工应该先打捞落物后进行套铣取套,该井由于打不开通道,采用先套铣取套,后打捞落物施工,顺利地完成生产任务。说明取套打捞有时不失为一种有效的打捞手段。但是目前收鱼找鱼技术成功率不高,万不得已最好不要冒险取套,因为到变点后如果找不回鱼头,前期取套施工将前功尽弃,白白浪费功夫。

6.2.5.3　压裂卡管柱事故处理——以南 2 – 丁 6 – P28 井为例

1. 案由

该井于 2000 年 4 月 20 日压裂,压裂后,拔不动管柱,经活动管柱、倒扣,捞出 ϕ62 mm

油管 86 根,封隔器中心管一个,后下入反扣下击器及 ϕ56 mm 捞矛,进行打捞,震击解卡施工,活动不开,拔负荷 500 kN 拔脱。目前井内落物有:下击器下半部分,ϕ656 mm 捞矛 1 个,K344 – 114 封隔器 3 级,喷砂器 2 级,ϕ62 mm 油管 4 根,丝堵 1 个,鱼顶为下击器六棱,鱼顶深度 819.44 m。

2. 原因分析

该井是由于压裂反排,地层砂进入井筒造成砂卡。如果封隔器胶筒没有完全复位,环形空间体积变小,返排的工程砂非常容易在变小的环形空间造成卡钻事故。

3. 处理方法

5 月 21 日转大修,先下入 ϕ118 mm 铅模打印,在 820 m 遇阻,印痕为下击器六棱。用 ϕ118 mm 平底磨鞋,大力下击落物,反复下击无进尺。

由于井内落物,下击器及捞矛是反扣的,为了避免用反扣打捞工具捞住后,拔不动,倒不开的情况,22 日用正扣公锥及正扣钻具进行倒扣打捞,倒出下击器下半部及捞矛接箍,鱼头为 ϕ56 mm 捞矛杆,深度为 822 m。

24 日下 ϕ118 mm 长套铣筒套铣冲砂到 829 m,下公锥倒扣,捞出 K344 – 114 封隔器 3 级,喷砂器 2 级。

25 日下 ϕ114 mm 长 10 m 的套铣筒,套铣冲砂到 839 m,下公锥倒扣,倒出 ϕ62 mm 油管 1 根。

采用套一根捞一根的方法,到 5 月 28 日,捞出井内全部落物,冲砂通井至人工井底。

4. 处理经验

由于该井是砂卡,落鱼上部是反扣工具,在处理时没有急于用反扣打捞工具打捞,而直接采用了正扣打捞工具,从面有效地避免了捞住后拔不动、倒不动的现象,为下部落物的处理创造了有利的条件。

6.2.5.4 电泵处理——以北 3 – 4 – 36 井为例

1. 案由

该井于 2003 年 3 月发现 260 m 处套管外漏。起原井管柱检修,起到 ϕ62 mm 油管 70 根时遇卡,上提 300 kN 未拔动。关井待大修,井内有 ϕ62 mm 油管 315 m,电缆 300 m,测压阀、单流阀、离心泵、分离器、保护器、电动机、扶正器和捅杆各 1 个,丢手管柱 1 套。2005 年 5 月大修施工时发现油套环空无溢流,油管内溢流很大,无法压井。

2. 原因分析

由于该井是电泵井,油套环空无溢流,而油管内溢流很大,说明油套环空被死油死蜡堵死,并且卡死了电泵机组。

3. 处理方法

5 月 21 日反复上提下放活动管桂,上提 350 kN 解卡,起出油管 7 根,每 1 根阻力都在 300 kN 左右,并且提起后放不到原位。起到第 7 根油管时,管内溢流消失。说明电泵机组已到结蜡点,油管内进入了死蜡被堵死。起第 8 根时阻力增大,上提 400 kN 管柱被拔脱,拔出第 8 根和第 9 根油管,井内落鱼长度为 229.5 m 被扯断的电缆落入井内。下铅模打印,鱼顶深度为 17.2 m,印痕为电缆印。下活齿外钩打捞电缆,捞出 12.10 m。由于该井死蜡太多,蜡卡非常严重,而且打捞管柱只有两根,质量太小,因此下不到鱼顶位置。考虑到该井 260 m 套管外漏,无法进行有效的刮蜡施工,并且油套都被死蜡堵死,井内落物掉不下去,于是决定采取取套打捞,也就是通过取套把套管连同井内落物一并取出。5 月 25 日下 φ260 mm 套铣钻头,套铣至井深 286.83 m 完钻,此时套铣深度已超过井内落物 40.13 m,有足够的倒扣空间。5 月 27 日倒扣打捞,捞出套管 29 根及管内的油管、电缆及电泵机组、扶正器和通杆,井内落物全部捞出。

4. 处理经验

该井在处理落物的时候没有采取常规的打捞方式 - 套铣倒扣打捞,而是采取外部取套的方式处理落物,简化了打捞过程,为打捞作业提供了一个新的思路。但是取套打捞只适用于落物卡阻深度浅、取套施工比较顺利的井况,落物卡阻深度深、取套施工复杂(例如套管外有放气管等)的井不适合用取套的方法打捞。

6.2.5.5 打捞潜油电泵——以北 1 - 丁 2 - 61 井为例

1. 案由

该井于 1984 年 2 月 21 日完钻,完钻井深 1 245.0 m。2001 年 12 月 7 日作业施工,热洗不通,上提负荷 240 kN 油管伸长 0.3 m 拔脱而终止施工,该井落物为 φ62 mm 油管 108 根,200 m³/d 电泵机组一套,通杆、扶正器、活门、253 - 4 封隔器、尾管、丝堵及电缆等。2003 年 6 月 2 日大修施工,压井时油管柱内外都洗不通。

2. 原因分析

2001 年作业时,热洗不通,2003 年大修时内外都洗不通说明有大量的死蜡,堵塞了油管内径和油套环空,造成蜡卡管柱。

3. 处理方法

6 月 2 日抬进口后,下 φ114 mm 铅模打印,在 219.5 m 遇阻,印痕为油管母接箍印。下滑块捞矛,捞住油管后倒扣,倒出油管 40 根。6 月 3 日下 φ11 4 mm 铅模打印,遇阻深度为 550 m,印痕为电缆印。下活齿外钩捞电缆,捞出电缆 200 m。6 月 4 日 φ120 mm 刮蜡器进行刮蜡,再下 φ114 mm 铅模打印,遇阻深度 599.15 m,印痕为油官接箍印,下滑块捞矛,捞住油管后倒扣,到出油管 50 根。

下活齿外钩捞电缆,捞出电缆 450 m。6 月 7 日经重复使用,将电动机以上的油管及电缆全部捞出。

6 月 10 日采用抽心打捞方式打捞电动机,即用定位套铣筒套掉电动机上部接头,捞出电动机头及电动机转子,使电动机本体内有空间,受力减弱,在用捞矛捞出电动机的定子和外壳。

6 月 14 日打捞 253 封隔器,经过前期的打捞,电缆卡子及电缆已成小件落物堆积在 253 封隔器打捞头上,常规打捞工具像公锥、母锥、打捞筒等工具不能穿透堆积的小件落物进行有效打捞,现场加工了楔入式公锥(将公锥底部加工成楔形),边旋转边下放,通过楔形将小件落物拨到一边,露出鱼腔,公锥顺利进入到打捞位置,捞住了封隔器打捞头,倒扣捞出了封隔器的上部接头和中心管,使 253 封隔器解封,然后又下滑块捞矛捞出封隔器外筒。

4. 处理经验

该井在处理过程中采取倒扣、打捞、刮蜡的方式,没有采用活动管柱大力上提的方式,避免了电缆在蜡阻的情况下产生堆积,使落物进一步受卡,电机的本体外径为 φ118 mm,在经过前期的打捞过程中,有碎电缆和电缆卡等小件落物卡阻,加之套管有变形,使电机受力很大,这种情况下抽心打捞是打捞电机的常用方法。现场加工了楔入式公锥倒出打捞头及封隔器的上部和中心管,使253封隔器解封,避免了磨套方式,解决了卡瓦牙脱落造成复杂的落物卡。

6.2.5.6 磨铣加固管打捞案例——以朝118-38井为例

1. 案由

本井2000年3月21日大修施工,对864.0~875.5 m加固,最小通径ϕ100.2 mm。2000年12月12日重配施工管柱拔不动。井内有ϕ62 mm油管93根,封隔器3级、偏心1级和ϕ90 mm喇叭口一个。

2. 原因分析

封隔器胶皮膨胀后,直径可达到ϕ124 mm,而加固管最小通径只有ϕ100.2 mm,封隔器胶皮变形量大,若不能全部收回很容易造成封隔器卡。

3. 处理方法

2003年3月11日大修,上下活动管柱,上提负荷0~30 t,反复活动1 h活动开。在起出ϕ62 mm油管17 m后负荷上升至380 kN,并且放也放不下去,被牢牢卡死。判断有未释放的封隔器卡在加固管内,上提负荷0~400 kN活动3次,拔脱。起出ϕ62 mm油管93根,封隔器1级、偏心1级及封隔器上接头1个,第二级封隔器中心管被拔断。12日下ϕ120 mm铅模,深度864.0 m,印痕为加固管上接头印。再下ϕ90 mm铅模打印,深度871.2 m,铅模印痕不太清,分析为封隔器胶皮盖在鱼头上。由于在加固管内,鱼头不清晰,决定先磨掉加固管上接头,打捞出加固管,由于封隔器卡在加固管内,落物很有可能直接带出。正好鱼头离加固管上接头871.2 m - 864.0 m = 7.2 m,磨掉上接头和打捞加固管均不会破坏鱼头。13日下ϕ120 mm梨形铣锥至井深864.0 m,用清水正循环磨铣,进尺0.2 m后,转盘转速自动突然加快,分析认为已磨掉加固管上接头。上提下放几次,无卡阻,证实确实已磨掉加固管上接头。起钻发现加固管上接头磨开后的剩余部分夹在梨形铣锥上。14日下ϕ95 mm滑块捞矛打捞加固管。捞住后,上提负荷至300 kN,又下降至200 kN,分析加固管与下接头已解封。起出打捞管柱,果然发现除了捞出加固管后,又把剩余的井内落物带出。

4. 处理经验

打捞施工一定要根据实际情况,采取相应的打捞措施。假如本井当时下捞矛先打捞落物的话,由于加固管的局限,即使打捞成动,也不能顺利活动出来,会给打捞旋工带来不必要的麻烦。

6.2.5.7 钢丝绳卡油管柱的处理——以杏5-1-P28井为例

1. 案由

该井于2003年测试时,测井钢丝绳断脱掉入井内。检泵起出原井油管102根、ϕ70 mm加长整筒泵1个,发现ϕ62 m防砂筛管3根掉入井内。下ϕ115 mm伸维式捞矛1个打捞,打捞负荷480 kN,拔脱。起出ϕ62 mm油管80根,检查发现第80根油管公扣断脱,井内落物为ϕ62 mm油管40根,ϕ115 mm伸缩式捞矛1个、ϕ62 mm防砂筛管3根及测试钢丝。

2. 原因分析

由于原井内有测试钢丝,在起打捞管柱过程中造成钢丝卡管柱。

3. 处理方法

7月27日打印证实井内鱼头为油管接箍印,下ϕ58 mm滑块捞矛打捞成功,活动管柱,发现已卡死,上提下放均不行。上提负荷200 kN倒扣,倒出ϕ62 m油管40根。28日打印证实井内为钢丝印,下活齿外钩打捞 3 次,共捞出钢丝 500 m。打印,鱼头清晰,为 ϕ115 mm 伸缩式捞矛,下 ϕ58 m 滑块捞矛打捞、捞住后,活动管柱,负荷上提至 400 kN 时活动开,捞出防砂筛管 3 根,带出钢丝 500 m,下铅模通井至人工井底。

4. 处理经验

本井为典型的绳类落物卡油管井,这种情况最怕井内鱼头搞乱,鱼头一乱,给打捞施工造成困难,造成连锁反应,延长施工时间,浪费原材料,甚至造成井的报废。

附录　油田修井基础知识

1. 井下作业常用的主要设备

（1）井下作业的提升起重设备包括什么？

答　井下作业用的提升设备包括作业机、井架、游动系统等。

（2）通用机和修井机的区别是什么？

答　作业机是油、气、水井作业施工中最基本、最主要的动力设备。常用的作业机按行走的驱动方式不同，分为履带式和轮胎式两种。现场上习惯把不自带井架的作业机称为通用机，把自带井架的作业机称为修井机。

（3）作业机用途都有什么？

答　作业机是油井维修的主要动力设备之一，其用途主要是：

①起下钻具、油管、抽油杆、井下工具或悬吊设备；

②吊升其他重物；

③传动转盘；

④完成抽汲排液、落物打捞、解卡等任务。

（4）作业机的基本组成包括什么？

答　都是由动力机、传动机和工作机三部分组成。

（5）井下作业的旋转设备由什么组成？

答　它主要由传动系统和控制系统组成。

（6）井下作业的循环冲洗设备的组成包括什么？

答　主要由行走系统、地面运转设备、提升系统和循环系统组成。

（7）履带式通井机的结构包括什么？

答　XT－12型、AT－10型通井机的基本结构由拖拉机、单滚筒绞车减速箱、大梁构架、操纵机构、气控制系统及燃油箱等部分组成。

（8）井架的种类有哪几种？

答　按井架的移动性可分为固定式井架和可移式井架；按结构特点可分为桅杆式（即单腿式）、两腿式、三腿式和四腿式等4种；按井架高度划分，固定式井架又可分为18 m，24 m和29 m 3种。目前在井下作业中常用的有固定式两腿 BJ－18 井架和 BJ－29 井架以及各类修井机自带井架。

（9）常用井架结构主要是什么？

答　BJ－18 井架主要由井架本体、天车、支座和蹦绳4部分组成。

①井架本体包括井架支柱、横斜角钢拉筋、连杆板、连接螺钉、井架梯子等；

②井架天车包括天车、护栏、顶架、连接螺钉等；

③井架支座包括支脚座、支脚销、底盘等；

④蹦绳包括蹦绳、绳卡、花篮螺钉等。

（10）井架基础的选择标准是什么？

答 井深超过 3 500 m 时应打混凝土固定基础，井深在 3 500 m 以内可以使用活动基础，基础必须平整坚实。水平度用 600 mm 水平尺测量，误差为 2 ~ 5 mm。

（11）大腿中心至井口距离是多少？

答 18 m 井架距离 1.8 m 左右，支腿轴销与井口中心的距离相等；29 m 井架距离 2.8 m左右，支腿轴销与井口中心的距离相等。

（12）井架地锚位置的选择标准是什么？

答 ①当井深在 3 500 m 以内时，地锚中心至井口距离和开挡如下：

a. 18 m 井架。前：18 ~ 22 m，开挡 16 ~ 20 m。后：18 ~ 20 m，开挡 10 ~ 16 m。后：20 ~ 22 m，开挡 14 ~ 18 m。

b. 29 m 井架。前：28 ~ 30 m，开挡 30 ~ 32 m。前：30 ~ 32 m，开挡 32 ~ 34 m。后：28 ~ 32 m，开挡：14 ~ 18 m。后：30 ~ 34 m，开挡 16 ~ 22 m。

②当井深超过 3 500 m 时，BJ – 18 型井架应在前立梁上加固两道蹦绳，地锚中心至井口距离 20 ~ 24 m，开挡 18 m；BJ – 29 井架应在后蹦绳加固两道蹦绳，地锚中心至井口距离 32 ~ 36 m，开挡 18 m。

（13）井架蹦绳的选用依据是什么？

答 各道蹦绳必须用直径 16 mm 以上钢丝绳，钢丝绳无扭曲，若有断丝则每股不得超过 6 丝。井架蹦绳必须使用与钢丝绳规范相同的绳卡，每道蹦绳一端绳卡应在 3 个以上，绳卡间距 108 ~ 200 mm。

（14）井架蹦绳地锚的使用标准是什么？

答 ①使用螺旋地锚时，要求锚长 2.0 m 以上（不含挂环），锚片直径不小于 0.3 m，钢板厚度不小于 3 mm，锁销直径不小于 24 mm。螺旋地锚拧入地层深度在 2 m 以上，地锚杆外露不超过 0.1 m。

②使用混凝土地锚时，要求地锚厚 0.2 m，宽 0.2 m，长 1.5 m，地锚坑上口长 1.4 m，下口长 1.6 m，宽 0.8 m，深 1.8 m。地锚套选用直径 22 mm 以上，长为 10 m 的钢丝绳。

（15）井架天车的结构由什么组成？

答 天车是安装在井架顶端的一组定滑轮。其主要由轴承支座、天车轴、滑轮、轴承润滑油道、加油嘴及天车护罩等部件组成。

（16）井架游动滑车由什么组成？

答 游动滑车主要由滑轮、滑轮轴、轴套、侧板、底环、顶销、顶环、销子、加油器和外壳组成。

（17）井架大钩由什么组成？

答 大钩是由活动轴承和弹簧连接安装在游动滑车下面的钩状构件。其主要由钩体、销子簧、大钩颈、保险销组成。

（18）钢丝绳种类有哪几种？

答 钢丝绳按直径分，常用的有 10 mm、13 mm、16 mm、19 mm、22 mm、25 mm 6 种；按其结构组成（股数和绳数）有 6 股×19 丝、6 股×24 丝、6 股×37 丝 3 种。

（19）钢丝绳的捻制方法由哪几种形式？

答 按其捻制方法分，有顺捻、逆捻钢丝和顺捻钢丝股逆捻三种形式。修井施工中的钢丝绳一般选用 6 股×19 丝左旋逆捻西鲁式纤维绳芯钢丝绳。

（20）钢丝绳强度和使用要求是什么？

答　钢丝绳强度一般分三级，即普通强度（P）、高强度（G）和特高强度（T）。

①新钢丝绳不应有生锈、压扁、断丝、松股等缺陷。

②钢丝绳钢丝直径大于 0.7 mm 者，接头连接应用焊接法；小于 0.7 mm 者，接头可用插接法。

③在钢丝绳 1 m 长度内接头不得超过 3 个，同一截面内不得超过 2 个。

④钢丝绳应保持清洁，涂润滑油保持芯子润滑。

⑤钢丝绳与绳卡配合要合适，卡距一般为钢丝绳直径的 6~7 倍。

⑥任何用途的钢丝绳不得打结、接结，不应有夹扁等缺陷，原则上用于蹦绳的钢丝绳不得插接。

⑦绷绳每捻距内断丝要少于 12 丝，提升大绳每捻距内断丝要少于 6 丝。任何用途的钢丝绳均不得有断股现象。

⑧当游动滑车放至井口时，大绳在滚筒上的余绳，应不少于 15 圈，活绳头在滚筒上固定牢靠。

⑨大绳死绳头应该用 5 只以上配套绳卡固定牢靠，卡距 150~200 mm。

⑩不得用锤子等重物敲击大绳、绷绳。

⑪长期停用的钢丝绳应该盘好、垫起，做好防腐工作。

（21）吊环的结构和使用要求是什么？

答　吊环是连接大钩与吊卡的工具，其作用是悬挂吊卡，完成起下管柱和吊升重物等工作。

吊环有单臂吊环和双臂吊环两种。使用要求有：

①吊环应配套使用；

②不得在单吊环下使用；

③经常检查吊环直径、长度变化情况，成对的吊环直径长度不相同时不得继续使用；

④应保持吊环清洁，不得用重物击打吊环。

（22）吊卡的结构和使用要求是什么？

答　活门式吊卡由主体、锁销、手柄、活门等部件组成，其特点是承重力较大，适于较深井的钻杆柱的起下。月牙式吊卡主要由主体、凹槽、月牙、手柄和弹簧等组成，其特点是轻便、灵活，适用于油管柱或较浅井的钻杆柱的起下。

（23）旋转设备的作用和分类有哪些？

答　转盘是石油修井的主要地面旋转设备。修井作业旋转设备主要有转盘，用于修井时，旋转钻具钻开水泥塞和坚固的砂堵；在处理事故时，进行倒扣、套铣、磨铣等工作；在进行起下作业时，用于悬挂钻具等。常用修井转盘按结构形式分有船形底座转盘和法兰底座转盘两种形式；按传动方式分有轴传动和链条传动两种形式。

（24）什么是钻井泵？

答　钻井泵是修井作业最基本的循环冲洗设备。

（25）钻井泵基本结构形式和作用是什么？

答　钻井泵主要有双缸双作用和三缸单作用泵两种形式。修井施工中常用的是卧式活塞型双作用泵。带动泵的动力有电动机或内燃机。钻井泵的用途是将水、修井液等打入井内，进行循环冲洗、压井，完成冲洗井底、冲洗鱼顶等施工作业。

钻井泵的结构主要有:空气包、排出阀、拉杆密封涵、活塞拉杆、皮带轮、上水阀、缸套、中心拉杆、十字头、连杆等。

(26)水龙头的作用是什么?

答 水龙头是进行冲洗作业的设备之一,作用是悬吊井下管柱,连接循环冲洗管线,完成洗井、冲砂、解卡和冲洗打捞等施工作业。水龙头由固定和转动两部分组成。使用时固定部分与提升大钩相连,悬吊井下管柱;活动部分与方钻杆相连接并能随同钻杆和井下管柱一同转动。

(27)水龙带的作用是什么?

答 水龙带是在钻水泥塞、冲砂和循环压(洗)井等施工中,用于连接水龙头或活动弯头与地面管线,输送洗井或冲砂液体的高压橡胶软管。

(28)水龙带的结构是什么?

答 它由高压橡胶软管和端部接头两部分组成。高压橡胶管是由无缝的耐磨、耐油的合成橡胶内胶层、纤维线编织的保护层、方向交变的螺旋金属钢丝缠绕的中胶层和耐磨、耐油、耐热、耐寒的合成橡胶外胶层组成。

2. 井口装置各部分

(29)套管头的定义和用途是什么?

答 井口装置的下部分称为套管头。它是用来悬挂技术套管和油层套管并密封各层套管间环形空间的井口装置,为安装防喷器和油管头等上部井口装置提供过渡连接,并且通过套管头本体上的两个侧口,可以进行补挤水泥和注平衡液等作业。

(30)油管头的定义和用途是什么?

答 井口装置的中间部分称为油管头,是由一个两端带法兰的大四通及油管悬挂器组成,安装在套管头的法兰上,用以悬挂油管柱,密封油管柱和油层套管之间的环形空间,为下接套管头、上接采油树提供过渡。通过油管头四通体上的两个侧口,接套管闸门,完成套管注入、洗井作业或作为高产井油流生产通道。

(31)采油树的定义和用途是什么?

答 采油树是油管头上法兰及以上的设备,它是由一些闸门、三通、四通和短节组成,用于油气井的流体控制和作为生产通道。采油树和油管头是连在一起的,是井口装置的重要组成部分。

(32)采油树连接方式有哪几种?

答 采油树各部件的连接方式有法兰、螺纹和卡箍 3 种。

(33)采油树安装的具体要求有什么?

答 ①采油树运送到井场后,要对采油树进行验收,检查零部件是否齐全,闸门开关是否灵活好用。

②先从套管四通底法兰卸开,与套管连接前必须把套管短节清洗干净,缠上密封带或涂上密封脂,对正扣上紧。上齐采油树各部件并调整方向,使采油树闸门及手轮方向保持一致。对于卡箍连接的采油树要求卡箍方向一致。

③对采油树进行密封性试压,一般油(气、水)井采油树用清水试压,试压压力为采油树工作压力,经 30 min 压降不超过 0.2 MPa 为合格。

3. 管杆工具

（34）套管的作用和分类有哪些？

答　套管的作用是为钻井和其他作业施工提供一个良好的通道,保证钻井和作业施工顺利进行。套管按其作用可分为表层套管、技术套管、油层套管 3 种类型。

（35）油管的作用是什么？

答　油管的作用主要是在油气井生产时提供油气流的通道。

（36）油管类型有哪几种？

答　按制造工艺,油管可分为无缝管(S)和电焊管(EW)。油管按螺纹基本连接类型可分为两大类,即 API 标准螺纹油管和非 API 标准螺纹油管。

（37）油管使用的注意事项都有什么？

答　①油管在使用前用钢丝刷将油管螺纹上的脏物刷掉,同时检查螺纹有无损坏。

②在油管接箍内螺纹处均匀涂螺纹密封脂。

③油管上扣所用的液压油管钳应有上扣扭矩控制装置,避免损坏油管。

④油管从油管桥上被吊起或放下时,油管外螺纹应有保护装置。

⑤特殊井所用油管的上扣方法和上扣扭矩,应按照油管生产厂家的要求进行。

⑥作为试油抽汲管柱时,注意在抽子下入的最大深度以上要保证内通径的一致。

⑦若油管下入深度较深,应使用复合油管。

（38）钻杆的作用是什么？

答　钻杆是钻柱组成的基本单元,是传递转盘扭矩、游车提升、加压给钻具(钻头等)的直接承载部分,是完成修井工艺过程的基本配套专用管材。

（39）钻杆基本结构形式是什么？

答　①钻杆的管壁相对方钻杆和钻铤薄一些,内径比同规格的方钻杆、钻铤大一些,一般壁厚 9～11 mm。

②钻杆两端分别配装带粗螺纹的钻杆接头各 1 个(合为一对),称为钻杆单根;管体两端车有外螺纹,配装一副钻杆接头,称为有细螺纹钻杆;管体两端分别与接头对焊而成的,为无细螺纹钻杆或对焊钻杆。

③一般钻杆两端需加厚处理,加厚方式有内加厚(贯眼式)、外加厚(内平式)、内外加厚(正规式)3 种形式。

（40）钻杆接头代号表示方法有哪几种？

答　钻杆接头为 211,表示钻杆公称尺寸是 φ73 mm,钻杆类型是内平式,钻杆接头螺纹是外螺纹。目前修井作业中常用外加厚钻杆,即内平钻杆。

（41）钻杆使用要求是什么？

答　①入井钻杆螺纹必须涂抹螺纹密封脂,旋紧扭矩不低于 3 800 N·m。

②钻杆需按顺序编号,每使用 3～5 口井需调换入井顺序。

③保持钻杆的清洁、通畅,螺纹完好无损伤。

④定期进行无损伤探伤检查。

⑤入井钻杆不得弯曲、变形、夹扁。

⑥钻杆搬迁不得直接在地面拖拽,螺纹处应戴螺纹保护器。

（42）抽油杆的作用和分类都是什么？

答 抽油杆用于连接抽油机与井下泵塞，在抽油机的往复运动中，通过抽油杆使井下的泵塞产生往复运动。常用的抽油杆分为常规钢抽油杆、超高强度抽油杆、玻璃钢抽油杆、空心抽油杆和连续抽油杆。

（43）常规钢抽油杆的等级分为哪几种？

答 一般将常规钢抽油杆分为 C 级、D 级和 K 级 3 个等级。

（44）超高强度抽油杆的特点是什么？

答 超高强度抽油杆承载能力比 D 级抽油杆提高 20% 左右，适用于深井、稠油井和大泵强采井。

（45）什么是空心抽油杆？

答 空心抽油杆就是中间空心的钢质抽油杆。

4. 潜油电泵管柱的结构及常见故障

（46）潜油电泵装置的工作原理是什么？

答 潜油电泵装置是在井下工作的离心泵，用油管下入井内，悬挂在油管底部，地面电源通过供电流程，将电能输送给井下潜油电机，潜油电机将电能转换为机械能带动潜油泵工作，井液在潜油泵的作用下，沿抽油工作流程被举升到地面。

（47）潜油电泵装置由哪些组成？

答 潜油电泵：包括潜油电机、潜油电机保护器、潜油电泵油气分离器、潜油泵。潜油泵指潜油多级离心泵。

（48）什么是潜油电泵装置的标准管柱结构？

答 潜油电泵装置的标准管柱自下而上依次由潜油电机、保护器、分离器、潜油泵、单向阀、泄油阀组成。

（49）潜油电机验收标准有哪些？

答 ①箱号、铭牌和型号规格，与发货单相符。

②表面无碰伤、刮伤等痕迹。

③花键套与轴的配合应符合要求。

④盘轴检查，应灵活。

⑤内腔清洁，放油无污物。

⑥三相绕组间及绕组对机壳间的绝缘电阻值应大于 500 MΩ。

⑦三相绕组直流电阻不平衡度不大于 2%。

（50）保护器有哪些作用？

答 连接潜油电机与潜油泵；承受潜油泵的轴向力；防止井液进入电机；平衡电机内部压力与井内压力；补偿电机油。

（51）保护器有哪几种？

答 有连通式保护器、沉淀式保护器、胶囊式保护器。

（52）分离器分几类？

答 沉降式分离器和旋转式分离器。

（53）潜油泵由哪些组成？

答 转动部分主要由轴、键、叶轮、止推垫、轴两端的轴套和固定螺帽（或卡簧）组成。

固定部分主要由导轮,泵壳,上、下轴承外套及上、下接头组成。

(54)潜油泵的结构特点有哪些?

答　①直径小、级数多、长度大。

②轴向卸载,径向扶正。

③泵吸入口装有分离器。

④泵排出口上部装有单向阀、泄压阀。

(55)潜油泵的特性参数有哪些?

答　排量(Q)、扬程(H)、转速(n)、功率(N)、效率(V)。

(56)潜油电缆分几类?

答　潜油电缆包括潜油动力电缆(圆电缆或扁电缆)和潜油电机引线电缆(小扁电缆)。

(57)潜油电缆的结构由哪些组成?

答　电缆主要由内外导体、绝缘层、护套层、钢带铠装组成。

(58)潜油电缆的特点是什么?

答　①耐高压,耐油、水、气,适应井下工况特性。

②外形尺寸符合环空要求。

③电缆终端有电缆头。

④适应施工和井下环境温度,适应范围为 $-30\sim150$ ℃。

(59)单向阀的作用是什么?

答　潜油电泵停机后,再次启动时,相当于在高扬程下启动,使启动更容易。安装单向阀可以避免停泵以后液体倒流,造成潜油电泵反转事故。

(60)单向阀的安装位置是什么?

答　装在泵出口上方油管6~8个接箍处。

(61)泄油阀的作用是什么?

答　在电泵施工中使油套连通,放出油管中的存油,就可避免井液喷流到井场内。

(62)泄油阀的安装位置是什么?

答　在单向阀上部一根油管上安装一个泄油阀。

(63)潜油电泵管柱的起下设备要求是什么?

答　①油井作业机必须有合适的工作能力及良好的操作条件,井架必须有足够的高度,以便高效率地服务。

②必须使作业机司机意识到所安装的潜油电泵为精密设备。

③负责安装或起出潜油电泵的作业人员应严格按规程操作。

④井口、游动滑车、天车应三点一线,左右偏差不大于20 mm。

(64)油管卡盘的特点是什么?

答　①卡瓦尺寸必须适合所使用的油管。

②只允许使用利齿且干净的卡瓦。

③油管卡盘的盖必须有槽或开口,以便动力电缆通过。

(65)电缆盘的使用要求是什么?

答　电缆盘应距离井口23~30 m,应在作业机司机视线之内。电缆盘支架或绞盘的位置应使电缆盘轴与井口装置成直角。电缆的收放应从电缆盘的上方通过。

(66)导向轮的作用是什么?

答 在潜油电泵安装过程中导向轮悬挂电缆、保护电缆,导向轮应固定在高于地面9~14 m处,使其位置符合游动滑车的移动。

(67)导向轮的使用要求是什么?

答 ①起出或下入井下潜油电缆时,必须使用导向轮。

②在下机组时导向轮应高于地面9~14 m处,使其位置符合游动滑车的移动。

③为了准确定位,应当用手移动导向轮,切勿用动力电缆在地面上拉导向轮。

(68)潜油电泵检验要求是什么?

答 应对运到井场的潜油电泵进行检验,核对其规格和型号是否正确,所需要的设备是否全部运到井场。应记下整个潜油电泵机组的系列号,并对全部井下设备总成做出逐件核对和初检尺寸记录。

(69)套管检查内容有哪些?

答 应将一个全尺寸测量工具下到潜油电机安装深度以下18 m或下到油井条件所允许的最大深度。在新井安装潜油电泵之前或从井中起出后,发现电缆或潜油电泵有损伤痕迹或准备把潜油电泵下到更深的深度时,均应进行这一检测。

(70)潜油电泵下井前的试验及检查内容有哪些?

答 ①旋转部件盘动要灵活。

②相对应的电气检查,包括绝缘电阻测试,零下15 ℃要检查绝缘电缆膜是否完好。

③相序和电源线路检查。

④设备注油是否合适。

⑤所有注油、放气和泄油丝堵的拧紧度。

⑥根据需要进行压力试验。

⑦装配好的潜油电泵不允许立在井架内。

(71)安装电缆卡子的要求有哪些?

答 ①在打电缆卡子前,应检查工具。对操作人员进行培训,确保打卡子质量。

②电缆连接处的上下方各打一个电缆卡子。

③每个油管接箍上下各打一个电缆卡子。

④在铠装电缆上,卡子应扎紧到铠装稍有变形但不应压扁。

(72)电缆卡子拆除的要求有哪些?

答 ①电泵机组起出时,应记录丢失了多少卡子。由用户决定丢失的卡子数目是否达到危害程度。

②必须用合适的专用工具切断卡子。

③应当注意被拆除的卡子的情况。若腐蚀明显,应该更换卡子金属材料以防止腐蚀。

(73)电缆下入和起出作业要求是什么?

答 ①电缆决不允许放在地面卷绕,这样做可能损坏电缆。

②当把电缆重新绕到电缆盘上时,使电缆排齐。

③当电缆从井内起出时,应在电缆的损坏部位做个记号,以便日后修理。

(74)电机密封失效的故障及处理方法有哪些?

答 密封件失效的故障。处理方法有:电机已经进入井液,需更换电机或将电机烘干后再使用。

（75）机械故障及处理方法是什么？

答 有轴弯、轴断、轴裂、止推轴承破损、扶正轴承间隙大等机械故障。处理方法：更换电机。

电机内有金属屑。处理方法：①更换电机；②将电机重新清洗烘干后再使用。

（76）电气故障及处理方法有哪些？

答 ①短路、线路虚接、断相等电气故障。会造成相间直流电阻不平衡、电流不平衡。处理方法：更换电机，若是因电缆头连接造成的短路、虚接，可重新安装电缆头。

②上、下节电机相序倒置电气故障。处理方法：调换相序或更换电机，使上、下节电机相序保持一致。

（77）井况故障及处理方法有哪些？

答 ①高含气故障。处理方法：加深泵挂，套管放气，使用双级油气分离器，采用压缩泵。

②井温高故障。处理方法：采用耐高温的电缆、电机。

③井液黏度大故障。处理方法：采用加热、加破乳剂等多种物理化学的降黏方法。

④结垢故障。处理方法：定期酸洗，改变泵挂深度。

⑤结蜡故障。处理方法：定期清蜡或采取一些防蜡措施。

⑥含砂高故障。处理方法：在泵吸入口安装防砂装置。

（78）潜油电泵卡的原因有哪些？

答 套交卡、砂卡、落物卡、蜡卡、垢卡、电缆卡。

（79）卡点上方管柱及电缆的打捞工具有哪些？

答 ①在潜油电泵被卡后油管电缆未断，可采取上提管柱，在一定拉力下同步炸断油管和电缆的方法将油管和电缆一同起出。

②脱落堆积电缆的打捞：打捞时应尽量避免将电缆压实。常用的打捞工具有活动外钩、螺旋开窗捞筒，有时也使用螺旋锥等辅助工具打捞。

③卡点的处理：采用常规打捞工具抓取油管，配合上击器、下击器进行重复震击，使卡点松动。

（80）潜油电缆卡的类型有哪几种？

答 潜油电缆卡的类型有顶部堆积卡和身部堆积卡。顶部堆积卡：这种情况发生在处理潜油电泵遇卡过程中将管柱拔断，电缆落井后堆积。身部堆积卡：发生在起管柱时，电缆未同步起出，堆积在油管周围。

（81）潜油电缆卡的打捞工具有哪几种？

答 电缆脱落一般都成螺旋状盘在套管内壁上，打捞时应尽量避免将电缆压实。常用的打捞工具有活动外钩、螺旋开窗捞筒，有时也使用螺旋锥等辅助工具旋转管柱打捞。

（82）潜油电泵装置管柱的卡点如何处理？

答 采用常规打捞工具抓取油管，配合上击器、下击器震击，逐渐使卡点松动，使潜油电泵解卡。如是套变卡，把变点让出来，再采用先整形后打捞的办法。在无法震击解卡的情况下可采用磨铣处理。

（83）潜油电泵的打捞工具有哪些？

答 ①打捞泵、分离器、保护器部位，可用薄壁卡瓦捞筒、螺旋卡瓦捞筒等。

②打捞泵变扣接头部位，可用变扣接头打捞矛。

③打捞泵体,可用弹性电泵捞筒或者母锥。

(84)潜油电泵的打捞的注意事项有哪些?

答 ①施工前首先将井史资料查清,如井下电泵、电机管柱的结构和规范。

②根据井下事故状况编写施工设计,按设计准备各类专用工具。

③每一道工序严格按设计进行,前一道工序完成再进行下一道工序,工具要符合井下情况要求。

④每次打捞都要详细描述捞出落物的数量、规范。

(85)电潜泵卡的故障类型有哪些?

答 电泵机组砂卡、砂埋,死油、死蜡、小物件卡,电缆脱落堆积卡,套管破损卡阻电潜泵。

(86)什么是死油、死蜡卡阻机泵组?

答 由于油层吐砂严重,将电泵机组以下的工艺尾管砂卡、砂埋。

(87)什么是小物件卡阻机泵组?

答 小物件卡阻机泵组是较常见的故障。小物件一般常指掉入油套环空的螺栓、螺母、电缆卡子等。

(88)什么是电缆脱落堆积卡阻电潜泵?

答 在检换电泵作业中,由于电缆不能与管柱同步,上提负荷过大而拔脱油管,使电缆脱落堆积,造成电缆堆积卡电泵机组。

(89)什么是套管破损卡阻电潜泵?

答 由于机组部位或机组以上套管变形、错断,使机泵组的工艺管柱受卡拔不动。

(90)电潜泵故障处理施工的要求有哪些?

答 压井时应用循环法压井,严格限制挤注法压井。试提时,最高负荷不超过油管允许提拉负荷,不得将油管柱在试提时拔脱扣而使电缆在不必要断脱处断脱。

通井:至人工井底或设计要求深度。

完井:按设计要求下入完井管柱交井。

5. 有杆泵采油

(91)有杆泵采油的分类有哪几种?

答 有杆泵采油包括抽油机有杆泵采油和地面驱动螺杆泵采油。

(92)抽油机有杆泵采油方式的应用和优点是什么?

答 抽油机有杆泵采油方式占主导地位,约占人工举升井数的90%。其抽深和排量能适用大多数油井。优点:结构简单,成本低,厚壁泵筒承载能力大。

(93)地面驱动螺杆泵的特点是什么?

答 地面驱动螺杆泵容积式泵,其抽深可达1 700 m,最高日排液可达250 m^3,适用于低产浅井。其优点是地面设备体积小,对砂、气不敏感。其缺点是泵的寿命短。

(94)有杆抽油泵的作用和分类有哪几种?

答 有杆抽油泵安装在油管底部,沉没在井内液体之中,通过抽油机、抽油杆传递的动力抽汲井内的液体。有杆抽油泵分为管式泵和杆式泵两大类。

(95)有杆抽油泵工作原理是什么?

答 抽油泵柱塞下行时,固定阀关闭,游动阀打开,泵向油管排液,柱塞到达下死点时,游动阀关闭;柱塞上行时,游动阀关闭,固定阀打开,泵吸入液体。当其运动速度超过漏失速度后,井口开始排油。柱塞到上死点时,固定阀关闭。

(96)管式泵的结构特性有哪些?

答　主要由泵筒总、柱塞总、固定阀、固定装置和固定阀打捞装置等组成。

(97)杆式泵的结构特性有哪些?

答　主要由内、外两个工作筒及活塞组成。外工作筒上带有扶正接箍、支承短节、卡簧装置等。内工作筒将固定阀、衬套、活塞、游动阀等组装为一个整体。

(98)杆式泵的分类有哪几种?

答　按照固定位置和运动件可分为定筒式顶部固定杆式泵、定筒式底部固定杆式泵和动筒式底部固定式泵。

(99)特种抽油泵的种类有哪几种?

答　流线型抽油泵、液力反馈抽稠油泵、VR–S抽稠油泵、BNS井下稠油泵。

(100)稠油抽油泵的原因是什么?

答　由于稠油的黏度很高、阻力很大,用常规抽油泵无法正常抽汲,因而专门设计了抽稠油的抽油泵。

(101)双作用抽油泵的优点有哪些?

答　将单作用的常规泵改为双作用泵,从而在泵径和抽油参数相同的条件下,排液量大幅度提高。

(102)防腐抽油泵的使用依据是什么?

答　为了解决井液对抽油泵产生腐蚀,缩短抽油泵的使用寿命,在常规抽油泵的基础上,根据产出液的腐蚀特性,选用不锈钢、镍铁合金、铝青铜合金等制造抽油泵零部件以增加抽油泵抗腐蚀能力。

(103)有杆泵常用配合工具有哪几种?

答　泄油器、油管锚。

(104)泄油器的作用和分类有哪些?

答　泄油器是改善井口操作条件,减少井场污染,同时提高井内液面,在一定程度上避免井喷的一种器具。其按操作方式分类,分为液压式和机械式两大类。

(105)泄油器的结构组成有哪些?

答　基本结构有3种:卡簧式、锁球式、凸轮式。卡簧式应用较多。

(106)油管锚的作用和种类有哪些?

答　用油管锚将油管下端固定,可以消除油管变形,减少冲程损失。油管锚分为机械式油管锚和液力式油管锚两大类。

(107)机械式油管锚的定义和分类是什么?

答　机械式油管锚是利用中心管锥体上移撑开单向卡瓦坐锚,它靠定位销钉在倒J形轨道槽的位置来实现锚定和解锚。这种油管锚按锚定方式分为张力式、压缩式和旋转式3种。

(108)液力式油管锚的分类有哪些?

答　按锚定方式分为压差式和憋压式两种。

压差式:它是利用油井开抽后,油管内与环形空间液面差,推动锚内活塞将卡瓦推出锚定在套管壁上。

憋压式:将油管锚下到预定深度,坐锚是通过油管憋压推出卡瓦锚定在套管上。解锚时上提油管卡瓦体松动,是一种较理想的油管锚。

(109)什么是抽油杆脱接器?

答 抽油杆脱接器是一种用在抽油泵直径大于泵上油管直径的油井上,使抽油杆与柱塞在井下脱开和连接的工具。

6.检泵作业

(110)检泵的原因有哪些?

答 蜡卡、泵漏、砂卡时,为了查明原因,采取恰当措施,需要进行探砂面与冲砂等,提高泵效率或泵的参数,加深或上提泵挂深度;发生了井下落物或套管出现故障,需要大修作业等原因。

(111)检泵操作规程(工序)有哪些?

答 检泵作业施工工序主要有压井、起抽油杆、起管柱起泵、探砂面冲砂、通井刮蜡、组配下泵管柱、下泵、下油管、下抽油杆、试抽、完井。

(112)压井或者洗井的作用是什么?

答 在检泵作业时,注意保护油层;根据油层压力系数选择压井液的密度;均应避免用固相压井液压井;保护油层不受污染;用清水洗井(压井)循环两周以上,将井筒内的原油及脏物清洗干净。

(113)起抽油杆技术要求有哪些?

答 洗压井后,卸掉抽油机驴头负荷,卸掉悬绳器。拔驴头后,起出井内抽油杆,放置在抽油杆桥上。起出的活塞要放置在不易被磕碰的地力妥善保管。

(114)起泵的技术要求有哪些?

答 油管及泵体起出后,摆放在油管桥上,并用热蒸汽清洗干净。对起出的深井泵应注意保护,不得摔击,并与活塞一起及时送修。油管清洗后,准确丈量,并做好记录。

(115)探砂面、冲砂的技术要求都有什么?

答 ①使用专用冲砂弯头。

②冲砂弯头及水龙带用安全绳系在大钩上。

③禁止使用带封隔器、通井规等大直径的管柱冲砂。

④冲砂过程中要缓慢均匀地下放管柱,以免造成砂堵或憋泵。

⑤冲砂施工中途若作业机出故障,必须进行彻底循环洗井。若水泥车或压风机出现故障,应迅速上提管柱至原砂面以上 30 m,并活动管柱。

(116)组配下泵管柱的技术要求都有什么?

答 ①准确丈量油管,每 10 根为一出头并编号,摆放整齐。累计长度误差不超过0.02%。

②严格按设计要求,计算下井管柱长度、根数和管柱总长度。

③计算管柱深度时,应包括油补距。

(117)下泵的技术要求都有什么?

答 ①按设计要求核对泵径、类型、检验合格证,检查泵的完好性。

②管式泵,取出活塞涂抹黄油后,放在安全的地方。

③完成生产管柱,试压。

④活塞连接在抽油杆柱下端,下入深泵内,试抽。

⑤安装光杆,按原则调好防冲距。

⑥拨正驴头,挂好毛辫子,启动抽油机憋压合格可交采油队。

(118)调防冲距的原则是什么?

答　按每 100 m 泵挂深度调防冲距 50～100 mm 的原则。

(119)试抽憋压的技术要求有哪些?

答　压力 5 MPa,稳压 5 min,压降不超过 0.5 MPa 为合格。

(120)检泵质量标准是什么?

答　抽油杆、油管、回音标、泵径、泵深符合设计要求。产量不能低于检泵前的产量。

(121)检泵过程中的安全要求有哪些?

答　①开工前要有开工许可证,各岗要对 HSE(Health Safety Eavironment)检查表上的每一项认真检查。检查员负责班组安全检查工作。

②冬季施工要防止冻管线,设备和管线冻结后只须用蒸汽解冻。

③施工管线试压压力为工作压力的 1.5 倍。

④施工现场必须配备各种安全警示牌、警示旗等标志。

(122)检泵的质量技术标准有哪些?

答　施工要达到"清洁、密封、准确、及时、精良"十字作业要求。

(123)检泵过程中的环保要求有哪些?

答　①施工中,严格按照作业队环境保护作业指导书执行。

②在施工中要注意保护植被,不超范围占地。

③施工过程中要保证各种管线接口密封,阀门灵活好用,杜绝跑、冒、滴、漏现象。

④在敏感作业地区施工,要采取有效措施减少污染物落地。

⑤具有使用条件的现场,必须使用污油污水回收装置,并做好使用记录。

⑥施工完成后,在规定时间内将井场恢复原貌。

(124)常规曲柄平衡抽油机的工作原理是什么?

答　电动机通过皮带和减速器带动曲柄做匀速圆周运动,曲柄通过连杆带动四连杆机构,游梁以支架上中央轴承为支点做上下往复运动,油泵柱塞做上下往复直线运动,实现机械采油。

(125)通井的目的是什么?

答　消除套管内壁的杂物或毛刺,使套管内畅通无阻。核实人工井底深度,检测套管变形后能通过的最大几何尺寸。

(126)压井施工的资料准备内容有哪些?

答　包括井史、井下管柱结构现状、套管现状、生产情况、历次作业施工简况、井口装置型号规格、井场情况、道路、电源、施工方案及完井要求、施工设计等。

(127)压井施工按照循环方式可分几类?

答　反循环压井、正循环压井。

(128)替喷的目的和作用是什么?

答　替出井内的压井液和井内压井工作液沉淀物,恢复油井生产。

(129)套管刮削器的工艺原理是什么?

答　套管刮削器装配后,刀片、刀板自由伸出外径比所刮削套管内径大 2～5 mm。下伸时,刀片向内收拢压缩胶筒或弹簧筒体,最大外径则小于套管内径,可以顺利入井。入井后,在胶筒或弹簧的弹力作用下,刀片、刀板紧贴套管内壁下行,对套管内壁进行切削。每一次往复动作,都对套管内壁刮削一次,这样往复数次,即可达到刮削套管的目的。

（130）套管刮削器的用途有哪些?

答　套管刮削器主要用于常规作业、修井作业中清除套管内壁上的死油、封堵,化堵残留的水泥、堵剂、硬蜡、盐垢,以及射孔炮眼毛刺等的刮削、清除。

（131）反冲砂的概念是什么?

答　冲砂液由套管与冲砂管的环形空间进入,冲击沉砂,冲散的砂子与冲砂液混合后沿冲砂管内径上返至地面的冲砂方式称为反冲砂。

（132）正冲砂的概念是什么?

答　冲砂液沿冲砂管内径向下流动,在流出冲砂管口时以较高流速冲击砂堵,冲散的砂子与冲砂液混合后,一起沿冲砂管与套管环形空间返至地面的冲砂方式称为正冲砂。

（133）正反冲砂的概念是什么?

答　采用正冲的方式冲散砂堵,并使其呈悬浮状态,然后改用反冲洗,将砂子带到地面的冲砂方式称为正反冲砂。

（134）气化液冲砂的概念是什么?

答　当在油层压力低或漏失的井进行冲砂时,常规冲砂液无法将冲散的砂子循环到地面,因而采用泵出的冲砂液和压风机压出的气混合而成的混合液进行施工的冲砂方式。

（135）冲管冲砂的概念是什么?

答　就是采用小直径的管子下入油管中进行冲砂,清除砂堵的冲砂方式。

7. 封隔器找水

（136）封隔器找水的工作原理是什么?

答　下测试管柱,用封隔器将各层分开,坐封后开井求产,找出出水层的位置。优点是工艺简单,能准确地确定出水层位;缺点是施工周期长,无法确定夹层薄的油水层的位置。

（137）油井出水的原因有哪些?

答　①固井质量不合格,造成套管外窜槽而出水。

②射孔时误射水层。

③套管损坏。

④增产措施不当。

⑤生产压差过大。

⑥断层、裂缝等造成外来水侵入。

⑦由于邻井注气、注水注穿油层而造成油井出水。

（138）常用的油井找水技术有哪几种?

答　①综合对比资料判断法。

②水化学分析法。

③根据地球物理资料判断法。

④机械法找水。

8. 作业施工辅助工序

(139) 套管技术状况检测的分类都有什么?

答　套管技术状况检测常用工程测井法和机械法两种。

(140) 工程测井法包括哪几种方法?

答　工程测井法包括:井径测井、井温与连续流量测井、彩色超声波电视成像测井、印模与陀螺方位测井。

(141) 机械法检测使用几种印模?

答　按制造材料可分为铅类印模(通称铅模)、胶类印模(通称胶膜)、蜡类印模(通称蜡模)和泥类印模(通称泥模)。按印模结构形式可分为平底形、锥形、凹形、环形和筒形。

(142) 铅模的用途和结构是什么?

答　铅模是探视井下套管损坏类型、程度和落物深度、鱼顶形状、方位的专用工具。

常用的铅模有平底带水眼式铅模和带护罩式铅模两种形式,由接箍、短节、骨架及铅体组成,中心有直通水眼以便冲洗鱼顶。

9. 措施井施工

(143) 注水泥塞设计资料收集哪些内容?

答　收集作业井的套管规格、层位、射孔井段、地层渗透率、温度、压力系数、产液量、液性、漏失情况。

(144) 油井水泥主要活性成分是什么?

答　油井水泥由硅酸三钙、硅酸二钙、铝酸三钙、铁铝酸四钙 4 种化合物组成。它们在水化时对水泥物理性能将产生较大的影响,故称为水泥的"活性成分"。

(145) 管外窜槽的类型和表现形式有哪几种?

答　油(水)井窜槽的类型有两种:一种是地层窜槽,指地层内部的层与层之间的窜槽;另一种是管外窜槽,是指套管与水泥环或水泥环与井壁之间的窜槽。

管外窜槽有以下异常现象:

①地下水或注入水窜进油层,油井大量出水;

②油井的产液量增加,但原油产量下降,含水上升;

③套管有下陷或突然上升现象;

④不能进行分层开采或其他分层措施。

(146) 油水井和注水井窜槽的危害是什么?

答　油水井窜槽的危害是:

①边水或底水的窜入,造成油井含水上升,影响油井的正常生产;

②因水窜浸蚀,造成地层坍塌使油井停产;

③严重水窜加剧套管腐蚀损坏,从而造成油井报废。

注水井窜槽的危害:

①达不到预期的配注目标,影响单井(或区块)原油产能,影响砂岩地层泥质胶结强度,造成地层坍塌堵塞;

②加剧套管外壁的腐蚀,导致套管变形或损坏;

③导致区块的注采失调,使油井减产或停产。

（147）套管外窜槽预防措施是什么？

答 ①要确保固井质量的合格。

②作业施工时，避免对套管猛烈的冲击与震动，保护水泥环。

③尽量减少射孔孔眼数，应杜绝误射事故的发生。

④采取有效工程和工艺技术措施，防止套管腐蚀，延长套管使用寿命。

⑤避免在高压差下注水。

⑥分层压裂或分层酸化施工时，应采用套管平衡压力的方法，避免损坏套管。

（148）找窜的概念是什么？

答 确定油水井层间窜槽井段位置的工艺过程叫找窜。

（149）油水井找窜工艺的分类有哪几种？

答 共分为声幅测井找窜、同位素测井找窜和封隔器找窜3种找窜方法。

（150）封隔器找窜的原理是什么？

答 封隔器找窜是使用封隔器下入欲测井段，用来封隔欲测井段与其他油层，然后根据所测资料来分析判断是否窜槽。

（151）单水力压差式封隔器找窜的方法是什么？

答 将一级水力压差式封隔器（K344系列）下至找窜的两个层段夹层中部，封隔器下部连接节流器，最下部接球座。找窜时，从油管内注入高压液体，通过测量与观察来判断欲测层段是否窜槽。

（152）什么是套压法找窜？

答 套压法是采用观察套管压力的变化来分析判断欲测层段之间有无窜槽的方法。若套管压力随着油管压力的变化而变化，则说明封隔器上、下层段之间有窜槽；反之，若套管压力不随油管压力的变化而变化，则说明层间无窜槽。

（153）什么是套溢法找窜？

答 套溢法是指以观察套管溢流来判断层段之间有无窜槽的方法。采用变换油管注入压力的方式，同时观察、计量套管流量的大小与变化情况，若套管溢流量随油管注入压力的变化而变化，则说明层段之间有窜槽；反之，则无窜槽。

（154）什么是双水力压差式封隔器找窜？

答 双水力压差式封隔器找窜是在节流器下面再接一级水力压差式封隔器。两级封隔器刚好卡在下部层位射孔段的两端，节流器正对着射孔井段。是将验窜管柱下入欲测井段位置，从油管内注入高压液体，用套溢法进行观察判断。

（155）低压井封隔器找窜的注意事项有哪些？

答 ①找窜前要先进行冲砂、通井、探测套管等工作。

②油管数据要准确。

③测量窜槽时应坐好井口。

④当测量完一点要上提封隔器，应先活动泄压，缓慢上提，以防止地层大量出砂，造成验窜管柱卡钻。

⑤找窜过程中显示有窜槽，应上提封隔器验证其封，若封隔器密封则说明资料结果正确，反之更换封隔器重测。

（156）高压井封隔器找窜的原理是什么？

答 在高压井找窜时，可用不压井不放喷的井口装置将找窜管柱下入预定层位。油管及套管装灵敏压力表。从油管泵入液体,使油管与套管造成压差,并观察套管压力是否随油管压力变化而变化。

(157)漏失井封隔器找窜的方法有哪些?

答 在漏失严重的井段找窜时,无法应用套压法或套溢法验证,应采取强制打液体与仪器配合的找窜方法。如采用油管打液体套管测动液面的方法,采用套管打液体油管内下压力计测压的方法进行找窜。

(158)油水井封窜的方法有哪些?

答 封堵窜槽的方法较多,按照封堵剂种类划分,主要有水泥封窜、补孔封窜、高强度复合堵水剂封窜等。

(159)循环法封窜的工艺原理是什么?

答 水泥封窜技术是在欲封堵层段挤入一定量的水泥浆,使之进入欲封堵层窜槽内,使水泥浆凝固来达到封堵窜槽的目的。根据水泥浆进入地层的方式不同,水泥封窜又可分为:循环法、挤入法、循环挤入法3种方法。

(160)循环法封窜的施工步骤有哪些?

答 ①按施工设计要求下入封堵窜槽管柱,使封隔器坐封。

②投球、冲洗窜槽部位。

③泵入水泥浆。

④顶替至节流器以上10~20 m处,上提封窜管柱,使封隔器位于射孔井段以上。

⑤反洗井。

⑥上提油管,关井候凝。

⑦试压、检验封堵情况。

(161)挤入法封窜的工艺原理是什么?

答 将水泥浆挤入窜槽部位,以达到封窜的目的。该施工方法比较可靠,能够封堵复杂的窜槽。但封窜过程中会有大量水泥浆进入油层,容易堵塞油流通道,污染油层,工艺较复杂,易造成井下事故。

(162)补孔封窜技术的原理是什么?

答 补孔封窜工艺原理是,在相互窜通的未射开高含水层与邻近生产层之间,补射专门炮眼,在挤注高强度硬性堵剂充填水泥环窜槽通道的基础上,再挤入高强度堵剂,从而达到彻底封堵未射的高渗透含水层,达到封窜的目的。

(163)油井堵水技术的分类有哪几种?

答 油井堵水技术包括机械堵水技术和化学堵水技术。

(164)机械堵水的概念是什么?

答 机械堵水是使用封隔器及其配套的控制工具来封堵高含水产水层,以解决油井各油层间的干扰或调整注入水平面驱油方向,达到提高注入水驱油效率,增加采油量的施工工艺过程。

(165)机械采油井堵水管柱的分类有哪些?

答 各种机械采油井堵水管柱一般均采用丢手管柱结构,分为机械采油支撑防顶堵水管柱和机械采油整体堵水管柱两类。

(166)机械采油支撑防顶堵水管柱的组成有哪些?

答 主要由 KQW 防顶器、KNH 活门、KPX 配产器(或 KHT 堵水器)、Y141 封隔器和

KQW 支撑器等井下工具组成。卡堵层段的管柱丢手在井内，以便各类抽油机械采油。

（167）整体堵水管柱的组成和分类是什么？

答 主要由 Y141 封隔器、KPX 配产器（或 KHT 堵水器）等井下工具组成。卡堵层段的管柱可分为电缆桥塞和机械桥塞两大类。

（168）机械堵水井下工具的分类有哪些？

答 井下工具按功能分为封隔器、控制工具和修井工具。

（169）封隔器分类及型号编制方法？

答 封隔器分类代号：Z 表示自封式，Y 表示压缩式，X 表示楔入式，K 表示扩张式。

封隔器支撑方式代号：1 表示尾管，2 表示单向卡瓦，3 表示无支撑，4 表示双向卡瓦，5 表示锚瓦。

封隔器坐封方式代号：1 表示提放管柱，2 表示转管柱，3 表示钻铣，4 表示液压，5 表示下工具。

封隔器解封方式代号，1 表示提放管柱，2 表示转管柱，3 表示自封，4 表示液压，5 表示下工具。

封隔器最大外径直接用其外径数值，以阿拉伯数字表示，单位为 mm。

（170）什么是机械采油堵底水管柱？

答 主要由 Y411 丢手封隔器等井下工具组成。丢手封隔器安装于底水层上部与封堵层之间，允许工作压差小于 15 MPa。下入打捞管柱，上提一定值的张力负荷，封隔器即可解封。施工成功率高，工作可靠。

（171）什么是机械采油平衡丢手堵水管柱？

答 主要 KSQ 丢手接头、KNH 活门、Y344 封隔器、KQS 配产器（或 KPX 配产器、KHT 堵水器）等井下工具组成。该管柱的卡堵段丢手于井内，尾管下至井底。油层上部 2～5 m 和油层下部 2～5 m 各下一个平衡封隔器，以平衡相邻封隔器间液压产生的作用力，以确保管柱安全可靠地工作。

（172）什么是机械采油固定堵水管柱？

答 主要由 KSQ 丢手接头、Y443 封隔器、Y443 密封段、KDK 短节和 KXM 导向头等井下工具组成。该管柱也适用于斜井，卡堵层之间允许工作压差为 30 MPa，能与各类机械采油井井下抽油设备相适应。

主要缺点是必须逐个安装封隔器，封隔器不能解封，只能采用磨铣工艺才能清除。

（173）桥塞在油井堵水作业中的应用有哪些？

答 桥塞是目前在国内外广泛使用的一种油井层间分隔装置。工作原理：靠尾管支撑井底，油管自重坐封，上提油管解封的压缩式封隔器。

（174）控制工具和修井工具的分类有哪些？

答 有配产器、堵塞器、支撑器、油管悬挂器、投捞器、安全接头、打捞矛、磨铣工具、丢手接头、活门等。

（175）下井管柱类型有哪几种？

答 ①找水管柱或笼统注水管柱。

②分层配注、分层配产管柱。

③各种施工作业管柱，如压裂、堵水、酸化、冲砂、磨铣等管柱。

④机械采油管柱。

(176)组配管柱的程序是什么?

答　①熟悉设计,掌握油水井各种数据。

②丈量实物长度,包括油管悬挂器、下井工具。

③计算所需油管长度,丈量、选择油管,连接下井工具。

④按照下井顺序将下井管柱摆放好,复核、计算出实配深度,填入油管记录。

(177)下井管柱的组配方法(以分层配注、分层配产管柱为例)是什么?

答　①分层配产管柱结构和分层配注管柱结构设计清楚。

②计算所需油管长度。

③计算实配深度:

a.第一级封隔器实配深度 = 油补距 + 油管挂长度 + 选用油管长度 + 第一级封隔器上部长度。

b.第二级封隔器实配长度 = 第一级封隔器实配深度 + 第一级封隔器下部长度 + 选用油管长度 + 配产(水)器长度 + 第二级封隔器上部长度。

c.第三级封隔器实配长度 = 第二级封隔器实配深度 + 第二级封隔器下部长度 + 选用油管长度 + 配产(水)器长度 + 第三级封隔器上部长度。

d.底部球座实配长度 = 第三级封隔器实配长度 + 第三级封隔器下部长度 + 选用油管长度 + 配产(水)器长度 + 底部球座长度。

(178)配管柱操作要求实施步骤是什么?

答　①配管柱前要认真阅读施工设计书。

a.掌握下井管柱结构,下井工具名称、规范、用途、先后顺序和间隔标准。

b.掌握有几个卡点、卡点深度、卡距、夹层厚度。

c.掌握套管接箍位置、射孔井段、人工井底和油补距。

d.计算好下井工具之间所需油管长度。

e.编出配管柱记录顺序号,准备好短节。

②丈量油管。

a.认真检查要丈量的油管,包括螺纹,管体腐蚀情况,有无弯曲、裂痕和孔洞等。

b.用内径规通油管。

10. 大修施工

(179)测卡点施工计算公式是什么?(应注明公式字母的含义及单位)

答　测卡点施工计算公式是:

$$L = K \cdot \lambda / P$$

式中　L——卡点深度 m;

　　　λ——油管平均伸长,cm;

　　　P——油管平均拉伸拉力,kN;

　　　K——计算系数。

(180)常见井下作业事故的类型有哪几种?

答　①工艺技术事故:如井喷。

②井下卡钻事故。

③井下落物事故。

(181)砂卡的概念是什么?

答 在油水井生产或作业过程中,由于地层砂或工程砂埋住部分管柱,使管柱不能提出井口,这种现象叫砂卡。

(182)砂卡处理方法有哪几种?

答 砂卡处理常用的方法有活动管柱解卡、套铣倒扣法解卡、震击解卡、憋压法解卡、内冲管解卡。

(183)砂卡的预防有哪几种?

答 ①生产管柱下入深度要适当。

②注水井放压要控制,特别是套管放压。

③冲砂施工。

a.换单根要快,冲至设计深度后要彻底循环洗井,待砂子返出后,再停泵起管柱。

b.不得带大直径工具探砂面。

c.不能用大直径工具冲砂。

d.在深井或大直径套管内冲心时,可采用正、反冲砂法或泡沫冲砂等工艺。

④打捞作业施工前要彻底冲洗鱼顶,捞获后要边冲洗边上提,待负荷正常后再卸管线。

⑤尾管深度应距预计砂面有足够的距离。

(184)井下落物卡的分类有哪些?

答 井下落物分为4类:管类落物、杆类落物、绳类落物、小件落物。

(185)井下落物的危害有哪些?

答 ①堵塞油层,影响油井生产。

②增加油井维修次数。

③妨碍增产措施的进行。

④造成卡管柱事故。

⑤造成油井侧钻甚至报废

(186)井下落物的预防有哪些?

答 ①施工前摸清套管情况,避免卡钻事故。

②尾管和封隔器深度要适当,减少砂卡。

③下井工具完好,避免因工具损坏和部件散落而造成井下落物。

④避免管柱松脱造成的井下落物。

⑤井口应装自封封井器。避免因操作不慎造成小物件落井。

⑥测井、射孔时,操作手要精力集中,避免因遇阻、遇卡,造成仪器、工具落井和电缆落井事故。

(187)井下落物的处理方法有哪些?

答 ①捞出落物:下各种打捞工具将落物整体或分段捞出。

②磨铣落物:下磨铣工具把落物磨铣掉。

(188)打捞管类落物的工具有哪些?

答 滑块捞矛、可退式捞矛、卡瓦打捞筒、开窗捞筒、公锥、母锥等。

(189)打捞杆类落物的工具有哪些?

答 卡瓦打捞筒、活页捞筒、三球打捞器、外钩等。

（190）打捞绳类落物的工具有哪些？

答 内钩、外钩、老虎嘴等。

（191）打捞小件落物的工具有哪些？

答 强磁打捞器、一把抓、反循环打捞篮等。

（192）磨、套铣工具的分类有哪些？

答 平底磨鞋、凹底磨鞋、领眼磨鞋、梨形磨鞋、内齿铣鞋、外齿铣鞋、裙边铣鞋及套铣筒等。

11. 修井作业常用磨、套铣工具

（193）平底磨鞋的用途和结构是什么？

答 ①用途：平底磨鞋是用底面所堆焊的 YD 合金或耐磨材料去磨研井下落物的工具。
②结构：平底磨鞋由磨鞋本体及所堆焊的 YD 合金或其他耐磨材料组成。

（194）平底磨鞋的工作原理是什么？

答 平底磨鞋以其底面上 YD 合金和耐磨材料在钻压的作用下，吃入并磨碎落物，随循环洗井液带出地面。

（195）平底磨鞋的磨铣工艺对磨屑的辨认依据是什么？

答 磨屑返出井口有片状、丝状、砂粒状等，落鱼材料含碳量高，其磨屑为长丝状，落鱼含碳量较低，出现的磨屑为长度较短的丝条状，有时也出现长鳞片状磨屑。

（196）平底磨鞋的磨铣工艺钻压的控制方式有哪些？

答 在磨铣与钻进中，应根据不同的落鱼、不同的井深，选用不同的钻压。
①平底、凹底、领眼磨鞋磨削稳定落物时，可选用较大的钻压。
②锥形（梨形）磨鞋、柱形磨鞋、套铣鞋与裙边铣鞋等由于承压面积小，不能采用较高的钻压。

（197）平底磨鞋的磨铣工艺转速控制是多少？

答 一般应选用在 100 r/min 左右。但应当与钻压配合使用。

（198）平底磨鞋的磨铣工艺对井下不稳定落鱼的磨铣方法有哪些？

答 应采取一定措施，使落物于某一段时间内暂时处于固定状态，以便磨铣。
①向下溜钻。使钻具因下落惯性产生伸长，冲击井底落物，使落物顿紧压实。
②上提钻具，转动一定角度再进行冲顿。要防止金属碎块卡在磨鞋一边不动。不断将磨鞋提起，边转动边下放，改变磨鞋与落鱼的接触位置，保证均匀磨铣。磨铣铸铁桥塞时，磨鞋直径要比桥塞直径小 3 ~ 4 mm。

（199）对钻具蹩跳的处理方式有哪些？

答 ①磨铣时出现跳钻，由于落物固定不牢而引起的，一般降低钻速可以克服。
②产生跳钻时，要把转速降低至 50 r/min 左右，钻压降到 10 kN 以下。待磨铣正常，再逐渐加压提高转速。
③当钻具被蹩卡，产生周期性突变时，必须上提钻具，排出磨鞋周边的卡阻物或改变磨铣工具与落鱼的相对位置，同时加大排量洗井，将磨下的碎屑物冲洗出地面。若上提遇卡，可边转边提解卡。

（200）磨铣中注意事项有哪些？

答 ①下钻速度不宜太快。

②作业中途不得停泵,以防止磨屑卡钻。

③如果出现单点长期无进尺,应防止磨坏套管。

④在磨铣过程中,应在磨鞋上部加接钻铤或扶正器,以保证磨鞋平稳工作。

⑤不能与震击器配合使用。

(201)套铣筒的用途和结构有哪些?

答 套铣筒是与套铣鞋联合使用的套铣工具,其功能除旋转钻进套铣之外,还可用来冲砂、冲盐、热洗解堵等。结构:套铣筒是由上接头、筒体、套铣鞋组成。

(202)套铣筒套铣的注意事项有哪些?

答 ①下套铣筒时必须保证井眼畅通。在深井、定向井、复杂井套铣时,套铣筒不要太长。

②套铣筒下钻遇阻时,不能用套铣筒划眼。

③井深时,下套铣筒要分段循环修井液。

④下套铣筒要控制下钻速度,由专人观察环空修井液上返情况。

⑤若套不进落鱼时,应起钻。不能硬铣,避免造成鱼顶、铣鞋、套管的损坏。

⑥套铣筒入井后要连续作业,当不能进行套铣作业时,要将套铣筒上提至鱼顶 50 m 以上。

⑦套铣过程中,若出现严重整钻、跳钻、无进尺或泵压上升或下降时,应立即起钻分析原因。

(203)钻头类工具基本结构形式和用途有哪些?

答 基本结构形式有刮刀钻头和牙轮钻头两种形式,各种形式的钻头在套管内使用,主要用于钻磨水泥塞、死蜡、死油、砂桥,特殊情况下可用来钻磨绳缆类的堆积卡阻。

(204)钻头类工具工作原理是什么?

答 钻头尖端部的切削部位焊有 YD 型硬质合金或其他耐磨材料,在管柱旋转和钻压作用下,通过切削旋转排屑,打开或者除去被钻物体或材料,如同钻床的钻头钻孔一样。

(205)钻头类工具操作方法及要求有哪些?

答 ①钻头外径尺寸与套管尺寸及被钻磨物相匹配。

②钻头上必须接装安全接头。

③钻头水眼保持通畅。

④钻压一般不超过 15 kN,转数控制在 80 r/min 以内,冲洗排量应不低于 0.8 m³/min。泵压在错断施工时应控制在 5 MPa 以内。

⑤钻进过程中不得随意停泵,如停泵将管柱及钻头上提 20 m 以上。

⑥条件允许时,可加装下击器及配重钻铤,为钻头提供钻压。

(206)可退式打捞筒的用途和特点是什么?

答 用途:可退式打捞筒是从落鱼外部进行打捞的一种工具,可打捞不同尺寸的油管、钻杆和套管等鱼顶为圆柱形的落鱼。可与安全接头、下击器、上击器、加速器等组合使用。

主要特点:①卡瓦与被捞落鱼接触面大,打捞成功率高,不易损坏鱼顶。②在打捞提不动时,可顺利退出工具。③篮式卡瓦捞筒下部装有铣控环,可对轻度破损的鱼顶进行修整、打捞。④抓获落物后,仍可循环洗井。

12. 套管修复的种类和方法

（207）挤水泥封固修复套管的适用范围和优缺点？

答　对于套管穿孔和通径无变化的套管破裂,可采用对破裂部位挤水泥浆封固的方式。这种修复方法的优点是施工简便,成本费用低。缺点是浅层不适用,地层越浅,越难承受高压。

（208）套管修复的通胀整形适用范围？

答　套管轻微缩径可选用梨形胀管器、三锥辊整形器、偏心辊子整形器等工具,通过碾压下放的方法使之通过缩径位置。

（209）磨铣扩径修复套管适用范围？

答　套管缩径较严重或有一些错断情况下,可以通过使用铣锥磨铣的方法使通径扩大。这种方法有时需要其他修复方法配合,如磨铣后挤水泥或下内衬管等。

（210）爆炸整形修复套管适用范围和优缺点？

答　对于缩径不很严重的井使用。它是用电缆携带炸药到套损井段,点火后高压气体的高压膨胀和冲击使缩径部位得到扩张。这种方法的优点是施工简便,成本较低;缺点是不十分可靠,有时会使事故复杂化。

（211）套管膨胀管补贴适用范围？

答　适用于通径未改变的腐蚀穿孔和误射孔井段。采用一种壁厚波纹管下至预定位置后,用胀头从波纹管的下方拉向上方,将波纹管平胀开,牢牢补贴在穿孔位置。波纹管外涂有一层环氧树脂,使波纹管与套管密封。

（212）套管内衬管补贴的原理是什么？

答　将组装好的补贴管和专用补贴工具送到预定井深,从油管内打压,启动坐封工具,使工具活塞向上运动,缸体相对向下运动,产生两个大小相等、方向相反的力。将补贴管上、下两端的金属锚锚爪胀开,同时两端的软金属密封材料受挤压变形,密封了补贴管外两端的环形空间,达到了加固密封的目的。

（213）套管外衬的方法是什么？

答　浅层部位套管发生损坏,在套管外部套下一层直径大一些的套管,将损坏部位覆盖住。然后在两层套管之间挤注水泥固井。优点是施工后套管内径不改变又能承受高压。缺点是施工成本较高。

（214）套管补接的方法是什么？

答　首先切割套管,或采用倒扣的方法将损坏套管取出,然后用完好套管携带一个补接器下井。补接器下至鱼顶抓捞成功后,下放补接器,通过补接器的循环通道向外挤水泥,之后再上提补接器,使补接器与下部套管处于拉伸状态,完成井口的悬挂和支撑工作。水泥浆凝固后钻水泥塞、通井。

（215）取套换套的方法及优缺点是什么？

答　将坏套管捞出,然后下入完好套管与底部套管对扣连接。这种修复方法的优点是修复后,套管抗压强度高,内通径不改变,是最理想的修复方法。缺点是施工局限性较大,施工周期较长,作业费用较高。

（216）套管修复施工的安全环保要求是什么？

答　严格按照企业的井下作业安全技术规程组织生产,要特别注意防火、防工程事故、防环境污染和人身安全事故等工作。井场要害部位要有醒目的安全标识。

①所有上井的封井器、采油树均需试压,并有试压合格证。保证各手轮开关灵活、各连接处密封。

②封井器的开关控制装置灵活好用,能随时关闭井口,使井口处于有控状态。

③井口反出液要进干线或者使用设备接住,防止污染地面。

④施工的设备、工用具应在地面铺设防渗布,防止设备、工用具润滑油污染地面。

13.编制封隔器找水施工方案

(217)封隔器找水施工方案的编写内容有哪些?

答 基本数据、油井简况、施工目的、施工作业程序、质量标准及技术要求。

(218)封隔器找水施工方案找水程序有哪些?

答 ①按施工方案要求,进行压井、通井、刮削施工。

②单级 Y211(或 Y441、Y421)封隔器 + 工作筒。管串结构:自下而上,丝堵 + 油管 + 常开滑套 + Y211(或 Y441、Y421)封隔器 + 常关滑套 + 油管 + 油管挂。

施工方法:将封隔器下到卡封位置,封隔器坐封,确定产水层位。上提解封起出找水管柱。

③多级封隔器用 Y211、Y421、Y341 或 Y441 + 工作筒组合。

④对于大斜度的井应采用液压坐封方式的封隔器。

(219)油层出水的原因是什么?

答 固井质量差,造成层间窜槽,导致水层的水或注水层的水进入井筒。射孔时误射孔。套管损坏,水层的水进入井筒内。增产措施不当,使油水层连通造成油层出水。采油制度不合理和注水方式不当,造成油层底水和注入水沿高渗透层或高渗透层段过早侵入油层。

(220)油井找水的主要方法有哪些?

答 ①综合对比资料判断出水层位。

②水化学分析法。

③根据测井资料判断出水层位。

④机械找水法。

14.编制封隔器堵水施工方案

(221)封隔器堵水施工工艺使用工具有哪些?

答 Y441、Y341、Y211、Y445 封隔器,油管或电缆投送式封隔器,安全接头、丢手接头。

(222)封隔器堵水施工设计的编写内容有哪些?

答 确定堵水井、确定堵水方案、施工准备、施工要求。

(223)封隔器堵水工艺操作井筒准备有哪些?

答 ①通井:用小于套管内径 $\phi 6 \sim 8$ mm 通井规通到井底,检查套管是否变形。

②刮削:用套管刮削器刮削套管壁到堵水层以下 50 m。

③洗井:用与地层相配伍的洗井液洗井 1～2 周。

(224)封隔器堵水工艺操作堵水管柱组配注意事项有哪些?

答 根据堵水施工组配堵水管柱,封隔器及其他辅助工具的规格、型号、连接位置必须正确。

(225)封隔器堵水工艺操作下管柱注意事项有哪些?

答　下堵水管柱过程中应操作平稳,下钻速度控制在 0.5 m/s 之内,防止顿钻。

(226)封隔器堵水工艺操作坐封注意事项有哪项?

答　堵水管柱下到设计位置并经过校深后,根据该封隔器的坐封原理进行坐封施工。

(227)封隔器堵水工艺操作验封注意事项有哪些?

答　根据现场情况,采用适当的方法验证工具的封隔效果。

(228)封隔器堵水工艺操作验证封堵效果的方法是什么?

答　通过排液或投产,将堵水前后的产量和液性进行对比,验证堵水效果。

(229)封隔器堵水的概念是什么?

答　将封隔器下入井中,采用机械或液压坐封方式,使封隔器坐封,达到封堵油井中的某一高含水层段,使该高含水层液流不能进入井筒。这种堵水方法叫封隔器堵水。

(230)封隔器堵水技术的应用条件有哪些?

答　①适用于单一的出水层或含水率很高、无开采价值的层段。

②需封堵层段上下夹层稳定,固井质量合格,且夹层大于 5.0 m。

③油层套管无损坏,井况良好。

④出水层段岩性坚硬,无严重出砂。

(231)封隔器堵水管柱类型有哪些?

答　①封下采上。封堵下部水层,开采上部油层。

②封上采下。即封堵油层以上出水层段,开采其下油层。

③封中间采两头。即在一套油水层段上,封堵中间出水层段。

(232)丢手工具结构及工作原理是什么?

答　该工具主要由丢手和打捞两部分组成。丢手工具位于控制管柱的最上部,紧接最上一级封隔器。封隔器坐封后,通过打压、提放管柱,转动管柱,打开丢手部分坐封,完成丢手,起出丢手时,使用打捞工具抓住丢手打捞部分,起出丢手以下管柱。

(233)单流开关结构及工作原理是什么?

答　该工具主要由上下接头、正反循环通道组成,连接在丢手接头之上,其作用是当下封隔器管柱时,环空的液体沿反循环孔进入油管内,保持油套平衡。当坐封时,工具内的钢球阻挡了管柱内的液体流入套管,沿着正循环通道将液体传至封隔器内,达到坐封目的。

(234)化学堵水的概念是什么?

答　化学堵水是以某些特定的化学剂作为堵水剂,将其注入地层高渗透层段,通过降低近井地带的水相渗透率,达到减少油井产水,增加原油产量的目的。

(235)列出常用化学堵水方法简介(共 7 类主要方法)。

答　①沉淀型无机盐类堵水化学剂。

②聚合物冻胶类堵水化学剂。

③颗粒类堵水化学剂。

④泡沫类堵水化学剂。

⑤脂类堵水化学剂。

⑥生物类堵水化学剂。

⑦其他类堵水化学剂。

15. 编制封隔器找窜施工方案

(236)封隔器找窜的工艺现场施工使用工具有哪些?

答 Y341、Y211、K344 封隔器,节流器,球座等。

(237)编制封隔器找窜施工方案基本数据有哪些?

答 施工井的主要数据,如射孔井段、套管尺寸、人工井底、生产管柱等。

(238)编制封隔器找窜施工方案油井简况及施工的目的是什么?

答 简要描述油井目前的生产状况及以往所采取的措施。施工目的:

①根据油井的综合资料分析,确定使用的工具和所达到的目的。

②通过施工确定找窜的井段,为进行下步措施提供依据。

(239)编制封隔器找窜施工方案施工作业程序有哪些?

答 ①工具准备。根据井况和层数,选用机械式或液压式封隔器、工作筒等工具进行单级或多级组合。

②压井、洗井液准备。选用合理的压井液,地层配伍性好,不污染油层。用量为井容的1.5～2倍。

③井筒准备。通井、刮削、洗井,检查套管质量,清除井壁上的污物。

④找窜程序。管柱配备:要求给出下井工具的顺序和连接方式。绘制详细的管柱结构图,并标出深度尺寸。管柱封隔器坐封:详细列出封隔器的坐封操作程序,井口选型。

⑤测试求产:施工方式根据管柱组合和层序详细列出。

⑥资料录取抽汲或放喷求产时,取全液样,做油水分析化验。满足封隔器找窜施工方案质量标准及技术要求。

(240)施工用液准备的原则是什么?

答 选用和配制压井液和洗井液,如钻井液、氯化钙、活性水等,根据地层压力确定压井液的密度,以压而不喷、安全施工,与地层配伍性好,不污染油层为原则。用量为井容的1.5～2倍。

(241)地面储液罐、废液罐和计量罐准备及流程的原则是什么?

答 选用1 m³ 或2 m³ 计量罐,储液罐和废液罐的数量可根据井况选定,以满足施工要求为原则。如自喷则安装分离器及相应流程所需管线。

(242)洗井压井要求有哪些?

答 用清水或其他压井液彻底洗压井,将井筒清洗干净,用液量为井容的1.5～2倍,达到进出口液性一致。替出井内液体进废液罐进行处理。

(243)下封隔器及水井管柱要求是什么?

答 下入的油管丈量准确,清洗干净,螺纹均匀涂好密封脂,上扣至规定的扭矩,严禁超扭矩作业。速度控制在0.5 m/s 之内,严禁猛刹猛放,确保封隔器顺利坐封。封隔器卡点准确,坐封载荷或加液压控制在该封隔器规定范围内。

(244)放射性同位素测井找窜的步骤是什么?

答 根据找窜目的和油层井段长短不同,可将同位素找窜分为两种方式:全井合挤同位素找窜和分层段挤同位素找窜。

(245)全井合挤同位素找窜的步骤是什么?

答 全井合挤同位素找窜的步骤是:

①清理井筒、洗井,完成施工管柱。

②配制放射性跟踪试剂。

③测油井的自然放射性基线。

④试挤,记录其泵压、挤入量。

⑤替入(或电缆带入)一定体积的同位素液。

⑥加深油管洗井,然后上提油管、喇叭口至射孔顶界以上。

⑦测放射性曲线,对比两次测试结果,分析有无窜槽,如有,确定出窜槽层位及井段位置。

(246)分层段挤同位素找窜步骤是什么?

答　①清理井筒(包括通井、刮削),彻底洗井。

②起出井内管柱,测放射性基线。

③下入一级或多级封隔器管柱,验封。

④按卡层位置完成找窜管柱。

⑤替入放射性同位素液至油管鞋位置。

⑥加深管柱至井底,反洗井,起出全部管柱。

⑦测放射性同位素曲线,对比两次测井曲线,检查有无窜槽存在和窜槽所在井段位置。

(247)声幅测井找窜的使用范围是什么?

答　声幅测井,检查油层套管外壁固结的水泥环质量,根据声幅曲线分出好、中、差、无水泥4个等级。但是声幅测井仅反映了固井第一界面(套管和水泥环)质量,而不反映第二界面(水泥环和地层)情况,因此,用声幅测井解释固井质量好的井段,也存在着窜槽的可能性。

16. 编制注水泥塞施工方案

(248)注水泥塞施工设计的油井基本数据有哪些?

答　钻井深度、人工井底、油层套管、水泥返高、油补距、试油井段、封堵井段。

(249)注水泥塞施工设计的注灰塞具体要求有哪些?

答　预计灰面位置、灰塞厚度、理论灰浆量、实际配成灰浆量(附加量,一般附加量取理论灰浆量的1.2倍)、灰浆密度、添加缓凝剂、促凝剂、上返井段。

(250)注水泥塞施工设计的施工方法有哪些?

答　①下油管底带管鞋至要求的深度洗井合格后,将油管完成在注灰位置,装好井口。

②接好正、反洗井管线,试压合格。

③配灰浆:配成密度、数量符合设计要求的灰浆。

④正替灰浆。

⑤上提管柱反洗井,将多余的灰浆洗出井筒。

⑥上提油管候凝装井口,关井候凝。

⑦候凝后,加压探灰面,重复两次,洗井畅通后,试压。

⑧特殊情况下,可采用灌注法或挤注法。

(251)注水泥塞施工设计的施工准备及安全注意事项有哪些?

答　①油井水泥标号、质量需符合要求。

②注灰前洗井达到进出口液性一致。

③注灰前准备足够的反洗井液。

④注灰地面管线上紧试压,不得刺漏。

⑤灰浆量、顶替量必须计量准确。

⑥施工中起重设备发生故障立即反洗井。

⑦在两层之间小于5 m的夹层井段注灰塞时,管柱进行磁定位校深,以确保水泥塞深度的准确性。

(252)注水泥塞现场施工用液准备有哪些?

答 首先,备足符合要求的压井液(钻井液或清水)。一般为井筒容积的1.5～2倍。其次,准备两倍以上设计顶替量、反洗井的用液量,其密度与洗井用压井液密度一致。

(253)油井水泥准备有哪些?

答 将油井水泥及其他添加剂按设计用量运到井场,按质量标准进行检查。要求水泥不受潮不结块,牌号与设计相符。

(254)井眼准备有哪些?

答 对于一般非自喷井,通常采用清水洗井,泵车大排量彻底洗井一周半至两周,脱气降温。确定地层是否漏失。对于油层压力高于静液柱压力的井,则用钻井液或氯化钙反循环压井,待井压住后再进行下步工作。

(255)配制水泥浆有哪些?

答 根据施工设计,配制所需灰浆数量,并准确测量所配灰浆密度。

(256)注水泥塞的要求?

答 将配制好的灰浆通过泵车,经油管替入井内,准确计量替入的灰浆量,待灰浆替完后,迅速替入顶替液。顶替液必须计量准确、无误。

(257)起管柱、反洗井、候凝的步骤是什么?

答 当灰浆、顶替液按要求替完后,上提管柱至预计灰面深度以上1～2 m接反洗井管线反洗井,将管柱内及环空的灰浆残余洗出井筒。反洗井后,上提管柱至预计灰面100 m以上,关井候凝。如果有地层漏失现象,洗井时应采用垫稠钻井液的方法。即用清水将配制好的稠钻井液顶替至漏失井段,然后上提管柱至注灰塞深度,循环洗出多余的稠钻井液。如果井漏失严重,预封井段距人工井底较短,则填砂埋住漏失井段,然后再注水泥塞;当漏失严重,预封井段距人工井底较长,采用钙化稠钻井液或钙化稠钻井液中加入封堵剂的方法处理漏失层。

(248)探灰面、试压的步骤是什么?

答 候凝结束后,下油管加压10～20 kN探灰面,连续探3次深度相符后根据有关套管试压标准进行试压。

17. 处理常规卡钻事故

(259)处理常规卡钻事故的工艺使用工具有哪些?

答 套铣筒、倒扣捞矛(筒)、可退捞矛(筒)、安全接头、上击器、下击器、作业设备等。

(261)处理常规卡钻事故的工艺操作方法有哪些?

答 测卡、憋压恢复法解卡、喷钻法、冲管解卡、大力提拉活动解卡、长时间悬吊解卡、振动解卡、套铣解卡、倒扣解卡、磨铣法解卡、爆炸松扣。

（262）解除砂卡的方法有哪些？

答 采用活动管柱解卡、憋压循环解卡、连续油管冲洗解卡、诱喷法解卡、套铣筒套铣5种方法。

（263）活动管柱解卡的方法是什么？

答 对砂桥卡钻或卡钻不严重的井可提放反复活动钻具，使砂子受振动疏松下落解除；砂卡较严重的可在设备负荷和井下管柱强度许可范围内大力上提悬吊一段时间，再迅速下放，反复活动的方法解除砂卡，解卡前，必须认真检查设备保障各部位可靠、灵活好用，每活动10~20 min应稍停一段时间，以防管柱疲劳而断脱。

（263）什么是憋压循环解卡？

答 发现砂卡立即开泵洗井，若能洗通则砂卡解除，如洗不通可采取边憋压边活动管柱的方法。憋压压力应由小到大逐渐增加，不可一下憋死，憋一定压力后突然快速放压同时活动管柱效果会更好。

（264）什么是连续油管冲洗解卡？

答 用连续油管车选择连续油管，下入被卡管柱内，下到砂面附近后开泵循环冲洗出被卡管柱内的砂子，深度超过被卡管柱深度后，继续冲洗被卡管柱外的砂子逐步解除砂卡。

（265）什么是诱喷法解卡？

答 地层压力较高的井发生砂卡可采用此种方法，用诱喷的方法使井能够自喷。通过放喷使砂子随油气流喷出井外，从而起到解卡的目的。

（266）什么是套铣筒套铣？

答 套铣就是在取出卡点以上管柱后，采用套铣筒等硬性工具对被卡落鱼进行套铣，清除掉卡阻处的落鱼，以解除卡阻。

（267）什么是挤碎法解卡？

答 根据落物形状大小及材质，把落物拨正后，从环空落下去，或管柱提放、转动将其挤碎，达到解卡的目的。

（268）取出卡点以上落物法解卡的方法是什么？

答 被卡管柱下面有大工具（如封隔器等），落物材质坚硬不易挤碎，活动管柱无效，测算卡点深度，将卡点以上管柱倒出，然后根据落物情况，选择合适的工具，将落物捞出，如捞不出可选择套铣筒将其套掉，再捞出落井管柱。

（269）什么是洗井法解卡？

答 如落物不深并且不大，可采用悬浮力较强的洗井液大排量正洗井，同时上提管柱，直到把落物洗出井外后使管柱解卡。

（270）什么是盐酸循环法解卡？

答 对于卡钻不死，能开泵循环通的井，可把浓度15%的盐酸替到水泥卡的井段，靠盐酸破坏水泥环而解卡。

（271）什么是倒扣解卡法？

答 先测算卡点深度，将水泥面以上管柱全部倒出，再下套铣筒，将被卡管柱与套管之间环空的水泥铣掉，套铣一根，打捞倒扣一根，直至将被卡管柱全部倒出。此方法要保证洗井液及排井充足，加下单根动作要迅速，防止灰屑下沉造成新的卡钻。

（272）什么是磨铣法解卡？

答 磨铣法，即首先将水泥面以上管柱全部倒出（或切制），再用平底磨鞋或锅底磨鞋将被卡的管柱及水泥环一起磨掉。

(273)机械整形法解卡的使用范围是什么？

答 变形不严重的井,可采取机械整形(胀管器、滚子整形器)或爆炸整形的方法将套管修复好达到解卡目的。

(274)磨铣法解卡的使用范围是什么？

答 变形严重的井,可下铣锥或领眼高效磨鞋,进行磨铣打开通道解卡,然后补贴套管。

(275)砂卡的类型及原因是什么？

答 ①由于地层疏松或生产压差过大,油层中的砂子随油流进入油套管环空后逐渐沉淀造成砂埋管柱形成砂卡。

②冲砂作业时,不能将砂子洗出或完全洗出井外造成砂卡。

③压裂施工中,由于砂比大,压裂液不合格及压裂后放压太猛造成砂卡。

④在填砂作业时,由于砂比太大,未持续活动管柱,也会造成砂卡。

(276)落物卡的类型及原因分析。

答 ①由于井口未装防落物保护装置造成井下落物。

②由于施工人员责任心不强,不严格按操作规程施工,会造成井下落物。

③由于井口工具质量差,强度低,造成井下落物。

(277)水泥卡的类型及原因。

答 ①由于注水泥塞时没有及时上提管柱,水泥凝固将井下管柱卡住。

②注灰时间拖长或催凝剂用量过大,使水泥浆过早凝固。

③井内注灰管柱深度或顶替量计算错误。

④使用水泥的温度低,而井下温度过高,或井下遇到高压盐水层,以致早期凝固。

(278)套管变形卡的类型及原因分析。

答 ①错误地把管柱、工具下在套管损坏处。

②由于泥岩膨胀,井壁坍塌造成套管变形或损坏。

③由于构造运动或地震等原因造成套管错断、损坏发生卡钻。

④操作或技术措施不当也会造成套管损坏而卡钻。

(279)水垢卡的类型及原因分析。

答 ①注水水质不合格,含氧等化学成分及杂质过高。

②注水管柱长期生产未及时更换。

(280)安全接头的原理和作用是什么？

答 安全接头主要由螺杆和螺母两部分组成,螺杆上部为内螺纹,便于使用时与钻具相连接。其下部为螺距较大的方外螺纹,与螺母相连接。螺母上部为螺距较大的方内螺纹,与井下管柱或工具相连接。螺杆与螺母均有止扣台阶,安全接头的方螺纹与钻具相反,而其上部和下部连接螺纹则与油管(或钻杆)螺纹相配合。在如遇下井工具被卡,利用螺杆与螺母之间方螺纹容易卸扣的特点将正扣钻杆正转(或反扣钻杆反转),便可将井下管柱从安全接头的螺杆与螺母处卸开,避免再次造成井下事故。

18. 设计简单打捞工具

(281)设计简单打捞工具时使用的工具量具有哪些？

答　①测量工具:游标卡尺、外径千分尺(螺旋测微器)、外卡钳、内卡钳、钢板尺、盒尺。

②制图工具:角板、圆规、丁字尺、绘图仪等。

(282)设计简单打捞工具的设计原则有哪些?

答　①打捞工具下入方法。

②打捞工具的可退性。

③工具的强度问题。

④打捞工具的可操作性。

⑤打捞工具尽可能设计有循环通道。

⑥打捞工具与现有工具的匹配性。

⑦打捞作业不改变原井身结构。

(283)设计简单打捞工具的现场情况调研内容有哪些?

答　①该井的井况,包括井身结构和套管内径等资料。

②调查形成落物原因和有无早期落物,分析落物井下状态。

③落物原因、遇卡原因、落物在井内状况。

(284)设计简单打捞工具的打捞方式有哪些?

答　根据打捞处理方案或处理意见确定打捞方式,即采用软捞还是硬捞。根据打捞方式确定打捞工具的连接形式和工具的操作方式,确定打捞工具的连接扣型或其他连接型式。

(285)设计简单打捞工具的设计可行性分析有哪些?

答　针对形成的打捞工具的工作原理和操作方法进行可行性分析、校正。根据具体实际井况分析,确定打捞工具和打捞处理意见与打捞工具的要求之间的差别和改进措施。

(286)设计简单打捞工具的装配总图的原则是什么?

答　在设计总装配体时,应使工具实现的功能尽量满足打捞处理意见的要求。打捞工具的工作原理图(或总装配图),确定打捞工具的外形尺寸(保护最大外径、最小内径、连接扣型等)。

(287)设计简单打捞工具的零件加工要求有哪些?

答　确定零件具体尺寸、材料,进行零件强度的校核,若零件的强度不能满足要求,则需修改零件的尺寸或选用强度更高的材料,使之满足打捞强度要求。防止零件尺寸间的冲突。在完成所有的零件图后,要求重新按比例画出打捞工具的总装配图。

(288)设计简单打捞工具的审批加工有哪些?

答　工具的设计完成后,交相关部门、领导审核、审批,得到批准后,进行加工生产。加工前,与机械厂加工工艺人员讨论零件工艺的合理性。必要时,修改零件的结构形式。加工完成后,在地面进行模拟打捞试验,检验工具的各项性能指标和操作。如果有问题,必须进行整改,满足设计要求。

(289)设计简单打捞工具的打捞现场组织实施有哪些?

答　工具入井前,对施工人员交底,说明工具的工作原理和操作方法及其注意事项。井口要有防喷措施、防掉落物的措施。根据实际情况,备足相应的修井液。

(290)软捞打捞方式有哪些?

答　软捞采用的是绳类工具即钢丝、钢丝绳、电缆等。软捞是用钢丝绳或钢丝将打捞工具下到井内进行打捞。这种方法的优点是起下速度快,可不压井。缺点是只能用于落物简单、质量较轻的落物打捞。在软捞时，必须做到下放速度慢、深度准。

（291）硬捞打捞方式有哪些？

答 硬捞就是用钻杆、油管或抽油杆等钢体将打捞工具下到井内进行落物打捞，优点是管柱可以旋转，缺点是起下慢，劳动强度大。

（292）打捞工具设计的技术安全要求有哪些？

答 ①在设计工具时对井况了解清楚，避免设计工具的盲目性。

②当采用硬捞的打捞方式时，在工具的设计过程中，应尽可能考虑实现循环修井液的要求，满足冲砂、洗井、压井等的基本作业需求。

③设计打捞工具时，应考虑工具的可退性。

④在整个修井过程中，应注意保护周边环境，防止废液落地。

（293）金属的切削工艺种类有哪些？

答 其中常用的是车削、钻削、镗削、刨削、铣削、拉削和磨削等，车床、钻床、刨床、铣床和磨床是5种最基本的机床。

19. 编制套管修复施工方案

（294）缩制套管修复施工方案使用的工用具有哪些？

答 震击器、水力锚、安全接头、衬管补贴工具、波纹管补贴工具、整形器、各种磨铣工具、套管回接工具。

（295）事故井的基本数据和技术状况主要包括什么？

答 主要包括以下参数：开钻日期、完钻日期、完井日期、井别、完钻井深、人工井底、油补距、套补距或联入、水泥返高、固井质量，油层套管的外径、钢级、壁厚、深度，目前生产井段，需补贴井段、补贴段相邻接箍位置、补贴段以上最大井斜及方位变化等。

（296）套管修复的目的和要求是什么？

答 施工目的通常是封堵射孔井段或套管穿孔、漏失井段，或对套管变形井段进行修复，以恢复正常生产的需要等。

（297）套管修复措施有哪些？

答 通过通井、打铅印、测井等措施，将损坏类型和确切的损坏位置确定下来。然后根据不同情况，确定具体的修复措施，整形、补贴或者取换套管等。

（298）套管修复注意事项有哪些？

答 安全、环保、井控等方面的一些具体要求。要根据有关国家、地方政府的相关环保和安全法规，以及一些相关的行业标准和企业标准等，结合该地区的地质构造和井下压力情况，确定合理的安全、环保和井控措施，确保安全生产。

（299）套管修复所需工具、设备有哪些？

答 由于套管损坏的情况不同，使用的工具和设备也不同。如果套管损坏程度较轻，可能通过一种或几种整形工具整形就能解决问题，较少的设备就能完成。如果套管损坏情况复杂，就要上大型的修井设备，进行磨铣、套铣、取套、换套或补接等作业。

（300）套管修复井身结构图的类型有哪些？

答 通常给出施工前的井身结构图和施工后的井身结构图。

（301）套损的原因和类型有哪些？

答 ①地层运动造成的套管损坏，包括缩径、错断、弯曲等。

②长期注水造成泥岩膨胀引起的套管损坏,包括缩径、错断、弯曲等。

③化学腐蚀造成的套管损坏,长期腐蚀造成套管穿孔。

④井下作业造成的套管损坏。

⑤钢材本身内应力的变化也会使套管破裂。

(302)斜向器的分类和原理有哪些?

答　斜向器又称导斜器,斜向器根据固定方式的不同可分为两种:插杆型和封隔器型。斜向器主体是一个被斜切掉一部分的楔形半圆柱体,被切的部分叫导斜面,斜度一般为 $2.5° \sim 4°$ 。

(303)开窗铣锥的分类和原理有哪些?

答　这种铣锥由多级组成,底部锥度大,上部锥度小。它的底部和外圆周铺设有硬质磨铣材料,窗口的形状主要靠外圆周的磨铣材料磨铣,底部呈钝圆尖角形状,使得窗口开到底部后,铣锥较容易完成下边缘的磨铣。铣锥可分为开窗铣锥、修窗铣锥和钻铰铣锥3种。

20. 编制防砂施工方案

(304)防砂设计的工用具准备有哪些?

答　通井规、套管刮削器、防砂筛管、充填工具、扶正器、封隔器、填砂漏斗、蓄水罐。

(305)防砂方法的选择原则是什么?

答　根据防砂地层和油、气井的不同类型和特点,对照防砂方法筛选设计原则,选出最合适的防砂方法和完井类型。

(306)防砂施工的反洗井的处理原则是什么?

答　反洗井的目的是洗出施工管柱中多余的砾石,直到返出液体内干净无砂为止,排量应大于或等于 $0.5 \ \mathrm{m^3/min}$ 。

(307)油井出砂的危害有哪些?

答　油井出砂导致了原油采出难度加大,破坏生产设备,严重影响着采油系统的正常生产。前期的防治主要是完井阶段的任务,井下作业的任务是维护油井正常生产,主要以后期治理及防砂作为重点。

(308)油井出砂的原因是什么?

答　油井出砂是指在生产压差的作用下,储层中松散沙粒随产出液流向井底的现象。造成油井出砂的原因主要有以下两种:

①储层岩石的性质及应力分布;

②大压差生产、注水开发及增产措施等。

(309)油、气井防砂方法分类有哪些?

答　按照防砂的原理可以将防砂方法主要分为:砂拱防砂、机械防砂、化学防砂、热力焦化防砂4种。

(310)油、气井防砂方法的选择依据是什么?

答　油、气井投入开发之前,应结合油田具体情况选择防砂方法和确定防砂工艺措施。应综合考虑下述因素:完井类型、完井井段长度、井筒和井场条件、地层砂物性、产能、费用。

(311)什么是化学防砂技术?

答　化学防砂施工工艺通过施工管柱向井内出砂地层挤入定量的化学剂和预涂层砾石以胶固地层或在井壁外及近井地层形成可渗透的人工井壁,阻止地层砂进入井筒,降低油井出砂,确保油井正常生产。

(312)化学防砂的特点有哪些?

答 化学防砂的特点是施工较简便;防砂后井筒内不留工具管柱,防砂失效后容易补救;适合于粉细砂岩及严重出砂的地层和低含水油井;化学防砂宜处理短井段。

(313)化学防砂的分类有哪些?

答 化学防砂可分为固砂剂防砂、人工井壁防砂和其他化学防砂方法3大类。

(314)化学防砂的施工要点及注意事项有哪些?

答 ①制订合理的工艺措施及施工参数、用料和配方。

②确保制订方案、采购用料等各个质量环节的有机结合,保证整体防砂施工质量。

③保证地面施工设备正常。

④施工过程各工序连续紧凑。

⑤认真做好油层预处理,确保地下施工环境正常。

⑥施工用具、量具确保清洁,计量准确。

⑦做好化学药品的伤害防护,保护环境。

⑧防砂后,应控制产液量,防止防砂工艺失败。

(315)在试油、小修作业中,起下大直径工具(如封隔器)时发生溢流,应采取怎样的关井程序?

答 ①发出信号;②停止起下(封隔器)管柱作业;③抢下钻杆或油管,抢装旋塞;④开套管闸门、关防喷器、关内防喷工具;⑤关套管闸门,试关井;⑥认真观察,准确记录油管和套管压力,以及循环罐压井液减量,迅速向队长或技术员及甲方监督报告。

(316)简述空井筒时发生溢流的关井程序。

答 ①发信号;②停止其他作业;③抢下管柱,抢装管柱旋塞;④开套管闸门;⑤关防喷器;⑥关套管闸门,试关井;⑦看油、套压。

(317)简述试油、小修作业过程中,旋转作业(钻、磨、套铣)时发生溢流或井涌的关井程序。

答 ①发信号;②停止冲洗、钻进作业;③抢提出冲洗单根,装管柱旋塞;④开套管闸门;⑤关防喷器;⑥关套管闸门试关井;⑦看油、套压。

(318)钻塞施工应注意哪些事项?

答 ①泥车或钻井泵要保持足够的排量,确保井内杂物能被循环液带出井口。

②不可盲目加大钻压,螺杆钻具钻塞钻压要控制在5~15 kN,转盘钻塞若使用牙轮钻头,其钻压与螺杆钻相同,使用刮刀钻具可适当加大钻压,但最大不超过50 kN。

③每次接单根前要大排量充分洗井,接单根要快,接好后立即开泵。

④接完一个单根要划眼两次。

⑤钻塞中途如需停泵,应将钻头提至塞面以上20 m。

(319)套管内衬补贴的适用条件及原理是什么?

答 ①套管内衬补贴适用于套管通径没有改变的穿孔和误射孔井段,对通径变化的套管要经整形后进行补贴。

②它的原理是采取壁厚一般为3 mm的波纹管,管外涂一层环氧树脂,用胀头将其送至补贴位置,然后从波纹管下方拉至上方,将波纹管拉平展开,并牢牢地补贴在套管内壁上。

(320)下铅封注水泥套管补接器补接套管的主要操作步骤是什么?

答　①出井内损坏套管、清洗鱼顶。

②下补接器管柱。

③当补接器接近鱼顶时,缓慢下放并右旋管柱,至井下套管顶出密封圈保护套为止。

④上提管柱,使卡瓦卡紧套管。

⑤开泵对密封器进行密封检查,泵压 10～15 MPa。

(321)常见的造成套管损坏的原因有哪些?

答　①层运动造成套管缩径、错断、弯曲。

②高压施工造成套管破裂和断脱。

③长期注水引起泥岩膨胀造成套管缩径、错断、弯曲。

④化学腐蚀造成套管穿孔。

⑤误射孔、重复射孔损坏套管。

⑥套管本身钢材内应力变化造成套管破裂。

⑦下套管时检查不严,误下坏套管。

(322)使用通胀扩径法修复套管的操作要点有哪些?

答　①钻杆携带数根钻铤,下部连接扩径整形工具,通过碰压下放使之通过套管缩径位置。

②在选择胀管器时,要逐步加大外径尺寸,每次加大 1～3 mm,不可一次加大太多。

③对于有螺纹槽的胀管器,在上提下放过程中容易被卸开,因此下井前必领上紧螺纹,避免造成井下落物。

(323)套管内、外衬法补接套管的原理和特点是什么?

答　①管内衬法是在套管通径未变的情况下,将一节外径略小于井内套管内径的套管下在井内套管的破裂部位,然后注水泥固井。这种方法修复后的套管强度高,但套管通径减小。

②套管外衬法是在破坏的套管外面套上一个大直径的套管,将损坏部位盖上,再挤注水泥固井。这种方法修复后的套管强度高,套管通径不变,但施工成本高,难度大,深层作业困难。

(324)单水力压差式封隔器套压法找窜作业过程中,如何判断是否窜槽?

答　①用观察套管压力的变化来分析判断欲测层段之间有无窜槽。

②若套管压力随着油管压力的变化而发生相应变化,则证明封隔器上、下层段间有窜槽。

③相反,若套管压力的变化不随油管压力变化而变化,则说明层间无窜槽。

(325)单水力压差式封隔器溢流法找窜作业过程中,如何判断是否窜槽?

答　①用观察套管溢流来判断层间有无窜槽。

②具体测量时,采用变换油管注入压力的方式,同时观察、计量套管流量的大小与变化情况。

③若套管溢流量随油管注入压力的变化而变化,则说明层段之间有窜槽。

④反之,则无窜槽。

(326)双水力压差封隔器找窜与单水力压差封隔器找窜的最大区别是什么?

答　最大区别是双水力压差封隔器找窜在节流器下面再接一级水力压差封隔器。

(327)封隔器型套管补接器补接套管的原理是什么？

答 ①封隔器型套管补接器是在取出井筒内侧损坏套管后,再下入新套管时的新旧套管连接工具。

②在补接器接近井下套管时,边慢旋转,边下放管柱,将套管引入卡瓦。

③卡瓦上推胀开使套管通过,再推动密封圈、保护套,使其顶着上接头,密封圈双唇张开,抓牢套管;上提管柱,卡瓦咬住井下套管,双唇密封圈内径封住套管外径,套管外径又封住补接器筒体内径,从而封隔套管内外空间。

(328)套管侧钻铣锥分为哪几类,各有什么用途？

答 ①眼铣锥:它的作用是在正式开窗前在窗口上部先开一个口子,为开窗磨铣做好准备。

②开窗铣锥:它的作用是套管开窗。

③修窗铣锥:它的作用是对窗口进行修理、调整,使窗口扩大、圆滑、规则。

④钻铰式铣锥:它的作用是完成开窗、修窗两项工作。

(329)简述连续油管冲洗解卡的具体做法及应注意的问题。

答 ①选择小于被卡管柱内径的连续油管。

②将连续油管下入被卡管柱内。下到砂面附近后开泵循环冲洗出被卡管柱内的砂子。

③连续油管深度超过被卡管柱深度后,继续冲洗被卡管柱外的砂子,逐步解除砂卡。

(330)落物不深并且不大,如钳牙或螺丝等,可采用哪种方法解卡？

答 ①可采用悬浮力较强的洗井液大排量正洗井。

②同时上提管柱,直到把落物洗出井外后使管柱解卡。

(331)对水泥卡钻没有完全卡死且能循环通的井,一般采取怎样的技术措施解卡？

答 一般可以把15%的盐酸替到水泥卡的井段,靠盐酸破坏水泥环而解卡。

(332)送斜器的结构、作用、分类和各自的特点是什么？

答 ①送斜器是一个斜度与斜向器相同的圆柱钢管。

②它的作用是送斜向器到达预定的深度后,利用钻具重力顿断与斜向器连接的两个铜销钉,达到与斜向器分离,并送斜向器的目的。

③送斜器分为有循环通道和无循环通道两种。

④有循环通道可先下斜向器后注水泥浆,无循环通道要先注水泥浆,在水泥浆初凝时,再送斜向器。

(333)套管开窗分为哪三个阶段? 各阶段的技术要求是什么？

答 ①套管开窗的第一阶段是从铣锥磨铣斜向器顶部到铣锥底部圆周与套管内壁接触,该阶段的技术要求是先低压低速切削,然后高压中速、快速切削。

②第二阶段是从铣锥底部圆周与套管内壁接触到铣锥底部刚出套管外壁,该阶段的技术要求是低压快速切削,保证窗口长度。

③第三阶段是从铣锥底部出套管外壁到铣锥最大直径全部铣过套管,该阶段的技术要求是低压低速、定点快速悬空铣进,保证窗口圆滑。

(334)侧钻裸眼钻进时应注意哪几点？

答 ①钻裸眼时的钻具的强度要大于套管内钻具的强度。

②起下大直径钻具通过窗口时,操作要平稳,防止顿、碰、提、挂窗口。

③经常检查窗口位置,防止磨断钻杆。

④注意钻井液性能的调整与钻压、钻速、排量的观察与研究。

⑤钻前要对设备进行检查、维修,以保证钻进的连续性,因故停钻,钻具要提到窗口以上。

⑥严格执行防断、防卡、防掉、防喷措施。

(335)环形防喷器强行起下管柱时,应注意哪些事项?

答　①先以 10.5 MPa 的液控油压关闭防喷器。

②逐渐减小关闭压力,直至有些轻微渗漏,然后再进行强行起下管柱作业。

③强行起下管柱时不允许胶芯与管柱之间有渗漏,液控油压应调到刚好满足密封为止。

④当关闭压力达到 10.5 MPa 时,胶芯仍漏失严重,说明该环形防喷器胶芯已严重损坏,应及时处理后再进行封井起下管柱作业。

(336)环形防喷器现场更换胶芯的方法?

答　①卸掉顶盖与壳体的连接螺栓。

②吊起顶盖。

③在胶芯上拧紧吊环螺丝,吊出胶芯。

④若井内有钻具,应先用割胶刀将新胶芯割开,割面要平整,同样将旧胶芯割开吊出,换上割开的新胶芯。

⑤装上顶盖,上紧顶盖与壳体的连接螺栓。

(337)井内介质从壳体和侧门连接处流出,此故障如何排除?

答　①如果是壳体密封圈损坏,导致井内介质流出,则更换损坏的密封圈。

②如果是壳体损伤或有砂眼,导致井内介质流出,则由具有检测资质的厂家对壳体进行检测,确定修理或报废。

③如果是侧门本体损伤或出现砂眼,导致井内介质流出,则更换侧门。

(338)液控系统正常,闸板关不到位,此故障如何排除?

答　①如果是闸板室内堆积钻井液、砂子过多,则对闸板室进行清理。

②如果是封井器闸板总成变形,导致关不到位,则更换闸板。

③如果是活塞密封件损坏,导致活塞不工作,则更换密封件。

(339)简述套铣解卡的具体操作方法及应注意的问题。

答　①当采用活动、憋压、冲管等方法均未能解除砂卡时,则首先要测准卡点。

②采取综合处理措施,将卡点以上管柱处理出来。

③然后下套铣工具,进行套铣作业。

④套铣原则是套一根,倒出一根,套铣筒长度超过井内落鱼单根长度即可。

⑤套铣钻具组合:合适套铣筒 + 钻铤 1 根 + 匹配的扶正器 + 钻铤 + 匹配的扶正器 + 外打捞杯 + 钻具 + 方钻钻杆。

⑥套铣施工中,要求适当控制钻压,套铣结束起钻前,要充分循环洗井,出口含砂量小于 0.2% 即可起钻。

(340)简述机械式内割刀的使用方法。

答　①机械式内割刀下到预定深度,切割位置要避开接头或接箍。

②正转 3 圈,使滑牙片与滑牙套脱开;下放钻具,加压 5 ~ 10 kN,坐稳卡瓦。

③以 10 ~ 18 r/min 的慢转速正转切割工具,切割过程压力不宜加大,要避免憋钻,保护

刀片。

④每次下放 1~2 mm,不得超过 3 mm,当下放钻具总长超过 32 mm 时,切割完成,钻具应该旋转自如,无反扭矩现象,这时可以把转速提高到 25~30 r/min,并重复加压 5 kN 两次,若扭矩值不再增加,即证明管柱已被切断。

⑤停止转动,缓慢上提,使刀片复位,如无阻力,即可将割刀起出。

(341)简述水力式外割刀的工作原理。

答 水力式外割刀靠洗井液的压差给活塞加压传至进刀套剪断销钉,在压差的继续作用下,进刀套下移推动刀片绕刀销轴向筒内转动,此时旋转工具管柱,刀片就切入管壁直至切断。

(342)注塞施工中,起重设备发生故障或泵车坏,现场应如何处理?

答 ①注塞施工中起重设备如果发生故障,要立即反洗井。

②如果注塞施工中泵车坏,不能正常施工作业时,要立即提油管至安全位置。

③必要时将井内油管全部提出。

(343)简述憋压循环法解除砂卡的具体做法及应注意的问题。

答 ①发现砂卡立即开泵洗井,若能洗通则砂卡解除。

②如洗不通可采取边憋压边活动管柱的方法。

③憋压压力应由小到大逐渐增加。

④不可一下憋死,憋一定压力后突然快速放压。

⑤同时活动管柱效果会更好。

(344)转盘钻塞和螺杆钻钻塞各有何利弊?

答 ①钻盘钻塞:扭矩大、强度高、可靠性强,对于井下微小落物不用打捞亦可施工,对于油井,套管的完好程度无特殊要求,只要钻具能够下入井内即可施工,但劳动强度大,对套管磨损的可能性大。

②螺杆钻钻塞:操作简便、劳动强度低、对套管磨损小,但它的扭矩小、强度低,要求塞面无任何微小落物,对套管要求也高,对于通井有遇阻的井不能使用螺杆钻。

参 考 文 献

[1] 何登龙,朱艳华.油田常用井下工具与修井技术[M].北京:石油工业出版社,2017.
[2] 韩国庆,檀朝东.修井工程[M].北京:石油工业出版社,2013.
[3] 于振东.油田井下作业设备与工具[M].北京:石油工业出版社,2016.
[4] 韩振华,曾久长.井下作业技术数据手册[M].北京:石油工业出版社,2000.
[5] 王新纯.修井施工工艺技术[M].北京:石油工业出版社,2005.
[6] 刘万赋,吴奇.井下作业监督[M].北京:石油工业出版社,1997.
[7] 李志民,周吉弟.油田注采井下作业[M].北京:石油工业出版社,1988.
[8] 聂海光,王新河.油气田井下作业修井工程[M].北京:石油工业出版社,2002.
[9] 刘东升,赵国.油气井套损防治新技术[M].北京:石油工业出版社,2008.
[10] 佘月明.油水井大修作业实践[M].北京:石油工业出版社,2005.
[11] 崔凯华,苗崇良.井下作业设备[M].北京:石油工业出版社,2007.
[12] 孙树强.井下作业[M].北京:石油工业出版社,2006.
[13] 水平井修井作业规范:Q/SY 1298—2010[S].北京:中国石油天然气集团公司,2010.
[14] 解卡打捞工艺作法:SY/T 5827—2013[S].北京:国家能源局,2013.
[15] 套管补贴工艺作法:SY/T 5846—2011[S].北京:国家能源局,2011.
[16] 常规修井作业规范.第5部分 井下作业井筒准备:SY/T 5587.5—2004[S].北京:国家发展和改革委员会,2004.